U0150912

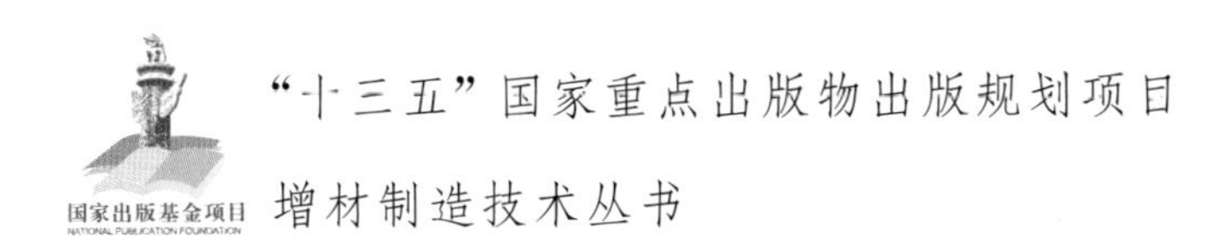

"十三五"国家重点出版物出版规划项目

增材制造技术丛书

光固化增材制造技术

Stereo Lithography

李涤尘　曹　毅　连　芩　卢秉恒　著

国防工业出版社

·北京·

内容简介

在20世纪80年代就已经发展起来的光固化增材制造技术，是最早商业化的增材制造技术，也是目前最广为人知的增材制造技术之一，被广泛应用于机械、材料科学与工程、艺术、医学等领域。该技术集成了机械工程、计算机辅助设计及制造技术(CAD/CAM)、新型材料科学技术、激光技术、计算机数字控制(CNC)技术、检测技术及精密伺服驱动技术等，其核心是一种依靠逐层累加方式成形的工艺方法。为了更好地服务广大研究人员和技术人员对该技术的理解和应用，本书以光固化增材制造成形工艺原理为主线，重点介绍了光固化增材制造技术的发展历程、主要分类、设备体系、光敏特性对制造精度和效率的影响规律以及智能工艺和后处理方法，并展示了目前在生物医疗、航空航天、汽车、模具等领域的应用案例与发展趋势。

本书既可作为科研和工程人员的参考用书，也可作为大中专院校相关专业的教学教材。

图书在版编目(CIP)数据

光固化增材制造技术 / 李涤尘等著. —北京：
国防工业出版社，2021.11
(增材制造技术丛书)
"十三五"国家重点出版项目
ISBN 978-7-118-12408-8

Ⅰ.①光… Ⅱ.①李… Ⅲ.①光固化涂料
Ⅳ①TQ637.83

中国版本图书馆CIP数据核字(2021)第212841号

※

国防工业出版社出版发行
(北京市海淀区紫竹院南路23号 邮政编码 100048)
雅迪云印（天津）科技有限公司印刷
新华书店经售

*

开本 710×1000 1/16 **印张** 13¾ **字数** 252千字
2021年11月第1版第1次印刷 **印数** 1—3 000册 **定价** 102.00元

(本书如有印装错误，我社负责调换)

国防书店：(010)88540777 书店传真：(010)88540776
发行业务：(010)88540717 发行传真：(010)88540762

丛书编审委员会

主任委员

卢秉恒　李涤尘　许西安

副主任委员（按照姓氏笔画顺序）

史亦韦　巩水利　朱锟鹏

杜宇雷　李　祥　杨永强

林　峰　董世运　魏青松

委　员（按照姓氏笔画顺序）

王　迪　田小永　邢剑飞

朱伟军　闫世兴　闫春泽

严春阳　连　芩　宋长辉

郝敬宾　贺健康　鲁中良

总 序

Foreword

增材制造(additive manufacturing，AM)技术，又称为3D打印技术，是采用材料逐层累加的方法，直接将数字化模型制造为实体零件的一种新型制造技术。当前，随着新科技革命的兴起，世界各国都将增材制造作为未来产业发展的新动力进行培育，增材制造技术将引领制造技术的创新发展，加快转变经济发展方式，为产业升级提质增效。

推动增材制造技术进步，在各领域广泛应用，带动制造业发展，是我国实现强国梦的必由之路。当前，推动制造业高质量发展，实现传统制造业转型升级等，成为我国制造业发展的重中之重。在政府支持下，我国增材制造技术得到了迅速的发展，增材制造技术与世界先进水平基本同步，高性能复杂大型金属承力构件增材制造等部分技术领域已达到国际先进水平，已成功研制出光固化成形、激光选区烧结成形、激光选区熔化成形、激光净成形、熔融沉积成形、电子束选区熔化成形等工艺装备。增材制造技术及产品已经在航空航天、汽车、生物医疗等领域得到初步应用。随着我国增材制造技术蓬勃发展，增材制造技术在各领域方向的研究取得了重大突破。

增材制造技术发展日新月异，方兴未艾。为此，我国科技工作者应该注重原创工作，在运用增材制造技术促进产品创新设计、开发和应用方面做出更多的努力。

在此时代背景下，我们深刻感受到组织出版一套具有鲜明时代特色的增材制造领域学术著作的必要性。因此，我们邀请了领域内有突出成就的专家学者和科研团队共同打造了这套能够系统反映当前我国增材制造技术发展水平和应用水平的科技丛书。

“增材制造技术丛书”从工艺、材料、装备、应用等方面进行阐述，系统梳理行业技术发展脉络。丛书对增材制造理论、技术的创新发展和推动这些技术的转化应用具有重要意义，同时也将提升我国增材制造理论与技术的学术研究水平，引领增材制造技术应用的新方向。相信丛书的出版，将为我国增材制造技术的科学研究和工程应用提供有价值的参考。

卢秉恒

卢秉恒，中国工程院院士，西安交通大学教授。

前 言

—

Preface

随着工业现代化进程不断加速，许多结构复杂的异形零部件难以通过传统制造技术加工完成，同时，在快节奏和高效率的社会环境下，在零部件成形中最需要考虑的关键问题之一是成形效率。而立体光固化(stereo lithography，SL)技术以其成形精度高、表面质量好成为目前增材制造技术的主流成形方法之一，随着数字光处理技术以及光敏材料合成技术的快速发展，涌现出许多颠覆性突破技术。目前立体光固化技术发展飞速，但立体光固化成形工艺缺少专业、全面和系统的书籍。西安交通大学是我国最早开展该项技术研究的团队之一，本书综合了作者团队近三十年科研成果撰写而成，内容侧重介绍成形工艺，并在介绍典型工艺的同时，兼顾最新动态，注重学术前沿，融合工程应用。

全书分为7章。第1章概述了立体光固化技术原理、特点及发展趋势；第2章至第6章阐述立体光固化原型工艺原理、制造效率、智能工艺；第7章阐述面曝光光固化连续成形工艺设备、原理、成形精度与性能测试与评估。本书由西安交通大学李涤尘等撰写。编写分工如下：第1章由李涤尘、卢秉恒撰写；第2章、4～6章由曹毅编写；第3章由段玉岗撰写；第7章由连芩撰写。全书由西安交通大学李涤尘主审。

由于作者水平有限，书中难免有疏漏之处，恳请广大读者批评、指正。

作者

2020年4月16日

目　录

Contents

第4章 立体光固化的高效率工艺

第5章 立体光固化智能工艺

第6章 低成本光固化成形系统

第1章 绪 论

1.1 研究意义

光固化增材制造技术又称为光固化快速成形技术，是在20世纪80年代就已经发展起来的技术。该技术集成了机械工程、计算机辅助设计及制造技术(CAD/CAM)、新型材料科学技术、激光技术、计算机数字控制(CNC)、检测技术及精密伺服驱动等技术，在很多领域得到广泛应用，例如，制造业、材料科学与工程、艺术、医学等。自发展以来光固化增材制造技术在快速制造业已经发挥了巨大作用，被工程界广泛关注。光固化成形工艺是一种依靠逐层累加方式成形的工艺方法，在快节奏和高效率的社会环境下，成形中最需要考虑的关键问题是零件的成形效率。目前，光固化增材制造技术主要分为激光点扫描式和面曝光投影式。

立体光固化成形(stereo lithography，SL)技术属于激光点扫描式光固化增材制造技术。SL技术既是最早出现的增材制造技术，也是目前最广为人知的增材制造技术之一。该项技术利用液态光敏树脂对于特定波段光线的敏感性，将相应的光引发剂加入液态光敏树脂，使光敏树脂在光照条件下通过链引发、链增长、链终止等反应，迅速聚合单体，生成固态的高分子化合物。

传统SL技术采用激光对制件切片截面图形的逐点扫描来完成单层的固化，当一个切层固化完成后，成形平台移动，刮平机构将光敏树脂在成形平台上均匀涂敷后，再进行下一层的固化，通过这样的逐层累加过程，最终完成制件的制造。

通常情况下SL技术采用激光器作为光固化成形的光源，由于激光器价格昂贵导致整体设备价格和成本偏高；也有一些光固化设备会采用廉价的光源，但这些光源的功率一般较低，导致成形速度较慢。一般为了达到快速获得零件原型和较低制作成本的目的，成形过程中需要尽可能减少零件的制作时间[1-3]。

一般情况下采用成形一个零件所需的总时间来计算光固化成形的效率，总时间主要由两部分组成：一是树脂的扫描固化时间；二是为保证正常加工而增加的辅助时间[4-5]。由于光固化成形技术是一种叠层累积的成形工艺，因此若希望提高成形效率可以通过减少每一层的扫描固化时间来实现。而每一层的扫描固化时间受扫描方式、填充间距、扫描速度和分层厚度等因素的影响，当工艺要求确定后扫描方式和分层厚度即可确定。填充间距和扫描速度的大小决定了每一层的固化时间，其中单位面积上扫描路径的长短取决于填充间距的大小，而单位长度的扫描时间取决于扫描速度的快慢[1]。增大填充间距将缩短激光在固化平面上往复运动时的扫描距离，当填充间距由0.1mm增大到0.3mm时，零件加工效率可以提高40%左右。在相同的制作条件下，为提高制作效率，可以适当增大填充间距来减少零件制作时间[1]。

由于减少成形过程中的辅助时间可以通过减少树脂涂层时间、工作台升降时间及液位等待时间来实现，因此对涂层系统进行了改进，使其在单层固化完成后工作台只需要下降一个层厚的距离，这样也减低了树脂液面的波动[1]。分层层数越多，如制作大尺寸的薄壳零件，涂层时间在整个制作过程中占比例越大，因此减少涂层时间对提高成形效率是非常显著的。目前国内外采用最多的涂层方式是刮板式，该涂层方式能一并解决树脂补充和修平液面的问题，有效改善涂层效率。然而涂层效率和涂层质量仍然是现阶段光固化成形工艺中最亟待解决的问题，特别是使用高功率的激光器和高速扫描振镜后，零件的扫描固化时间已经大幅度减少，缩短涂层时间成为提高成形效率最关键的技术。因此在满足涂层质量的条件下，尽可能地增大涂层效率已成为行业内最关注的问题[6]。

此外，近年来数字光处理(digital light processing，DLP)技术、液晶显示面板(liquid crystal display，LCD)技术等图像投影技术迅速发展，光固化增材制造工艺发展出了使用DLP技术和LCD技术进行图像投影的面曝光技术，一次曝光即可完成单个切层的固化[6-8]。面曝光光固化增材制造技术使加工质量和加工速度有了极大提升，但也对专用打印材料和设备提出了新的要求。

1.2 立体光固化成形技术的国内外研究现状

由 1.1 节内容可知，激光增材制造是一个复杂的多变量成形过程，其中，光斑的尺寸、扫描单线的线宽及间距、层厚、制作方向以及制件的摆放位置等都会对零件的制作效率产生影响。在这些影响因素中，扫描单线的线宽及间距、层厚、制作方向以及制件的摆放位置等可以由控制软件进行更改，而光斑直径等因素由于受到硬件的限制，比较难以进行优化。随着增材制造技术的不断深入发展及增材制造技术所展现的巨大发展前景和市场价值，国内外的众多科研院所及增材制造设备制造商纷纷展开了研究，在效率与精度的智能化工艺方面卓有成效。

1.2.1 成形效率和精度的优化方法

许多专家学者针对提高激光增材制造技术的制作效率和精度的智能控制方法开展了相关研究。T. Brajlih 以特定模型作为考量标准，详细测试了包括 3D System 公司和 EOS 公司在内的主流激光增材制造设备制作效率与精度[7]；美国贝尔实验室的 C. C. Chen 和 P. A. Sullivan 以 3D Systems 公司的光固化成形设备为研究对象，从工艺参数角度分析了光固化成形过程，以不同的扫描方式、不同的扫描速度进行相关实验，并根据试验结果，初步建立了预估制作时间的公式[8]；2004 年，希腊比雷埃夫斯大学（Piraeus University）的 J. Giannatsis 等从数据格式的角度出发，分析了 CLI 格式和 STL 格式数据文件的支撑、填充和轮廓对于精度和制作时间的影响，建立了以几何模型特征为主要参考的制作效率预估公式[9]；希腊雅典国立技术大学（National Technical University of Athen）的 G-C Vosniakos 等使用神经网络的方法优化了层厚和制作方向，提出一种智能化工艺方法[10]；英国拉夫堡大学（Loughborough University）的 I. Campbell 在前人工作的基础上，提出了一种从二维数据出发估算零件制作时间与成本的方法，并且指出零件的制作效率和成本不仅与扫描速度和填充间距制作工艺相关，而且与激光器的光斑直径相关[11]，还研发了制作时间的预测软件，如图 1-1 所示。

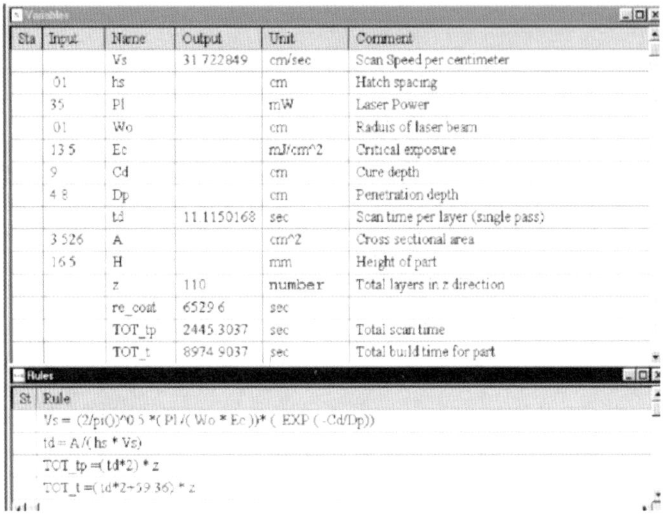

Variables

Sta	Input	Name	Output	Unit	Comment
		Vs	31 722849	cm/sec	Scan Speed per centimeter
	01	hs		cm	Hatch spacing
	35	Pl		mW	Laser Power
	01	Wo		cm	Radius of laser beam
	13 5	Ec		mJ/cm^2	Critical exposure
	9	Cd		cm	Cure depth
	4 8	Dp		cm	Penetration depth
		td	11 1150168	sec	Scan time per layer (single pass)
	3 526	A		cm^2	Cross sectional area
	16 5	H		mm	Height of part
		z	110	number	Total layers in z direction
		re_cost	6529 6	sec	
		TOT_tp	2445 3037	sec	Total scan time
		TOT_t	8974 9037	sec	Total build time for part

Rules

St	Rule
	Vs = (2/pi())^0 5 *(Pl /(Wo * Ec))* (EXP (-Cd/Dp))
	td = A /(hs * Vs)
	TOT_tp =(td*2) * z
	TOT_t =(td*2+59 36) * z

图 1-1　制作时间预测软件

伊朗阿米卡比尔理工大学(Amirkabir University of Technology)的 A. S. Nezhad 等采用多目标基因算法对于零件的成形方向进行了优化，为零件制作时间和制作成本提供最优制作方向[12-13]；新加坡国立大学的 W. Cheng 等采用多目标法对零件制作的制作方向进行了优化，研发了相应的优化算法，自动根据零件的几何特征选择成形方向，提高了零件的表面质量，但是并未考虑零件的制作效率，工艺的成形效率低[14]。韩国釜山国立大学的 E. D. Lee 和 J. H. Sim 等以光固化增材制造工艺为对象，通过神经网络优化法建立制作工艺参数的模型，使制作零件的质量和制作效率都优于普通工艺[15]；韩国岭南大学的 H. C. Kim 和 S. L. Lee 提出了一种专家系统，如图 1-2 所示，该系统通过优化制作方向，降低了整体制作工艺的后处理时间，提高了成形效率[16]；希腊比雷埃夫斯大学的 V. Canellidis 等人提出了一种基于基因算法的多目标优化决策支持系统，该系统对比了不同的制作方向对制作时间、表面粗糙度、后处理时间的影响[17]；新加坡国立大学的 Y. Ning 等人构建了一个基于 BP 学习算法的前向神经网络的智能参数预测系统，该系统可以根据制作参数预测制作时间、机械性能、尺寸精度和表面粗糙度，为确定制作工艺参数提供理论依据[18]，如图 1-3 所示。

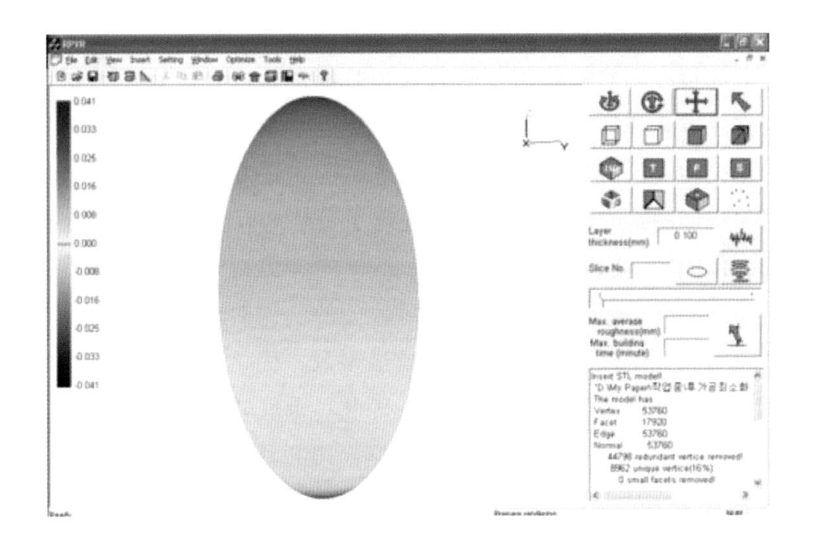

图 1－2 基于制作方向的专家系统

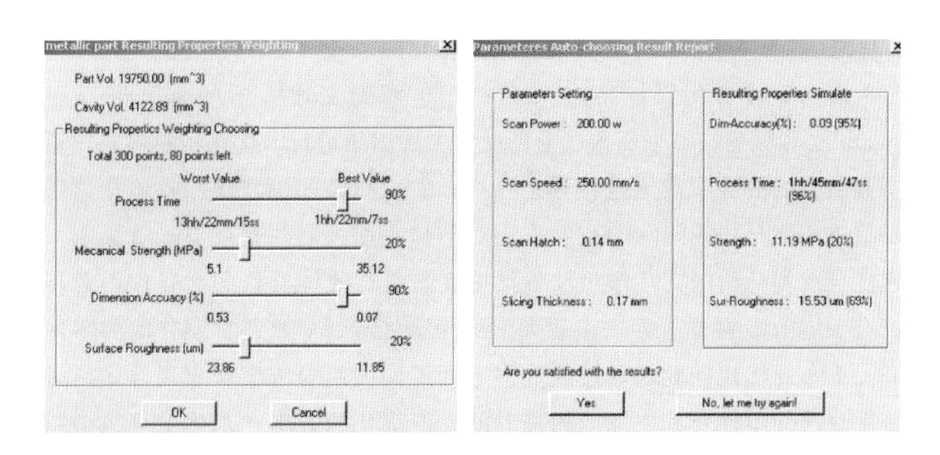

图 1－3 智能参数预测系统

我国的研究机构也纷纷针对成形效率和精度的优化方法及智能化系统进行了积极的探索。中国台湾科技大学的 Y. M. Huang 通过路径规划算法提高了光固化零件的成形精度，并制作了规则几何零件，还提出了使用两种不同波长、不同光斑直径进行零件制作的方法，精度略有提高，并通过过程仿真验证了该方法可以有效提高制作时间[19]；中国香港大学的 S. H. Choi 等通过分析增材制造过程中的工艺参数，模拟成形过程，研发出了多参数增材制造虚拟系统，该系统能够预测制作时间和制作成本，为使用者提供决策依据[20-21]。清华大学的颜永年教授认为目前增材制造技术仍然存在精度较低的问题，较低的精度必然需要额外的后处理时间，这进一步增加了制作时间和提高了制作成本，如何平衡制作效率与精度也是亟待解决的问题之一。上海大学的吴懋亮和中国科学院沈阳自动化研究所先进制造技术重点实验赵吉宾等对光固化成形制造时间的影响因素进行了分析，认为加工效率直接影响制作时间及制作成本，因此提高加工效率不仅能够提高增材制造技术的快速制造能力，而且能够降低制作成本[22]，而零件的制作时间主要由固化成形时间和辅助时间两部分组成[23]，通过优化扫描参数、优化制作方向以及增大扫描间距可以有效提高光固化的成形效率，其中，通过增大扫描间距可以有效地减小扫描路径，进而有效地提高成形效率，可以将成形效率提高 1 倍左右。2004 年，西安交通大学的洪军等针对增材制造零件制作方向优化问题进行了进一步的研究，提出了增材制造零件制作方向优化的准则，建立了制作方向优化多目标函数，提出了采用遗传算法对目标函数进行求解的具体方法，使用 Sun J2EE 结构体系研发了零件制作方向优化的 ASP 工具，并将该工具成功应用于 RP& M 网络化服务集成系统中[24]。西安交通大学的胥光申等利用 Taguchi 法对影响扫描平面内成形精度的主要因子进行了优化实验研究，通过对实验结果的信号干扰比进行方差分析，发现扫描间隔、线性收缩补偿系数以及扫描速度与扫描间隔的交互作用对扫描平面内制作精度有显著影响，扫描速度与线宽补偿的交互作用及扫描速度与线性收缩补偿的交互作用对制作精度有一定的影响[25]。西安工业大学的张宇红等针对多零件制作时的零件组合和二维布局优化问题，通过改变多零件不同的组合方案和布局方式，虽不会改变每层的零件及其支撑的扫描时间，但优化的方案在总体上可减少制作时间，降低系统的运行成本[26]。清华大学的王青岗在对振镜扫描系统加速和减速阶段的扫描特性进行研究的基础上，通过对扫描过程中的能量精确控制，提高了工艺的成形精度[27]。华中科技大学的史玉升将神经网络和专家系统有机结合起来建立了神经网络专家系统，该系统实现了选区激光烧结(selected laser sintering，SLS)工艺参数的自动优化，提高选区激光烧结设备的自动化程度，在一定程度上减了少用户多次实验、摸索工艺参数的时间，从而降低了制造成本，提高了生产效率[28]。

针对成形效率和精度的优化方法以及相应智能化系统，研究人员对工艺参数、制作方向、分层算法等软件参数方面进行了深入研究，但因这些研究大部分以调整软件参数作为优化手段，而通过改变硬件系统(如激光增材制造技术的关键部分光路系统)进行提高成形效率的研究几乎没有，尽管通过硬件系统的优化能够迅速地提高成形系统的效率和制作尺寸，但硬件系统的复杂度高、价格昂贵。智能化系统所采用的优化算法也大都以提高零件的成形精度为目标，并未兼顾成形效率，即使将成形效率纳入优化范畴，也未进行深入的研究；研发的智能化系统没有与实际的制作工艺相结合，未能很好地兼顾成形效率和精度，且针对单一制作材料，无法满足不同用户的制作需求。

1.2.2　硬件优化成形效率和精度的方法

近年来，随着硬件技术的不断发展，尤其是光学硬件技术的长足发展，激光器和高速扫描振镜的性能有了大幅度提升，且价格不断下降。伴随着这些硬件系统的不断完善，激光增材制造技术领域出现了许多新的工艺，使其制作效率获得了大幅度的提升，为通过光学系统优化实现增材制造技术效率的提高奠定了基础。

早在1997年，美国克莱姆森大学(Clemson University)的D. Miller[29]等搭建了一个基于选区激光烧结技术的实验平台，通过在光路系统中增加一个小孔装置来改变聚焦平面的光斑直径，使该实验平台可以获得0.305mm和1.016mm两种直径的光斑，并提出了可以通过使用不同的光斑直径进行制作的扫描模式，最引人注目的是，较大直径光斑的制作效率明显优于较小直径光斑。即使使用机械的方法改变光斑直径，无法在制作过程中实现光斑直径的切换，甚至有可能改变光斑的形态，但是该实验平台首次对通过改变光斑直径提高效率进行了探索性的研究；A. Franco[30]和R. Paul[31]则从激光器能量的观点出发，详细分析了激光增材制造过程中激光光斑能量密度对于扫描单线、成形层厚等工艺参数的影响，通过实验验证了能成形的最小能量密度，为智能工艺系统实现成形过程精确控制提供了重要的理论基础；台湾虎尾科技大学的C.P.Jiang构建了一个使用两种不同光源的光固化增材制造设备，使用405 nm (蓝光)和532 nm(绿光)两种光源分别扫描轮廓和填充，其中，蓝光用来扫描轮廓，绿光用来扫描填充，提高了制作效率，但是该光学系统设备复杂，且光敏树脂对于两种波长的半导体激光器吸收率不一致，成形精度不高[32-33]；2007年，韩国IT机械研究中心的S. W. Bael等构建了一个基于SLS的SFF(solid freeform fabrication)系统[34]，在扫描振镜前使用扩束镜进行激光光束的改变，但是仍然无法在制作过程中进行光斑直径的改变，而且每次通过扩束镜改变光斑直径需要耗时10s，无法满足实际的制作需要；韩国釜山国立大学的J. H. Sim等[35]通过手动改变光固化成形设备中振镜的调聚焦距离得到了0.17mm和0.32mm两种直径的光斑，分析了光斑直径与制作工艺参数、固化单线以及固化层厚之间的关系；韩国济州国立大学的H.C. Kim等[36-41]提出了一种基于SLS技术的SFF系统，该系统使用两束光源同步进行烧结，使系统的有效成形尺寸扩展到1000mm × 500mm（X × Y），通过增加扫描系统的数目，将原有的图形分成几部分来同时扫描，不仅能够大幅度地提高成形效率，而且能够提高激光增材制造技术的尺寸，并以尼龙为烧结对象进行了相关的试验，但是研究并未针对成形效率开展相关研究，且由于双光源系统控制工艺的复杂性，并未实现对于双光源成形过程的精确控制，更无法达到智能化的程度。

硬件系统控制工艺的出现为激光器增材制造技术效率优化提供了新的研究方向，增材制造领域内一些知名公司为了提高自身的竞争力，也开展了相关活动，尤其在进一步提高增材制造设备的制件效率和精度以及智能化方面进行了深入的研究[42]，并很快将技术成果转化为商品。增材制造领域的上市公司美国3D Systems公司和德国EOS公司分别使用高性能的激光器和扫描振镜以及改进的工艺，有效地提高了设备的成形效率。美国3D Systems公司生产了iPro™系列：iPro™8000、iPro™9000、iPro™9000XL[43]，如图1-4所示。该系列将零件的STL模型数据分为轮廓部分和填充部分，零件的轮廓使用直径为0.13mm的光斑进行制作，零件的填充使用直径为0.76mm的光斑进行制作。

图1-4
iPro™系列光固化成形设备

1.3 面曝光光固化成形技术的国内外研究现状

光固化面成形技术最早是由日本学者 Takagi 和 Nakajima 共同提出，该技术使用平面光源对光敏树脂进行照射，一次性完成单个切层的固化，相较于逐点扫描的 SL 技术，具有更高的成形效率。但是面成形技术的发展受掩模技术的影响，最早只能使用掩模片遮挡的方式实现固化成形，需要为不同造型的制件制作对应的掩模片，导致该制造方式不仅生产成本高昂而且成形效率低下。该时期的主要技术包括了光刻成形技术以及复印固化成形技术。随着数字动态掩模技术的发展，国内外在面成形技术的研究上都取得了迅速发展，LCD 和 DLP 技术都能提供高分辨率的大幅面图像投影，曝光图像中单个像素点的分辨率达到几十微米，不仅在效率上有着天然的优势，而且更适用于高精度制件的成形。

1.3.1 国外发展及研究现状

国外对于光固化面成形技术也进行了长时间的深入研究，自 1993 年 Takagi 和 Nakajima 共同提出光固化面成形技术以来，光固化面成形技术不断发展。1995 年，以色列的 Cubital 公司就推出了使用 SGC(Solid Ground Curing)技术的面成形设备；K. Chockalingam 研究了曝光时间、切层厚度以及制件方向对成形制件拉伸强度的影响，并通过正交实验建立了相应的拉伸强度回归模型；G. Varghese 的研究团队对陶瓷混合预聚物在 DLP 投影下的成形效果进行了研究。

在面成形技术中，约束液面成形有着广泛的应用，然而约束液面成形在 SL 工艺以及 DLP 成形工艺中都存在制件固化后与约束表面难以分离的问题。该问题由来已久，至今也仍未彻底解决，新生成的固化层在与底部分离时会产生较大分离力，无法直接迅速地剥离两者。这不仅限制了约束液面成形的成形尺寸与成形速度，而且降低了制造的可靠性以及所使用的约束表面的生命周期。

针对这一问题，科研人员投入了大量的研究：聚四氟乙烯(polytetrafluoroethylene，PTFE)以及聚二甲基硅氧烷(polydimethylsiloxane，PDMS)被大量用于减小成形过程中的分离力。利用 PTFE 和 PDMS 等防黏材料帮助制件与约束表面快速剥离的方式，尽管方法简单，能够极大地简化打印设备，但在成形过程中与制件之间仍存在较大分离力，且使用过程中容易受损，需要频繁更换。Pan 和 Chen 提出应用滑动的机理来分离制件，以降低制件与约束表面间的分离力。然而利用滑动原理来减小分离力的约束液面成形设备由于需要在一层制作完毕后滑动成形平台，因此在完成单层的打印后，光源需关闭等待滑动完成，无法实现连续制作，难以明显提升打印效率。

经过数十年的研究发展，光固化面成形技术目前进入了新的迅速发展阶段，不断有革新性技术出现。2015 年，J. R. Tumbleston 等人提出了连续液界制造(continuous liquid interface production，CLIP)技术，该技术基于自由基光敏树脂的氧阻聚效应，利用高透光透氧膜(Teflon AF2400)作为成形窗，通过氧气的渗入在成形窗的上方形成一个固化盲区，传统的光敏树脂聚合反应在固化盲区上方位置发生，避免了成形制件与成形窗口间的黏结，在打印过程中成形平台无须进行多余的剥离动作，可实现连续打印。该技术将光固化面成形的打印速度提升至 500mm/h，制件 XY 平面的精度能够达到 75 μm[10]，利用该工艺打印的制件如图 1-5 所示。CLIP 技术的出现迅速吸引了各大研究机构的目光，除了最早推出该技术的 Carbon 公司外，包括美国的 MAKE X 公司、3D Systems 公司以及加拿大增材制造设备制造商 NewPro 3D 在内，都相继推出了自己的连续打印设备。

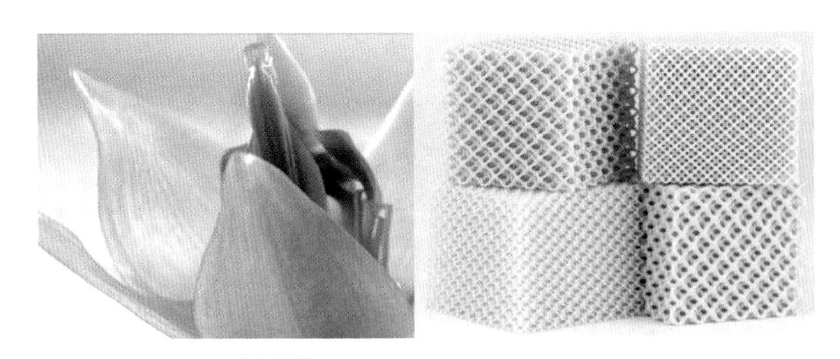

图 1-5 使用 CLIP 技术成形的制件

尽管 Tumbleston 等利用增大氧气阻碍自由基聚合的范围，在约束表面上方形成几十至几百微米厚的液体层，避免固化制件与约束表面的直接接触，实现了连续打印。但是在实际的实验过程中，利用氧阻聚效应的快速剥离方式，其设备结构复杂，需要精确控制成形过程中透过氧气的含量以维持未固化的液体层的厚度。同时，设备中使用具有高透光透氧性能的约束表面，作为设备的核心部件，其造价高昂，并且会在打印过程中不断损耗，不便于维护。

在 Beer 等的最新研究中，采用双光源结构，运用紫外光抑制光敏树脂固化在约束表面上方形成稳定液态树脂区域的同时，利用蓝光的高穿透性，穿透受紫外光抑制固化的液态树脂，实现制件的打印，其打印制件如图 1-6 所示。该方式与 CLIP 技术相比，增加了光源系统的复杂程度，但该装置在成形过程中无须向光敏树脂中持续稳定地输入氧气，因此成形窗口无须采用价格高昂、容易损耗的高透光透气元件以及氧气输入装置，在简化设备的同时又提高了使用安全性。但该方式需要光敏树脂有较大的透射深度，难以精确控制打印制件的成形精度，打印制件表面不光滑，存在明显的缺陷。

图 1-6
双光源体成形制件

Kelly 等则提出了利用 CT 扫描，还原重构模型的体成形方式，通过向旋转的盛放光敏树脂材料的容器投影包含制件不同角度特征的图像，一次成形完整制件，该方式不同于目前主流增材制造方法通过逐层叠加完成打印，实现了体成形，极大简化了成形过程，提高了成形效率。但该方式需要具有复杂的图像处理技术，而且成形大小受光源穿透性等诸多方面的限制，成形制件表面模糊，难以呈现具有复杂特征的制件。

1.3.2 国内发展及研究现状

面成形光固化技术在效率和精度上的优势吸引了国内企业和学者的关注，国防科技大学、西安工程大学、西安交通大学等高校开展了面成形光固化技术的研究。谌廷政使用 DMD 搭建数字化灰度掩模，掩模可实时生成，且具有较高的对比度和分辨率；胥光申等对面成形技术中所涉及的工艺参数进行了深入研究，应用田口方法的信噪比（SN）对四个主要影响成形精度的因素进行了优化实验，提高了成形精度[25]；西安交通大学的邱志惠等对数字灰度掩模进行了优化，实现了自动化采集反馈数据，并通过误差剔除算法等方式，将面成形技术中光源投影能量的分布均匀化，降低了光源的光强极差。

国内研究机构及企业近年来对面成形技术成形效率的提高也进行了深入研究。福建物质结构研究所通过自主研制的更高透气率的透氧膜，可将面成形技术的最高打印速度提高至650mm/h，但利用该技术打印的制件精度仍存在缺陷；西安交通大学连芩等将陶瓷粉末混入光敏树脂中，利用基于氧阻聚的DLP技术，实现了陶瓷材料的打印成形，其打印的制件如图1-7所示，制件上仍存在明显的分层，成形质量仍需要进一步优化；北京清锋时代科技有限公司在第五届“东升杯”国际创业大赛年度总决赛上展示了一款最高速度可达到750mm/h的面成形打印机。

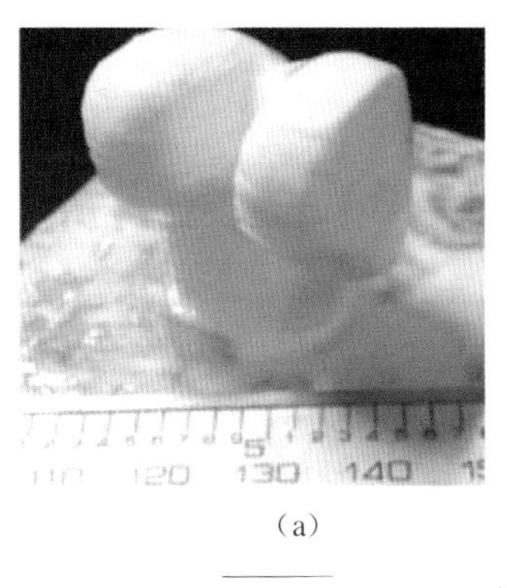

（a）

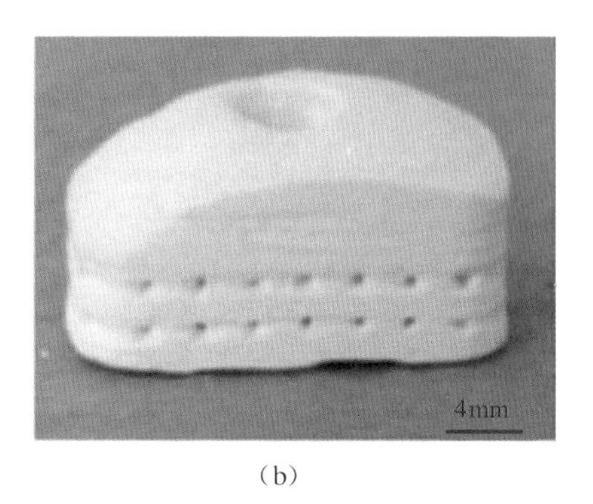

（b）

图1-7　基于氧阻聚技术的面成形光固化陶瓷制件

除此之外，光棱科技、联泰科技以及大族激光等公司也在近两年推出了高效的面成形设备，北京全达雷科技有限公司（UNIZ）利用自主研究的单向剥离（Uni-Directional Peel）技术，推出了使用LCD面光源的高速面成形设备，更是在网上购物平台中发起了该款桌面高速面成形产品的众筹，该款打印设备以及使用设备打印的制件如图1-8所示，表面仍存在较大粗糙度，与国外打印设备能达到75μm粗糙度的设备相比，仍存在较大差距。

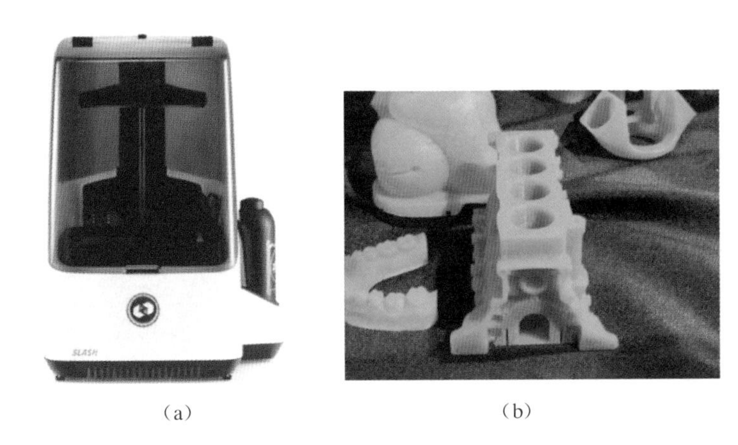

(a) (b)

图 1-8 UNIZ 推出的快速面成形光固化设备及其打印制件

国内在面成形光固化技术领域的发展十分迅速，但是相对于国外，仍然存在着明显的差距。目前市场化的面成形光固化设备依然以传统 DLP 成形、LCD 为主，对于高速面成形光固化工艺，现阶段尽管有部分工艺能够明显提升打印速度，但在该成形方式下制件的精度急剧降低，难以达到 50 μm 以下的成形精度，实际应用困难，仍需要进一步研究。

第2章 立体光固化原型增材制造成形系统

2.1 概述

立体光固化成形由硬件、软件、材料和成形工艺四大部分组成。这些部分的发展既相互影响又相互制约，软硬件是相互依赖、相互促进，离开了软件，硬件运行不了；没有硬件，软件不能实现其应有功能及应用，因此快速成形软件对立体光固化成形起着灵魂的作用。快速成形软件系统由三维设计造型软件、数据转换与处理软件、监控与制作软件三部分组成，如图2-1所示。

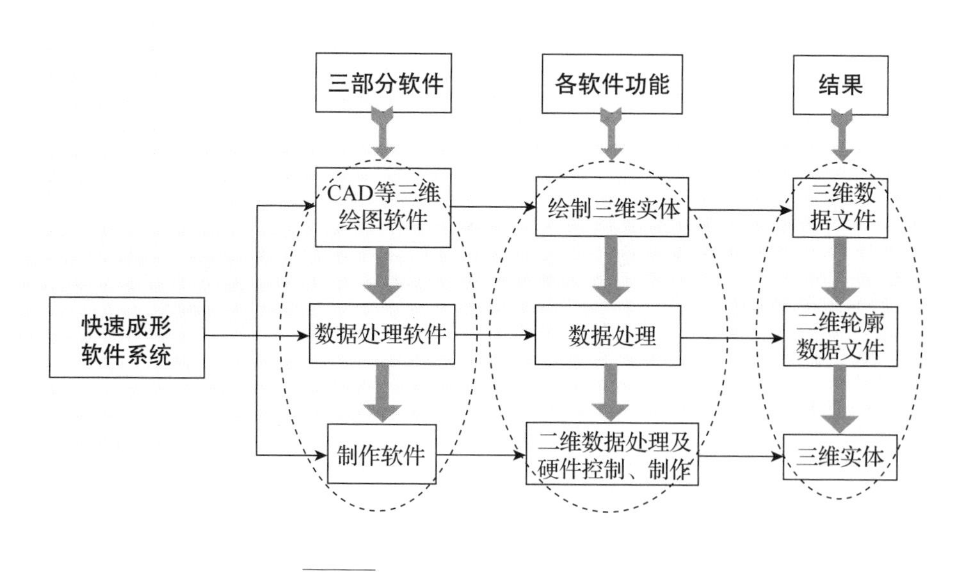

图2-1 立体光固化原型软件系统

2.2 系统构成及工艺原理

2.2.1 系统构成

立体光固化系统的构成如图 2-2 所示，以光敏树脂为加工材料，加工从最底部开始，紫外光(UV)根据模型分层的截面数据在计算机的控制下在光敏树脂表面进行扫描，每次产生零件的一层。在扫描过程中只有激光的曝光量超过树脂固化所需阈值能量的地方，液态树脂才会发生聚合反应形成固态，因此在扫描过程中，对不同量的固化深度，要自动调整扫描速度，以使产生的曝光量与固化某一深度所需的曝光量相适应。扫描固化成的第一层黏附在工作平台上，此时工作平台的位置要比树脂表面稍微低一点，每一层固化完毕之后，工作平台向下移动一个层厚的高度，将树脂涂在前一层上，如此反复，每形成新的一层均黏附到前一层上，直到制作完零件的最后一层(零件的最顶层)，整个制作过程就完成了。立体光固化技术的特点是精度高、表面质量好、原材料的利用率近 100%，具有成形形状特别复杂(如空心零件)、特别精细零件的特点，也是目前商用增材制造工艺中精度最高的。

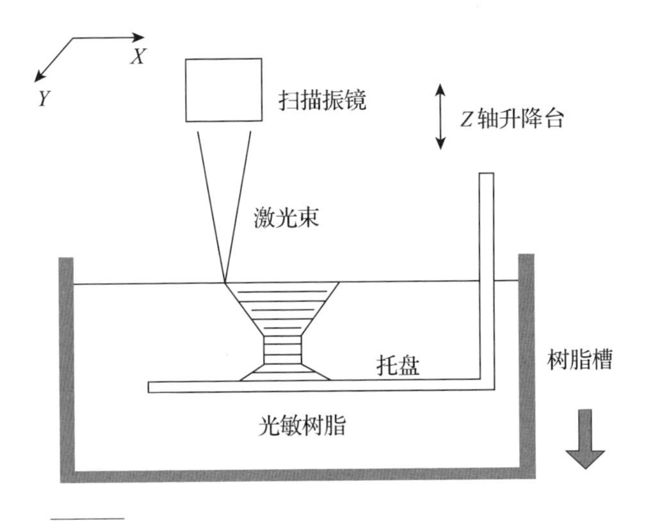

图 2-2　立体光固化系统构成示意图

图 2-3
动态聚焦镜

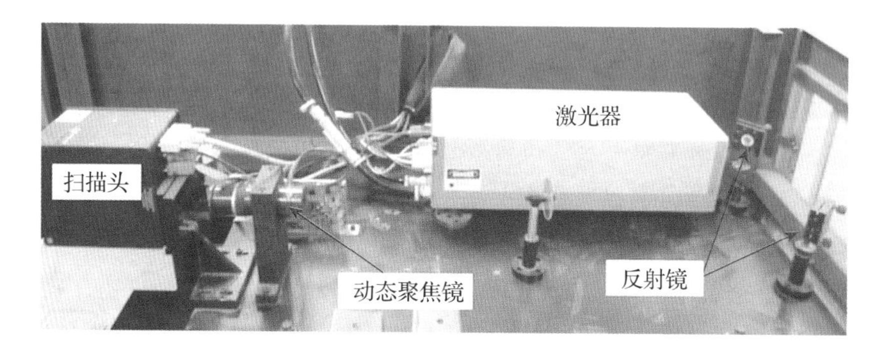

图 2-4 光路系统[44]

激光器的光束经过反射进入到动态聚焦镜(图 2-3)中，通过动态聚焦镜中镜片组的扩束以及二次聚焦光束投射到扫描振镜上，其中的镜片组在电机的带动下相互配合，保证在聚焦扫描场内光斑直径不会由于光束焦距的改变而发生光斑形状的重大差异，其光路系统如图 2-4 所示，原理如图 2-5 所示。动态聚焦镜的控制通过与之相连的实时控制卡实现，动态聚焦镜这种改变光束焦距的实时控制能力，为在增材制造工艺中实现光束直径的控制奠定了硬件基础。

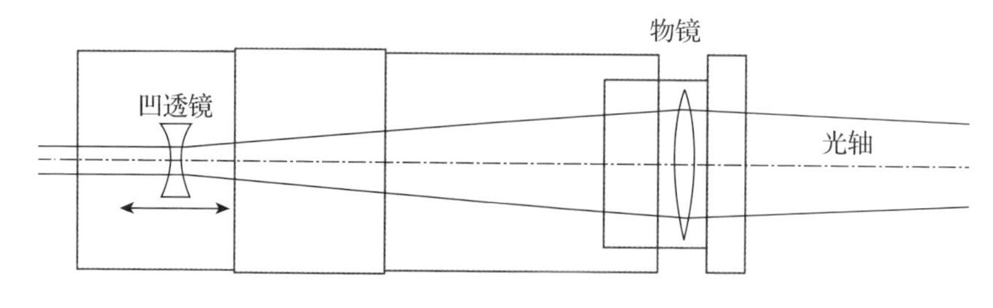

图 2-5 动态聚焦镜的原理图

2.2.2　工艺原理

激光器通过动态聚焦镜和扫描振镜汇聚在树脂液面处，在树脂液面处的光斑直径为 UV 光束的束腰直径，也即可获得的最小光斑直径。在接收到控制卡的指令后，工艺通过控制动态聚焦镜调整光轴方向透镜组合的相对位置改变激光光束的焦距，使原本在极限位置由于距离发生变化而离焦的光斑，保持与中心位置尺寸一致，这都是由扫描振镜系统在控制器下自动实现的，以此提高立体光固化的成形精度，如图 2－6 所示。

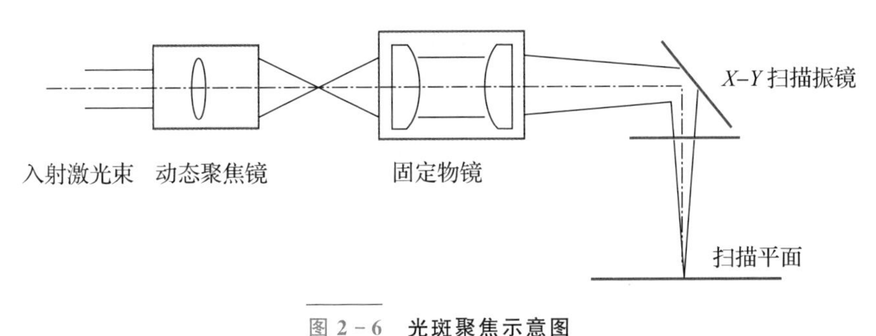

图 2－6　光斑聚焦示意图

2.3　焦距与光斑直径对应关系

根据高斯光束在光路传播的特点，光束束腰处光斑半径的计算公式为

$$\omega_0 = \frac{\lambda \times f \times M^2 \times K}{2d} \tag{2-1}$$

式中　λ——激光波长；

f——光束焦距；

M^2——激光光束质量；

K——校正系数(一般在 1.5～2.0 之间)；

d——光束聚焦前的直径。

将已有参数代入到式(2－1)中，可得到高斯光束束腰处的半径，即聚焦平面的光斑半径为

$$\omega_0 = \frac{355 \times 10^{-6} \times 962 \times 1.3 \times 1.5}{8} = 0.08\text{mm} \tag{2-2}$$

根据光学理论，沿光轴方向传播的高斯光束任一点的光斑半径与高斯光束束腰半径的关系为[45-47]

$$\omega(z) = \omega_0\left[1 + \left(\frac{\lambda z}{\pi\omega_0{}^2}\right)^2\right]^{\frac{1}{2}} \tag{2-3}$$

式中　Z——高斯光束中任一点处光斑与光束束腰处之间的距离。

在所使用的光学系统的设计中，光轴方向可以调整的最大距离为260mm，代入式(2-3)中，可得

$$\omega(z) = 0.08 \times \left[1 + \left(\frac{355 \times 260}{\pi \times 0.08^2}\right)^2\right]^{\frac{1}{2}} = 0.4\text{mm} \tag{2-4}$$

即虚焦后在聚焦平面处的光斑半径为0.4mm。使用3mm×4mm的电荷耦合(CCD)检测系统拍摄虚焦前后的光斑，如图2-7所示。

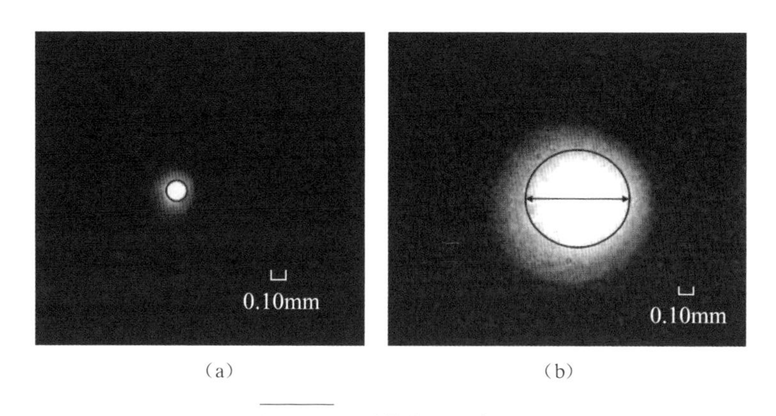

(a)　　(b)

图2-7　测量光斑示意图

(a)光束束腰处光斑直径(Z=0)；(b)离焦后光斑直径(Z=260)。

由于光斑直径的增大，曝光面积也随之增大，在激光功率保持不变的情况下，单位面积内的功率密度下降，扫描线所表现出的固化特征必然发生改变，如果与现有工艺保持相同的制作参数，在成形过程中待制作材料会出现不完全成形甚至无法成形的现象，因此必须确保光斑直径在打印平面处于聚焦状态，这就需要对系统进行反复调校，同时，通过工艺试验建立光路与光斑的对应关系。由于在实际制作过程中，环境因素也会对成形过程中的光斑直径及扫描特征产生影响，因此必须通过工艺实验建立光斑变化与其相对应的扫描特征模型。

2.4 光固化材料

光固化材料有下列优点：①固化快，可在几秒钟内固化，可应用于要求立刻固化的场合；②不需要加热，这一点对于某些不能耐热的塑料、光学及电子零件来说十分有用；③可配成无溶剂产品，使用溶剂会涉及许多环境问题和审批手续问题，因此每个工业部门都力图减少使用溶剂；④节省能量，各种光源的效率要高于烘箱；⑤可使用单组分，无配制问题，使用期较长；⑥可以自动化操作及固化，提高生产中自动化程度，从而提高生产效率和经济效益。

存在上述优点的同时，光固化材料也不可避免地存在一些缺点。例如，紫外光固化材料受其穿透能力的限制，不适合于不透明材料的相互黏结及形状复杂物体的表面涂层，电子束固化所用的电子束虽然穿透能力较强，但其射线源及固化设备较为昂贵。另外，光固化材料的价格一般都比较高，这也会限制其应用。

光固化材料的固化光源一般为紫外光、电子束或可见光，因为电子束设备较为复杂，而且成本高，因此目前最常用的固化光源依旧是紫外光。光固化材料以丙烯酸类、丙烯酸酯类单体居多。此类单体可以直接在光照下聚合，有光引发剂、光敏剂存在聚合更容易。此类单体也包括许多大分子，如聚醚丙烯酸酯、聚氨醋丙烯酸酯、聚硅氧烷丙烯酸酯等。另外，常见的光固化材料的树脂还有不饱和聚酯和含乙烯基的树脂以及环氧树脂。

第3章 立体光固化树脂材料

3.1 概述

立体光固化技术的成形材料为光敏树脂，光敏树脂是一种可以在特定光源(如紫外光(UV)、LED光等)照射下发生固化交联而硬化的液态树脂，这种物质由液态转化为固态的过程中，密度变化造成收缩，这种收缩所产生的收缩应力会导致零件的翘曲变形。由于光固化成形过程的特殊性，其收缩和收缩应力与热固化过程有所不同，在零件成形过程中，结构不同的光敏树脂所成形出的零件翘曲变形不同，而结构相近的光敏树脂，翘曲变形也不同，化学交联反应完成至体积收缩完成的这段时间对零件的翘曲变形有着十分重要的影响，时间越长，零件的翘曲变形就越大。材料翘曲变形与材料的柔韧性有一定的关系，韧性越好，翘曲变形就越小。光固化成形所采用的树脂材料一般为自由基型的丙烯酸酯和聚氨酯及其混合物(以下称光固化树脂)，自由基型光固化树脂的优点是固化速度快、穿透深度深、临界曝光量小，但黏度、翘曲变形大，极其不适合制作具有大平面的零件，这使立体光固化技术的应用受到很大的限制。环氧型阳离子光固化树脂基本上可以弥补自由基光固化的缺点，但由于反应速度慢、易受湿气影响等缺点，也难以满足实际使用要求。混杂型光固化树脂和阳离子型光固化树脂能够突破上述两种材料的局限性，因此得到了大量的应用。本章将针对光固化树脂材料成形原理及基本性能进行阐述。

3.2 立体光固化树脂成形机理

3.2.1 树脂材料光聚合反应机理

光聚合是指有机化合物由于吸收光能而引起分子量增加的任何过程，其中也包括预先生成的大分子进一步进行的光交联、某些光引发的嵌段共聚和接枝共聚等过程。光聚合的特点是聚合反应所需的活化能低，它可以在很大的温度范围内发生，特别易于进行低温聚合，这比热引发化学聚合所需的条件优越得多。另外，由于光聚合反应是通过引发剂吸收一个光子后引发大量单体分子聚合为大分子的过程，因此，光聚合是一种量子效率很高的化学反应。

目前，光聚合技术已在涂料、油墨、黏结剂以及电子产品生产中获得了重要应用，而光聚合技术在立体光固化技术中的应用可以说是对材料应用范围的一大拓展。光聚合首先要求聚合体系中的组分能吸收某一波长范围内的光能；其次，要求吸收光能的分子可进一步分解，或者与其他分子相互作用而生成初级活性种；最后，在整个聚合过程中所形成的大分子化学键，应在光的辐射下是稳定的。光聚合反应按聚合机理(引发链增长的活性种不同)分为自由基型光聚合反应和阳离子型光聚合反应。

1. 自由基型光聚合反应

自由基型光聚合反应指引发链增长的活性种为自由基，可以由不同途径产生：一是由光直接激发单体或激发带有发色团的聚合物分子而产生的反应活性种引发聚合；二是受光照后断裂成自由基的引发剂分子或由光激发光敏剂分子，把能量传递给单体或能够形成引发活性种的其他分子，由他们产生的活性种再引发聚合；三是由光激发分子复合物(大多为单体和转移复合物)，即受激分子复合物解离产生自由基离子等活性种引发聚合。目前工业化应用中，大多采用第二种途径。

自由基光聚合反应的一般引发聚合过程如下：

(1)初级活性自由基引发种产生

$$I \xrightarrow{hv} 2R \cdot \qquad (3-1)$$

式中　I——光引发剂；

R·——活性自由基。

(2)链引发

$$R\cdot + M \longrightarrow RM\cdot \tag{3-2}$$

式中　M——光活性预聚物或单体。

(3)链扩展

$$RM_i\cdot + M \longrightarrow RM_{i+1}\cdot \tag{3-3}$$

(4)链终止

$$RM_n\cdot + RM_k\cdot \longrightarrow \begin{cases} RM_{n+k}R' & \text{偶合终止} \\ RM_n + R'M_k & \text{歧化终止} \end{cases} \tag{3-4}$$

式中　R′——另一个链自由基。

在自由基型光聚合过程中，光的引发与终止反应几乎与光照是同时进行的，也就是说适当波长的光波(hv)照射到光敏体系，体系即开始进行聚合反应，一旦辐射光源撤离，聚合反应立即终止。这对控制整个聚合过程是非常有利的，而且也有利树脂体系的储存稳定性。

在自由基聚合反应中，初级自由基的生成速率为

$$R_i = \frac{d[R\cdot]}{dt} = 2k_d[I] \tag{3-5}$$

式中　k_d——光引发剂一级分解速率常数；

[I]——光引发剂浓度(mol/L)；

[R·]——自由基浓度(mol/L)。

如聚合反应由单体直接光解引发，则其初级自由基的生成速率为

$$\begin{aligned} R_i &= \frac{d[R\cdot]}{dt} = \frac{2\Phi I_0 A}{V}(1 - e^{-\alpha[M]L}) \\ &= \frac{2\Phi I_0 A}{V}\left[\alpha[M]L - \frac{1}{2}(\alpha[M]L)^2 + \cdots\right] \end{aligned} \tag{3-6}$$

式中　I_0——体系每平方厘米每秒钟所接受到的光爱因斯坦数；

α——体系摩尔吸收系数(L/mol·cm)；

[M]——单体浓度(mol/L)；

L——光程长度(cm)；

A——体系光照面积(cm^2)；

V——体系光照体积(cm^3)；

Φ——体系每生成一对自由基所需要吸收的光量子分数。

当受到均匀光照且吸收量不大时，展开后面指数项，并忽略第一项后所有项，并以消光系数ε 取代α 得到

$$\frac{d[R\cdot]}{dt}=\frac{4.6\Phi I_0\varepsilon\ [M]LA}{V}\approx\Phi I_0\varepsilon\ [M] \tag{3-7}$$

式中　ε ——摩尔消光子数。

但在大多数情况下，自由基光聚合反应是由光引发剂引发发生，而非直接光解单体引发的，故聚合速率由以下公式给出：

$$R_p = k_p[M]\left(\frac{R_i}{2k_t}\right)^{\frac{1}{2}} = k_p\left(\frac{\Phi\varepsilon}{k_t}\right)^{\frac{1}{2}} I_0^{\frac{1}{2}}[I]^{\frac{1}{2}} \tag{3-8}$$

式中　k_p——聚合速率常数；

k_t——终止速率。

目前所使用的自由基光聚合体系中，最常用的齐聚物是丙烯酸酯类(如丙烯酸聚酯树脂、丙烯酸聚氨酯树脂、丙烯酸环氧树脂、丙烯酸聚醚树脂等)，它们主要是通过不饱和双键的加成作用交联固化成固体膜的，固化过程以双酚 A 型环氧二甲基丙烯酸酯(HEBDM)和二缩三丙二醇二丙烯酸酯(TPGDA)为例加以说明：

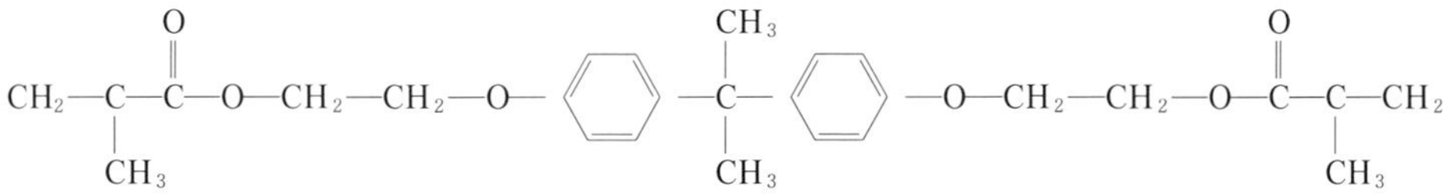

$$CH_2{-}C(CH_3){-}C(=O){-}O{-}CH_2{-}CH_2{-}O{-}C_6H_4{-}C(CH_3)_2{-}C_6H_4{-}O{-}CH_2{-}CH_2{-}O{-}C(=O){-}C(CH_3){-}CH_2$$

HEBDM

$$CH_2{=}CH{-}C(=O){-}O{-}CH_2{-}CH(CH_3){-}O{-}CH_2{-}CH(CH_3){-}O{-}CH_2{-}CH(CH_3){-}O{-}C(=O){-}CH{=}CH_2$$

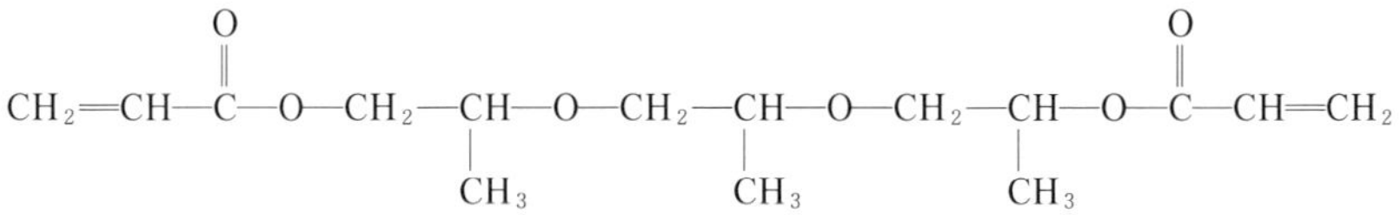

TPGDA

经光引发固化后的结构如图 3－1 所示。

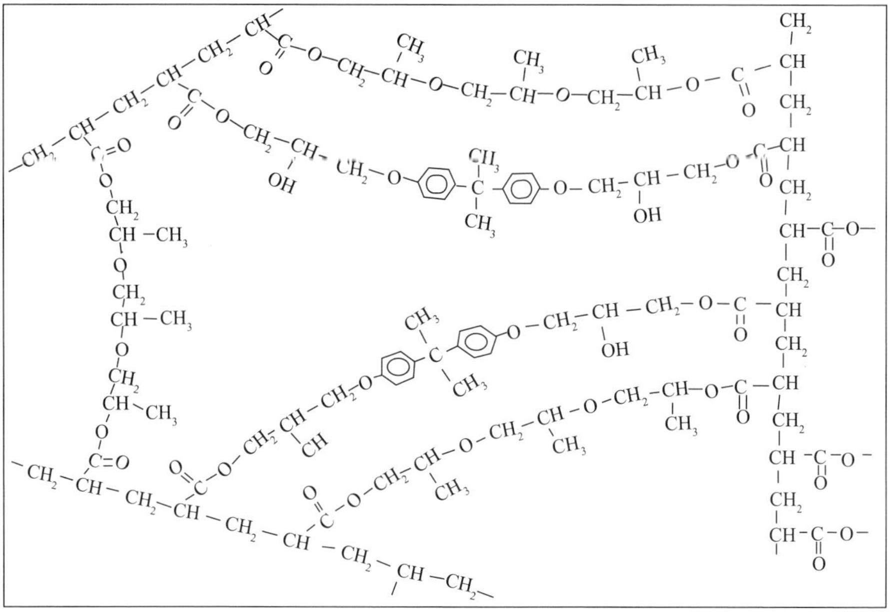

图 3-1　HEBDM 与 TPGDA 反应后的交联固化图

为了便于理解，本节给出一个简化的自由基光聚合过程示意图，其中 M 代表单体，P 代表引发剂。经过光引发活性种进行链引发、链扩展和链终止几个阶段，光敏树脂最终形成交联结构，如图 3-2 所示。

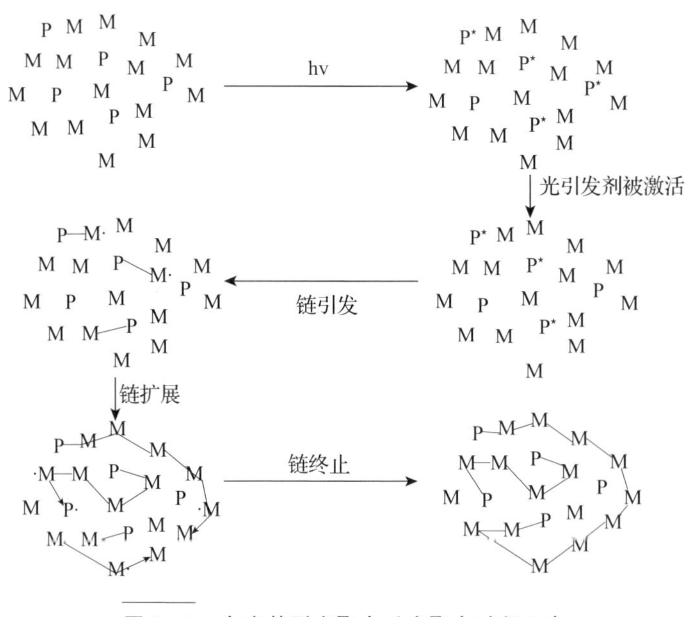

图 3-2　自由基型光聚合反应聚合过程示意

2. 阳离子型光聚合反应

阳离子型光聚合反应是指由阳离子型活性种引发的光聚合反应，其适用的单体比自由基型光聚合更多，而且阳离子型光聚合反应不会被氧气阻聚，在空气中即可快速而完全地聚合，这在工业应用中是个重要的优点，而且其固化物具有良好的力学性能、收缩率小。但与自由基聚合反应相比，固化速比较慢，而且湿度对阳离子聚合速度影响很大，这是阳离子型光聚合反应的缺点。

阳离子型光聚合反应有两类：光引发阳离子双键聚合和光引发阳离子开环聚合。前者是由乙烯基不饱和单体引发的聚合(典型代表为乙烯基醚)，后者是由光引发具有环张力单体的阳离子聚合反应(典型代表为环氧化物)。乙烯基醚和环氧化物结构如下：

$$CH_2{=}CH{-}O{-}R$$

乙烯基醚

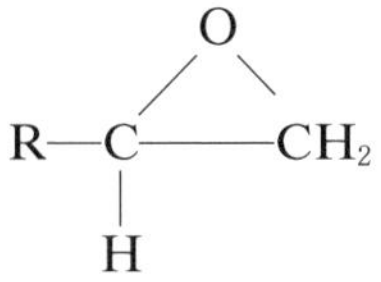

$$R{-}\underset{\displaystyle H}{\underset{|}{C}}{<}^{O}_{}{-}CH_2$$

环氧化物

阳离子型光聚合反应引发剂的主要特征是结构中阴离子亲核能力较弱，这样可以降低链终止反应概率，使光聚合反应在一般条件下顺利进行，阳离子型光引发剂主要分为三大类：芳香族重氮盐、二芳基碘鎓盐和三芳基硫鎓盐、芳茂铁盐，这三类引发剂中，二芳基碘鎓盐和三芳基硫鎓盐的效果最为理想。下面就以三芳基硫鎓盐和环氧化物为例说明阳离子型光聚合过程。

首先，三芳基硫鎓盐在光照下进行光解，产生用来引发阳离子反应的活性质子酸(H+)。

$$\begin{aligned}
Ar_3S^+X^- &\xrightarrow{hv} [Ar_3S^+X^-]^* \\
[Ar_3S^+X^-]^* &\longrightarrow Ar_2S^+ + Ar\cdot + X^- \\
Ar_2S^+ + YH &\longrightarrow Ar_2S^+\cdots H + Y\cdot \\
Ar_2S^+\cdots H &\longrightarrow Ar_2S + H^+ \\
2Ar\cdot &\longrightarrow Ar^-Ar \\
Ar\cdot + YH &\longrightarrow ArH + Y\cdot
\end{aligned}
\quad \Big\} \longrightarrow H^+X^- \qquad (3-9)$$

式中　Ar——芳基；

YH——溶剂；

X——亲核性小的负离子。

其次，活性阳离子引发环氧开环聚合。阳离子型光聚合反应在无外加强亲核性基团或物质时，一旦受光照发生引发反应，即成为活性聚合体系，也就是说在光源撤离后可以继续引发聚合，活性不会因此而消失，因而比自由基光聚合反应节省能源。

3.2.2 立体光固化技术的成形要求

随着增材制造技术的广泛应用，作为立体光固化技术核心之一的光敏树脂，越来越显示出重要性。应用于立体光固化技术的光敏树脂，通常由光引发剂、预聚物、活性单体、流平剂、抗氧化剂等组成，由于激光固化快速成形的特殊性，对光敏树脂的要求也就不同于光固化涂料、UV 油墨等，具体地说，用于立体光固化技术的光敏树脂应具备以下性能。

1)高感光性

高感光性是指光敏树脂对激光要有很高的固化响应性，即光固化速度要快。这是由于在激光扫描固化成形中，零件的每一层面都是由激光束逐条扫描而成的，因此在保证其他性能不变的情况下，扫描速度越快越好，否则制造一个零件，需耗费很长的时间。这就要求树脂在激光扫描到液面时，能立即固化，而当光束离开后，聚合反应立刻终止，不能向周围扩散，否则零件边界精度会受到影响。另外，造成立体光固化技术运行费用高的主要原因之一是激光管寿命有限(He-cd 激光器寿命约 2000 h)。如果光敏树脂感光性差，必然要降低扫描速度，延长制造时间，造成制造成本上升。光敏树脂感光性能常用临界曝光量来表示，临界曝光量越大，说明引发聚合反应所需的能量越高，感光性越差。

2)低收缩、低翘曲性

在影响立体光固化成形零件精度的诸多因素(扫描线控制精度、升降平台每层升降的定位精度、刮平程度、光斑大小及激光能量的稳定程度等)中，树脂在固化过程中所产生的体积收缩是引起成形零件尺寸精度误差的一个主要原因，这种收缩不仅造成成形零件尺寸的误差，而且造成零件的翘曲变形，特别是悬臂和人平面零件，更易因层间开裂和刮平障碍而导致制作过程中断。

为了成形出高精度零件，增材制造设备对光敏树脂提出了越来越高的要求，即光敏树脂应具有低收缩和低翘曲性，但从目前立体光固化应用情况来看，无法达到需求的低收缩、低翘曲已成为阻碍立体光固化成形技术推广与发展的瓶颈。

3)一次性固化程度要高

在立体光固化技术中，零件的固化是分两次进行的。第一次在工作平台上经激光扫描固化后的零件固化程度还不够，零件中还有部分处于扫描间隙液态的残余树脂未固化或未完全固化，零件的力学性能和物理性能尚未达到最佳值。为提高零件的力学性能、表面质量、和尺寸稳定性，必须对成形零件进行第二次固化，即所谓的后固化，使未完全固化的树脂充分固化，以达到使用目的。而在后固化的过程中，零件经常还会发生更大程度的翘曲变形，这是因为后固化过程中，树脂收缩受到的网状交联结构限制更大，收缩应力的最终平衡表现为零件的进一步翘曲。因此，必须尽可能提高零件的一次性固化程度，减少后固化部分的比例，以防止零件的后固化变形。另外，一次性固化程度高也有利于成形过程中湿态零件保持其应有的结构。

4)黏度低

在立体光固化技术中，树脂黏度大经常造成流平时间延长以及刮平操作困难，导致加工时间增长和零件制作精度下降。虽然升高温度可以使树脂黏度降低，但过高的温度容易导致光敏树脂体系不稳定。此外，由于激光固化快速成形零件中的台阶效应与层厚有很大的关系，成形层越厚，台阶效应越明显，为了减少这种台阶效应给零件造成的尺寸误差，激光固化快速成形制作层厚已由原来的每层0.2mm降到0.1mm，甚至更小，这对高黏度树脂来说几乎是不可能的。小的成形层厚要求光敏树脂必须具有很低的黏度，以使每次刮涂后能在很短时间内流平，从而提高可控精度、缩短制作时间、降低制作成本。目前世界上生产和研究立体光固化技术的各大机构都在不断研究并推出新型低黏度树脂，表3-1为几家光敏树脂供货公司及西安交通大学先进制造技术研究所研制的光敏树脂黏度的变化及比较。从表中的数据可以看出，用于立体光固化技术的光敏树脂的黏度越来越小，研发低黏度光敏树脂已经成为一种新的发展方向。

表 3-1 立体光固化用光敏树脂黏度变化

美国 Ciba-Geigy 公司（美国 3D systems SLA 材料供应商）			
商品牌号	5081-1	5131、5134、5149、5154	5170、5180
商品代数	第一代	第二代	第三代
黏度(30℃)/mPa·s	2400	2000	180
美国杜邦公司			
商品牌号	2100	3100	—
商品代数	第一代	第二代	—
黏度(30℃)/mPa·s	3800	1000	—
西安交通大学			
商品牌号	XH96-1	XH97-1	HB-1
商品代数	第一代	第二代	第三代
黏度(30℃)/mPa·s	580	180	78

5)高的湿态强度

在立体光固化技术中，经激光扫描固化后的固态树脂在制作过程中必须具有足够的力学强度以支持其湿态(未完全固化态)原形，这种力学强度即湿态强度，它包括衡量抗变形能力的弹性模量以及拉伸强度和抗挠曲强度。没有足够的湿态强度，在制作中湿态零件将会由于树脂的收缩力和重力作用而发生错位或变形，而且在将成形零件从工作平台上取出时零件的尺寸也会发生变化，如在重力作用下发生下垂和弯曲等。

6)低溶胀性

溶胀性指由于液态树脂被吸收到成形零件的固化边界而膨胀，造成零件尺寸偏大的性质，产生的主要原因为固化程度较低和材料的耐溶剂性差。

7)稳定性好

光敏树脂在使用过程中是一次性、大量加入工作槽的，随着使用消耗，要求给工作槽不断补充新的光敏树脂，由于液态光敏树脂长期储存于工作槽内，故要求在使用环境下基本保持各项性能不变。这无疑对立体光固化用树脂的稳定性提出了更高的要求，如在长期灯光和自然光照下不会发生缓慢聚合反应，在使用条件(湿度、温度等)下不发生聚合以及组分挥发，在空气中长期暴露不会氧化变色等。

8)低毒性

在立体光固化成形过程中，操作者不可避免要与光敏树脂频繁接触，因此要求光敏树脂低毒或无毒、无味、低刺激，以利于操作者的健康和不造成环境污染。

3.3　混杂型光固化树脂体系介绍

立体光固化技术常用的两种树脂(自由基型和阳离子型)具有以下特点：自由基型光固化树脂体系具有固化速度快、材料固化程度大，但体系易受氧气阻聚，零件翘曲变形大的特点；而阳离子型光敏树脂体系具有翘曲变形小、不受氧气阻聚，但聚合速率较慢、易受湿气的影响，原材料成本较高的特点。这两种体系各有优缺点，是否将这两种体系简单进行混合就能达到相互弥补各自缺陷的目的呢？将这两种体系按 10%～90%的比例相互添加，其各项性能测试结果如表 3-2 所示。

表 3-2　自由基体系与阳离子光固化体系混合后性能测试结果

自由基体系含量/%	阳离子体系含量/%	固化速度/s	体系黏度(30℃)/Pa·s
0	100	80	78
10	90	150	87
20	80	225	105
30	70	280	127
40	60	360	154
50	50	420	195
60	40	480	243
70	30	520	300
80	20	550	370
90	10	570	480
100	0	580	630

从表 3-2 中数据来看，混合体系的黏度介于两个独立体系之间，随自由基光敏树脂加入量的增多，体系黏度增加，光固化速度加快，从这两个条件来看，两者任意比例的混合物均可满足增材制造的要求。但是根据测试的实

际制造情况，发现并非如此。试验条件：扫描方式为 *XY* 交叉（*XYSTA*），激光功率为 6.0mW，扫描线距为 0.1mm，光斑直径为 0.2mm，实际操作中这种简单混合物存在以下两个问题。

1）固化深度不够

当自由基光固化树脂含量较少时，体系固化深度极小，而且固化速度较慢，当固化厚度从每层 0.2mm 调整至 0.1mm 时，层与层之间黏结情况仍不理想，成形过程中随时可能出现层间开裂。为了能够顺利成形必须进一步降低层厚，但这将使成形机的效率大大下降，随着自由基型光固化树脂量的增加，固化深度有所增加，但增加程度极小，而且翘曲率有较大增加，如图 3-3 所示。

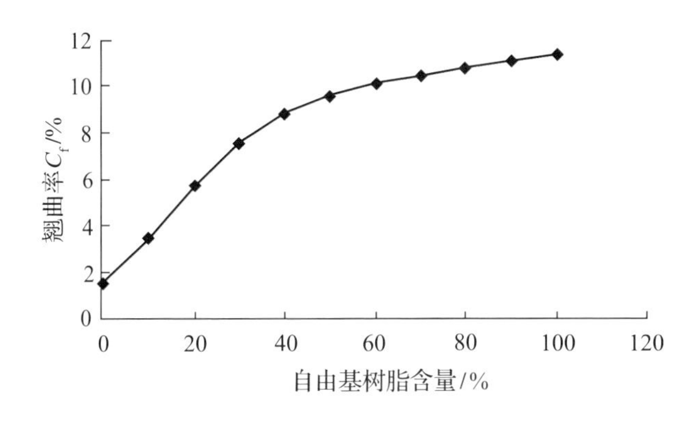

图 3-3　自由基树脂含量对整个体系翘曲率的影响

2）实际成形结果表明，成形过程中固化深度小且成形层表面皱缩非常厉害，成形件表面质量很差，成形出的零件很难被用户接受。

针对这两种情况，并结合“骨架”结构的概念，利用自由基型光固化树脂固化速度快的特点，以自由基型光固化体系的光固化网状结构作为成形层的“骨架”结构。这种“骨架”必须要有足够的湿态强度来保持成形的形状，在光照该体系形成“骨架”结构的同时，利用阳离子光固化体系收缩和翘曲变形小的特点，用其作为“骨架”内部填充物，来减少整个体系的收缩和由于收缩而引起的翘曲变形，在这种设想中，有以下几点值得注意：

① 以双键自由基光聚合的单体量要尽可能少，以减小立体光固化成形过程中的收缩和由此所引起的翘曲，

② 自由基聚合体系量必须满足固化后能赋予体系足够的强度，使成形层

的形状得以完整保持；

③ 自由基聚合机理的单体在成形过程中一次固化程度要高，使其湿态时强度大，免去后固化处理的工序；

④ 阳离子机理光固化单体尽可能多一些，以减少固化过程中的收缩，使聚合反应能均匀进行，利于收缩应力释放。

3.4 混杂型光固化体系

3.4.1 混杂型光固化体系中光引发剂的选择

在混杂型光固化体系中，由于同时涉及自由基和阳离子两种机理的光聚合反应，因而所用光引发剂(或光引发剂体系)要能够同时产生引发自由基聚合反应的活性自由基种和能够引发阳离子聚合反应的活性阳离子种，虽然有文献报道用三芳基硫鎓盐作为光引发剂能同时引发两种聚合反应，但效率低、固化速度慢。这一点对光固化涂料有一定的参考价值，但对于立体光固化技术来说，其意义并不是很大。为了满足立体光固化技术使用要求，必须选用阳离子光引发剂和自由基光发剂可以产生协同效应的复合光引发剂体系，使这两种光引发剂相互促进分解为活性种。

1)二芳基碘鎓盐及自由基型光引发剂的协同效应

二芳基碘鎓盐具有较低的氧化势，因而极易被激发态的自由基型光引发剂所还原，这种氧化还原作用本质上仍是电子的相互转移，从热力学角度来讲，要发生氧化还原作用，其作用过程的自由能变化须为负值才可以($\Delta G \leqslant 0$)。自由能量变化可估算：

$$\Delta G = 97(E_{\frac{1}{2}}{}^{ox} - E_{\frac{1}{2}}{}^{-red}) - E(PS^*) \tag{3-10}$$

式中 $E_{\frac{1}{2}}{}^{ox}$——自由基光引发剂的一个电子发生氧化时所对应的半波氧化电子伏数；

$E_{\frac{1}{2}}{}^{red}$——阳离子光引发剂的一个电子发生还原时所对应的半波还原电子伏数；

$E(PS^*)$——光引发剂活性态激发能；

97——将氧化还原电势电子伏转化为 kJ/mol 时的换算系数。

通常情况下，自由能量变化 $\Delta G \leqslant -40kJ/mol$ 时可发生这种电子转移作用而起到协同效应。对二芳基碘鎓盐来讲，按照式(3－10)的计算结果，一般自由能的变化值远远小于 －40kJ/mol，因而极易发生电子转移作用而使引发活性增强。

二苯甲酮加入二芳基碘鎓盐/环氧体系进行敏化，在丙酮/四氧呋喃(3：1体积比)中聚合时间从 20min 缩短到 6 min，phI・+的量子效率从在乙氰中的 0.01%增加到 3.3%[48]，高的 phI・+的量子效率意味着有更多的酸产生，从而大大提高阳离子聚合的速度，也使体系的整体反应速度得到极大提高。

上述结果表明二苯甲酮对二芳基碘鎓盐的促进作用可以通过氢给体的存在来加速，其机理大致如下：

$$Ph_2C=O \xrightarrow[ISC]{hv} {}^3[Ph_2C=O]^* \tag{3-11}$$

$$^3[Ph_2C=O]^* + (CH_3)_2CHOH \longrightarrow Ph_2COH + (CH_3)_2COH \tag{3-12}$$

$$Ph_2COH + Ph_2I^+ \longrightarrow Ph_2C^+OH + Ph_2I\cdot \tag{3-13}$$

$$(CH_3)_2COH + Ph_2I^+ \longrightarrow Ph_2I\cdot + (CH_3)_2C^+OH \tag{3-14}$$

$$Ph_2I\cdot \longrightarrow Ph_2I + Ph \tag{3-15}$$

$$Ph\cdot + (CH_3)_2CHOH \longrightarrow (CH_3)_2CHOH + PhH \tag{3-16}$$

$$Ph_2C^+OH \longrightarrow Ph_2C=O + H^+ \tag{3-17}$$

$$(CH_3)_2C^+OH \longrightarrow (CH_3)_2C=O + H^+ \tag{3-18}$$

其具有以下过程：

①通过光照，发生氢抽提反应产生自由基；

②自由基被碘鎓盐氧化产生质子；

③碘鎓盐分解的苯基自由基在氢抽提反应中又重新生成自由基。

这种方式实际上是在生成质子的过程中，通过光子的放大作用来产生更多的质子酸激发反应活性的。

另外一种协同方式：光照后，由α－断裂产生的自由基也可直接参与激活碘鎓盐光解作用，其作用过程如下：

$$Ph_2-\overset{\overset{O}{\|}}{C}-\underset{\underset{OCH_3}{|}}{\overset{\overset{OCH_3}{|}}{C}}-Ph \xrightarrow{hv} Ph_2-\overset{\overset{O}{\|}}{C}\cdot + Ph-\underset{\underset{OCH_3}{|}}{\overset{\overset{OCH_3}{|}}{C}}\cdot \tag{3-19}$$

$$Ph-\underset{\underset{OCH_3}{|}}{\overset{\overset{OCH_3}{|}}{C}}\cdot \ + Ph_2I^+ \longrightarrow Ph-\underset{\underset{OCH_3}{|}}{\overset{\overset{OCH_3}{|}}{C^+}} \ + Ph_2I^{\dot{+}} \tag{3-20}$$

$$Ph-\underset{\underset{OCH_3}{|}}{\overset{\overset{OCH_3}{|}}{C^+}} \ + nM \longrightarrow M_n \tag{3-21}$$

上面这两种协同作用，在自由基光引发剂引发自由基聚合反应的同时，还可以通过加强对碘鎓盐促进分解作用，或形成可用于阳离子聚合反应的活性引发种，以此来加快阳离子聚合部分的速度，提高整个体系固化速度。

2)三芳基硫鎓盐与自由基光引发剂的协同效应

三芳基硫鎓盐一般很难像二芳基碘鎓盐那样发生电子转移反应，这是由于其还原电势较高。以 $E_{\frac{1}{2}}{}^{ox}$ 的平均值 $E_{\frac{1}{2}}{}^{red}$ 进行计算，碘鎓盐取 -0.2V，硫鎓盐取 -1.2V。结果表明，二芳基碘盐更易发生电子转移(自由能变化量为 -97kJ/mol)，而硫鎓盐不可能发生电子转移作用(其值为0)。这样来看，靠电子转移这种方式使自由基型光引发剂敏化阳离子光引发剂，从而达到加速整个体系固化速度是有相当大困难的，比较可行的方案是采取能量转移的方式来增加阳离子光引发的感光性，如下式所示。

$$PS \xrightarrow{hv} PS^* \tag{3-22}$$

$$PS^* + Ph_3S^+ \longrightarrow [PS^* \cdots\cdots Ph_3S^+]^* \tag{3-23}$$

$$[PS^* \cdots\cdots Ph_3S^+]^* \longrightarrow PS + Ph\cdot + Ph_2S^+\cdot \tag{3-24}$$

$$Ph_2S^+\cdot + 单体 \longrightarrow 聚合物 \tag{3-25}$$

按照热力学第一定律，发生能量转移时，增感剂(能量转移剂)的激发态能量必须大于或等于硫鎓盐激发态复合物的能量，如式(3-22)～式(3-25)所示，增感剂 PS 受光照形成激发态，激发态与光引发剂形成激发态复合物，激发态复合物能量用于断裂硫鎓盐中的苯硫键，同时形成引发阳离子聚合的活性种 Ph_2S^+ •，进而引发聚合反应。

3.4.2 混杂型光聚合体系中稀释剂的选择

在混杂型光聚合体系中，由自由基预聚体环氧丙烯酸酯和阳离子预聚体脂环族环氧所组成的复合预聚物体系，黏度已足以满足立体光固化技术使用要求，但为了弥补预聚体力学性能上的不足，以及赋予固化层更好的化学、物理等性能，获得更快的固化速度，常常还要在体系中加入一些活性单体，如乙烯基醚系列和经烷氧化处理的丙烯酸酯单体，这些单体的性能如表 3-3 所示。

表 3-3 常用活性稀释剂基本性能

活性单体名称	25℃ 黏度/(mPa·s)	皮肤刺激性
己二醇二丙烯酸酯(HDDA)	8	大
三羟甲基丙烷三丙烯酸酯(TMPTA)	105	较大
乙氧基新戊二醇二丙烯酸酯	13	0.2
乙氧基三羟甲基丙烷三丙烯酸酯	25	1.5
乙氧基己二醇二丙烯酸酯	32	中
三乙二醇二乙烯基醚	2.67	0.25
1，4-环己烷二甲基二乙烯基醚	5.0	3.2
羟丁基乙烯基醚	5.4	小
碳酸丙基丙烯基醚	5.0	0
十二烷基乙烯基醚	2.8	小

根据表 3-3 中所列单体及其相关性能，HDDA 是一种低黏度、高固化速度的稀释剂，同时具有好的硬度、抗水性和附着力，但对皮肤刺激性大，而且气味比较刺鼻，对环境和操作者都造成很大的危害。TMPTA 虽然皮肤刺激性比 HDDA 小，但其体积收缩率较大，附着力较差，容易使成形零件产生较大的翘曲变形。乙烯基醚系列单体及经烷氧化处理的丙烯酸酯单体具有毒性小、对皮肤刺激性小、挥发性小的优点。因而可选择乙烯基醚系列单体及经烷氧化处理的丙烯酸酯单体作为稀释剂。

3.4.3　混杂型光聚合体系中光引发体系

从上面可知光引发剂在光固化树脂体系中起着非常重要的作用，光引发剂与固化光源的匹配性好坏以及引发效率都直接影响到光固化树脂体系的固化速度和程度。常用于光聚合体系中的自由基光引发剂和阳离子型光引发剂三芳基硫鎓盐的紫外光吸收光谱如图 3-4、图 3-5 所示。

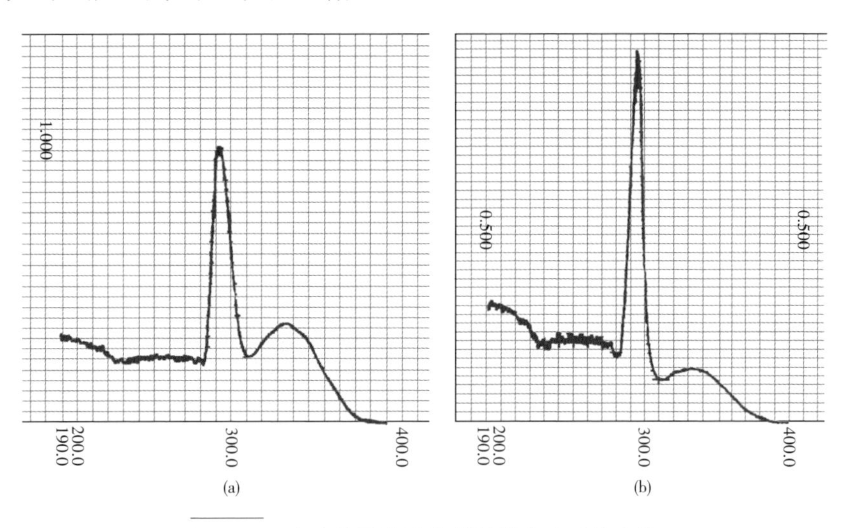

图 3-4　自由基型光引发剂的紫外光吸收光谱

(a)I651；(b)BP。

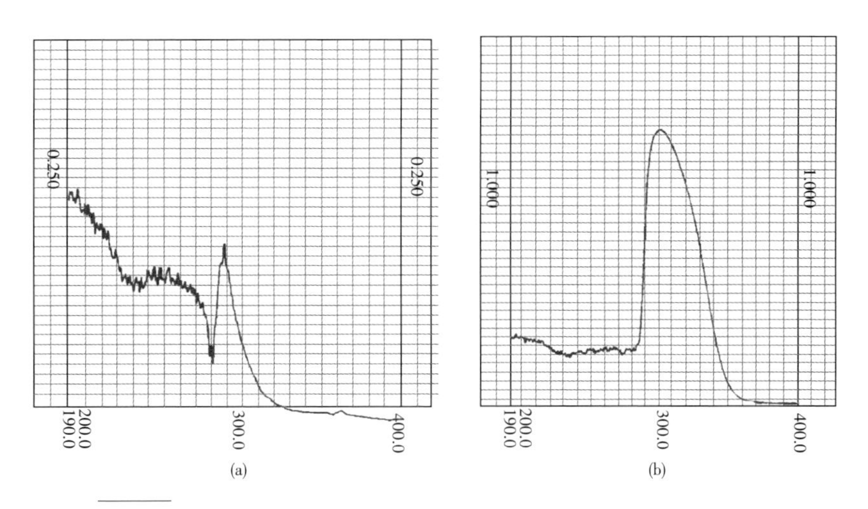

图 3-5　二芳基碘鎓盐与三芳基硫鎓盐光引发剂的紫外光吸收光谱

(a)二芳基碘鎓盐；(b)三芳基硫鎓盐。

从自由基光引发剂的紫外光吸收光谱来看，自由基光引发剂 Irgaurre-651(I651)和二苯甲酮(BP)的吸收峰位在 295nm 及 330nm 附近，都比较适合作为混杂体系中的自由基光引发剂，但由于通常 BP 需要与胺类共同使用才可具有较高的固化速度，而且胺类具有一定的挥发性，给环境和体系的稳定性带来不必要的麻烦，故较少使用，而且 I651 在 325nm 附近的吸收量比 BP 的多，对能量的利用率要高的多。

从阳离子光引发剂的紫外吸收光谱来看，二芳基碘鎓盐(1012)的紫外光吸收主要在 300nm 以下，在 310nm 以后基本没有吸收，即 He-Cd 激光发射的光波(325nm)完全没有被吸收，因而在该光源下，以 1012 作为光引发剂的光固化树脂体系不会发生化学变化而交联固化。三芳基硫鎓盐的紫外光吸收为 280～340nm，其吸收范围包括了 He-Cd 激光的发射波长 325nm，而且其吸收峰位与 325nm 非常接近，匹配性好，是一种比较理想的阳离子聚合光引发剂。

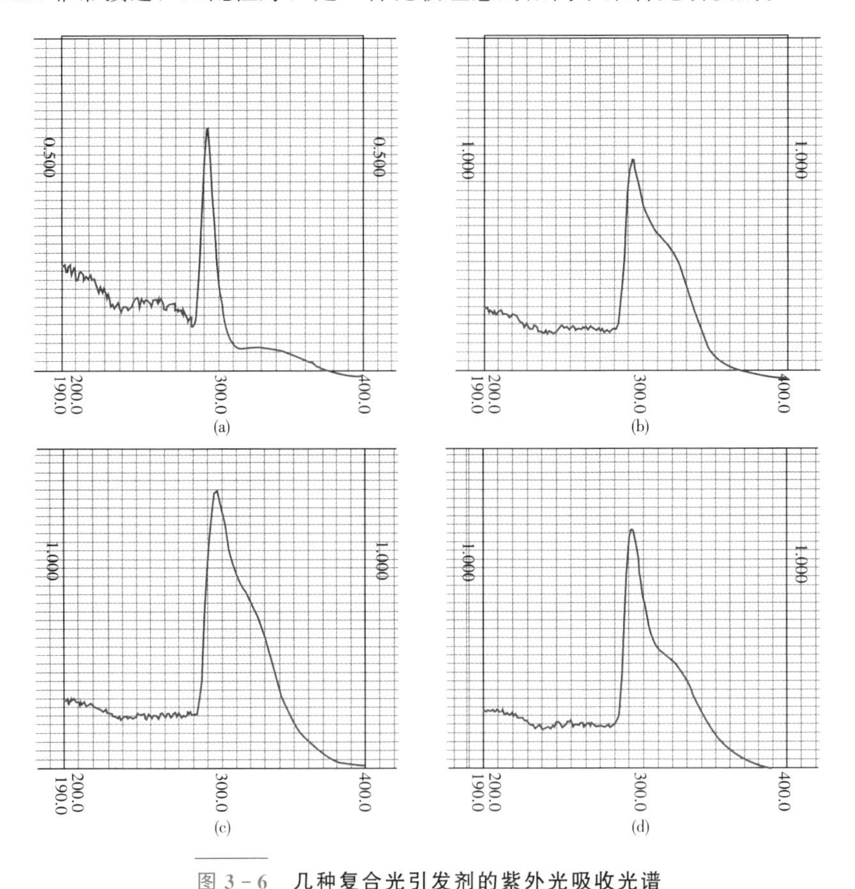

图 3-6　几种复合光引发剂的紫外光吸收光谱

(a)BP+二芳基碘鎓盐；(b)BP+三芳基硫鎓盐；(c)651+三芳基硫鎓盐；(d)651+BP+三芳基硫鎓盐。

由于混杂型光聚合体系使用时，两种聚合体系是作为一个整体进行使用的，因此还必须考虑当两种光引发剂同时存在时，两者之间有无相互影响，整体聚合速度是否会因此影响而减小等。图3-6分别为几种光引发剂复合后的紫外光吸收光谱。

从紫外光谱吸收光谱来看，BP与1012的复合光引发体系相互协同作用，使阳离子光引发剂1012在300nm以上吸收得到加强，最长吸收达到370nm。同样，BP、I651分别与三芳基硫鎓盐及三者的复合光引发体系都使阳离子光引发剂三芳基硫鎓盐的紫外吸收向长波方向发生转移，而且在300nm以上吸收得到加强，可以大大提高对光源的利用率。

图3-7为混杂型光聚合体系光固化速度与自由基光引发剂(阳离子光引发剂的浓度保持恒定)、阳离子光引发剂浓度(自由基光引发剂浓度保持恒定)的关系曲线。从图3-7(a)，混杂型光聚合体系的固化速度在引发剂浓度小于8%时随着三芳基硫鎓盐浓度的增加而加快，此时由于光解产生质子酸的浓度较低，体系聚合反应速度较慢，随着引发剂浓度的增加，光解产生的质子酸浓度增加，该体系聚合反应速度加快。引发剂浓度大于8%后，该体系光固化速度随着三芳基硫鎓盐浓度的增加反而变慢，这是因为随着引发剂浓度的增加，液体树脂表面吸收的光子数增加，从而使下层树脂感光量严重不足，最终导致总体光固化速度变慢。图3-7(b)具有类似的现象，其原因是当光引发剂浓度较小时，光解出的自由基活性引发种浓度也较小，引发剂浓度的增加意味着光解出的自由基活性引发种浓度也在增加，所以固化速度加快，但当引发剂浓度超

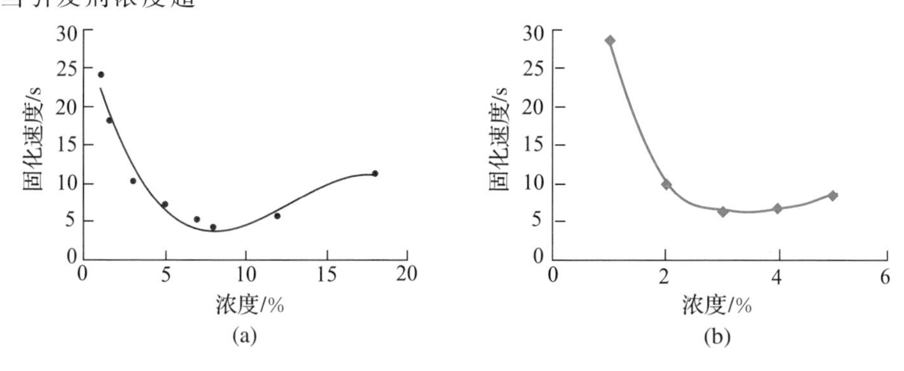

图3-7　混杂体系光固化速度与光引发剂的浓度关系

(a) 三芳基硫鎓盐；(b) I651。

过一定的范围之后，光解出的自由基活性引发种浓度非常大，活性自由基之间碰撞而自动终止的概率也在增加，所以反应速度反而下降。由光聚合动力学方程可得光敏引发剂的引发速率为

$$R_i = 2\phi_1 I_0[1 - \exp(-\varepsilon_1[\mathrm{I}]_1 b_1)] + 2\phi_2 I_0[1 - \exp(-\varepsilon_2[\mathrm{I}]_2 b_2)] \tag{3-26}$$

式中 ϕ ——引发剂的量子产率；

b ——光进入树脂的深度。

式(3-26)中下脚1表示自由基光引发剂，2表示阳离子光引发剂。

引发剂的引发速率 R_i 与其对所用光源光波的吸光度有关，而吸光度的大小取决于光引发剂分子的消光系数 ε 和浓度[I]，对于 ε 值较大的光引发剂，为使下层树脂具有较高的固化速度，光引发剂的浓度要小一些，因而，为了保证成形质量，光引发剂的浓度应控制在一定的范围。通过大量的试验可知，阳离子和自由基光引发剂的浓度应分别控制在4%、3%左右比较适宜。

3.4.4 混杂型光固化树脂体系性能参数测试

1. 混杂型光固化树脂体系线收缩的测试

按照前面章节所述方法测试混杂型光固化树脂体系的线收缩率，使样品经充分固化后测得 $L_0 = 100.00\text{mm}$，$L = 99.921\text{mm}$，则线收缩率为

$$\varepsilon = \frac{100.00 - 99.921}{100.00} \times 100\% = 0.079\%$$

从线收缩的数据来看，混杂型型光固化树脂体系的线收缩也是很小的，它介于阳离子光聚合体系和自由基光聚合体系之间，但更接近于阳离子光聚合体系，根据上文的推理，这样低线收缩率将会对零件翘曲性有很大改善，这一点在后面的实机制作测试中将得到验证。

2. 混杂型光固化树脂体系体收缩率的测试

分别用浮力法和瑞士梅特勒天平测量液体和固体密度为 $\rho_l = 1.147\text{g/cm}^3$，$\rho_s = 1.223\ \text{g/cm}^3$，则体收缩率为

$$\eta = \frac{\rho_s - \rho_l}{\rho_s} \times 100\% = \frac{1.223 - 1.147}{1.223} \times 100\% = 6.21\%$$

从体收缩率数据来看，体收缩率并不是很小，但是该体系在成形过程中却表现出极小的翘曲性，这一结论证明了前面关于体收缩对零件翘曲变形影响较小的结论。

3. 混杂体系黏度测定

用 NDJ－1 型旋转黏度计测量混杂体系的黏度，图 3－8 为混杂体系黏度随温度变化关系曲线。由图可知，混杂型光敏树脂的黏度随温度的升高而有较大下降，在 30℃ 时体系黏度已降至很低值(78Pa·s)，足以满足使用要求，这种低黏度对于 Z 轴精度的整体控制及每一成形层精度的控制都十分有利。另外，这种低黏性树脂的使用大大缩短了树脂涂敷和流平时间，而且无需再加热至 40℃ 进行固化，这些都可以大大降低成形机的制作成本。

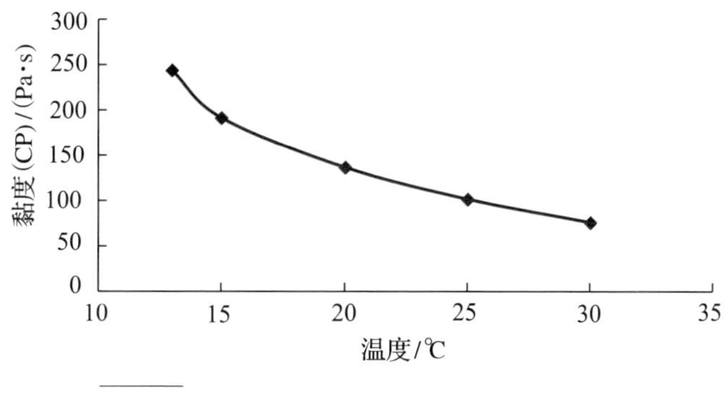

图 3－8　混杂型光固化树脂黏度与温度的关系

4. 混杂型光固化树脂体系热稳定性能研究

1)热稳定性

光固化树脂体系热稳定性的测试一般是将液态体系于 60℃ 保温放置一周或 80℃ 放置 3 天后测量树脂体系质量和黏度变化，其变化量越小越好。质量的变化量表示了体系挥发性的大小，质量减少得越多，说明体系的挥发性越大。黏度的变化表示体系热聚合性的大小，黏度越大，证明体系的热聚合越厉害，一般黏度变化率小于 100% 为合格。这里在 80℃ 下放置 3 天，测试数据如表 3－4 所示。

表 3－4　混杂型光固化树脂体系稳定性试验测试数据

	重量/g	**黏度/Pa·s(30℃)**
测试前	250.5	165
测试后	244.0	225

根据表 3-4 中的数据，计算黏度变化率为

$$\Delta\eta = \frac{225 - 165}{165} \times 100\% = 36.4\%$$

其值远远小于 100%，表明体系对热是比较稳定的。

混杂型光固化树脂体系在高温放置中的质量变化率为

$$\Delta m = \frac{250.5 - 244.0}{250.5} \times 100\% = 2.59\%$$

从计算结果来看，质量变化很小，表明体系的挥发性较小。

2)光稳定

光固化树脂体系对光的稳定性目前尚无标准，根据实际使用情况，可总结出两个指标：一是要求在室温环境和自然光源下储存时，一年时间内体系的黏度基本无变化；二是在正常使用条件下，一年内黏度变化不能太大。对混杂型光固化树脂体系进行光稳定性试验，数据如表 3-5 所示。

表 3-5　混杂型光固化树脂黏度随时间的变化

时间/月	0	2	4	6	8	10	12
存储黏度(20℃)/Pa·s	165	165	166	166	167	168	168
使用黏度(20℃)/Pa·s	165	168	170	173	175	180	185

从表 3-5 中数据可以看出，制备的用于光固化快速成形的混杂型光固化树脂体系在储存和使用条件下黏度变化率分别为 1.81% 和 12.1%，黏度的变化都比较小，说明体系对光是稳定的。

由以上可知，该混杂型光固化树脂体系是稳定的，体系黏度上升较小，挥发性极小，而且测试结果表明，该混杂体系在室内自然光光源及使用光源下黏度在一年中的变化小，对自然光及使用光源表现出很好的稳定性。

5. 混杂型光固化树脂体系工作曲线测定

光固化树脂的工曲线是用来表示树脂固化特性的曲线，不同的树脂体系具有不同的工作曲线。经 LPS-600 实机试验，混杂型光固化树脂在不同扫描速度下固化厚度如表 3-6 所示。

表3-6　不同扫描速度下树脂的固化厚度及曝光量

v_s/(mm/s)	200	150	100	80	50	30	20	10
d_1/mm	0.08	0.09	0.10	0.12	0.15	0.17	0.20	0.27
d_2/mm	0.08	0.08	0.10	0.11	0.14	0.18	0.21	0.27
d_3/mm	0.08	0.09	0.10	0.11	0.15	0.17	0.21	0.28
d/mm	0.08	0.087	0.10	0.113	0.147	0.173	0.207	0.273
E/(mJ/cm²)	37.5	50.0	75.0	93.75	150.0	250.0	375.0	750.0

注：表中d_1、d_2、d_3、d分别表示同一扫描速度下3次测量不同部位的平均厚度，激光功率$P_1=7.5$mW，扫描间距$h_s=0.1$mm。

根据表3-6中数据绘制工作曲线如图3-9所示。

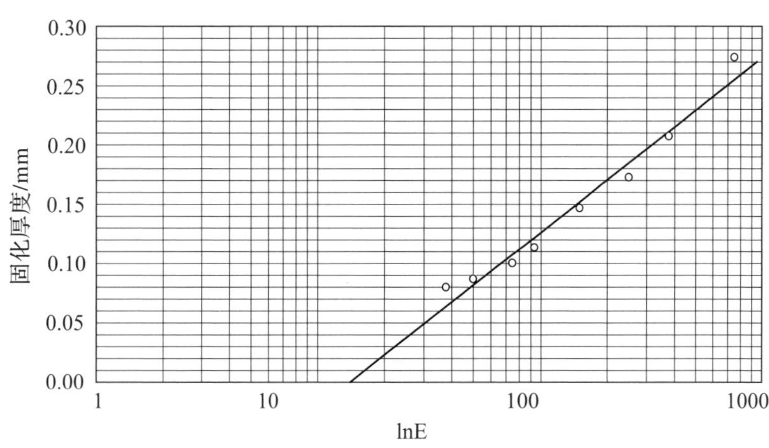

图3-9　混杂型光敏树脂工作曲线

由工作曲线可知，混杂型光敏树脂的穿透深度为0.064mm，临界曝光量(工作曲线在X轴的截距)为13.91mJ/cm²，其值均介于自由基体系和阳离子体系之间(自由基型光固化树脂和阳离子型光固化树脂的穿透深度和临界曝光量分别为0.1085mm、4.67 mJ/cm²和0.0409 mm、19.84 mJ/cm²)，从这三种光固化树脂的临界曝光量来看，在激光功率恒定时，三者固化速度按照自由基体系＞混杂体系＞阳离子体系的顺序减小，与试验结果完全一致。从三者对光的穿透性来看，在同样的扫描条件下，其固化厚度也按照相同顺序减小，这一点也在试验中得到验证，见表3-7。

表 3-7 三种体系固化参数比较

项目	自由基体系	混杂体系	阳离子体系
临界曝光量/(mJ/cm²)	4.67	13.91	19.84
穿透性/mm	0.109	0.064	0.041
最大扫描速度/(mm/s)	600	300	50
v_s = 100mm/s 时固化厚度/mm	0.316	0.104	0.042

3.4.5 混杂型光固化树脂力学性能

在光固化成形中，最终成形的零件是用户对成形质量好坏评价的直接目标和客观物证，也是用户能否接受增材制造这一技术并加以使用的关键所在。一般来讲，对成形质量评价的标准有两点：一点是成形零件的精度，另外一点就是成形零件的强度，即力学性能的好坏。前面我们已经成功解决了成形零件的翘曲变形问题，下面主要讨论一下混杂型光固化树脂的力学强度。

1. 拉伸强度

增材制造制件的拉伸强度是反映成形材料力学性能好坏的一个重要指标，拉伸强度的测试以美国 ASTMD638—2014 为标准，测试件的尺寸及形状如图 3-10所示。

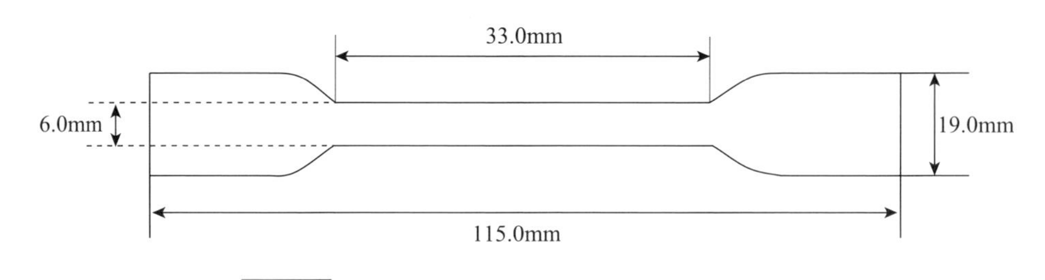

图 3-10 拉伸强度测试件尺寸示意图(样品厚 3mm)

在立体光固化增材制造设备上制作测试样件，并于拉力实验机上测量其拉伸强度，测试数据如图 3-11 所示。

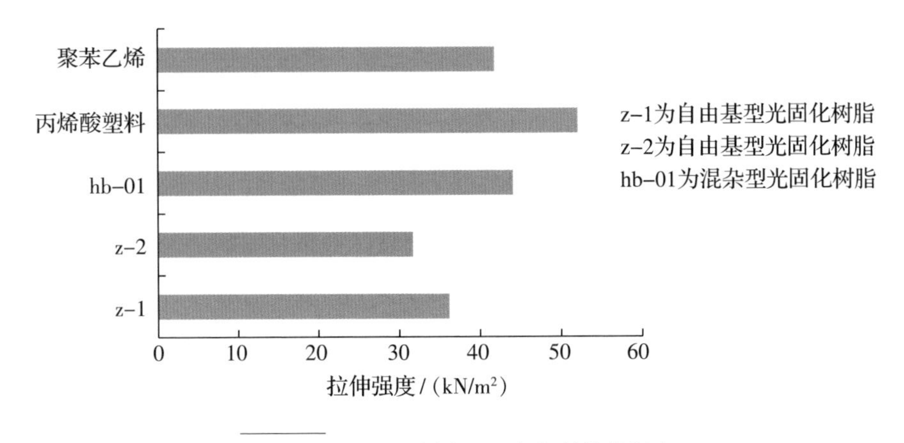

图 3-11　光固化树脂及工程塑料拉伸强度

如图 3-11 所示，混杂型光固化树脂 hb-01 比自由基型光固化树脂具有更高的拉伸强度，其强度可达到 $44kN/m^2$，超出了普通聚苯乙烯塑料的强度（$41.8kN/m^2$），接近丙烯酸树脂的强度。

2. 拉伸模量

拉伸模量是当材料发生一定的弹性形变时所产生的应力大小的度量，以应力-应变曲线上弹性形变部分的斜率来表示。它是表示材料力学性能的一个重要参数，常用来衡量材料刚性大小。低模量的材料类似于橡胶态。拉伸模量的测量根据其定义进行，测量结果如图 3-12 所示。

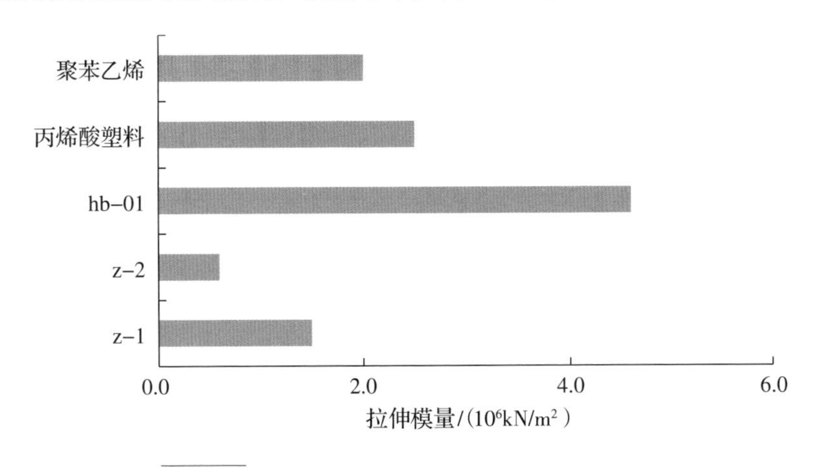

图 3-12　几种光固化树脂及工程塑料的拉伸模量

从图 3 - 12 的测量结果可知，混杂型光固化树脂的拉伸模量是相当大的，其值可达 4.6×10^6kN/m^2，远远超过普通工程塑料丙烯酸和聚苯乙烯的拉伸模量，而自由基型光固化树脂 z - 1 与 z - 2 具有相对较低的拉伸模量。这表明低翘曲光固化树脂固化后具有相当大的刚性，所以该材料在使用过程中受外力作用不大时，基本上不会产生变形，具有较高的尺寸稳定性。

3. 断裂伸长率

断裂伸长率是指在测试拉伸强度时，一定长度的材料被拉断时，材料的长度变化与原长度的比值。断裂伸长率表示了材料的塑性变形大小及柔韧性的好坏，一般断裂伸长率越大，材料的韧性就越好。图 3 - 13 为断裂伸长率的测试结果，几种光固化树脂的断裂伸长率都接近或超过了普通工程塑料的断裂伸长率，表现出较好的柔韧性。低翘曲性光固化树脂介于几种材料之间，光固化材料(或者说高聚物材料)较大的断裂伸长率使材料表现出很好的柔韧性，从而使材料在断裂前可以吸收大量的能量，这一点是非金属材料所不具有的特性。在工程应用中，必须尽力避免材料的脆性断裂，而高聚物材料恰恰满足了这一要求。

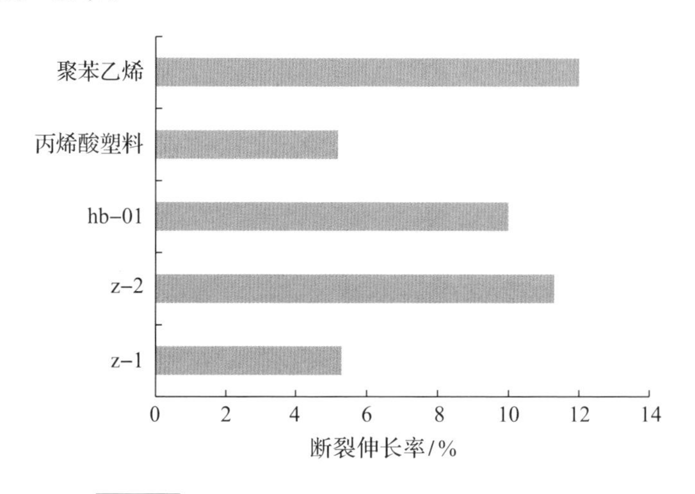

图 3 - 13 几种光固化树脂及工程塑料断裂伸长率

图 3 - 14 为几种光固化树脂的应力 - 应变曲线。实验测试速度为 10mm/min。z - 1 的特性为硬而脆，z - 2 的特性为硬而韧，低翘曲性树脂也表现为硬而韧，但其强度要比 z - 2 更强。图中曲线显示，材料先是随着应变的增加，应力跟着增加，这一阶段材料表现为高弹性，随着应变的继续增加，

应力达到某一最大值后开始有所下降，从此时到材料发生断裂的过程，材料表现为不可逆的塑性形变。z－2和hb－01的较大的断裂伸长率表明，这两种光固化树脂体系的交联密度并不很大。

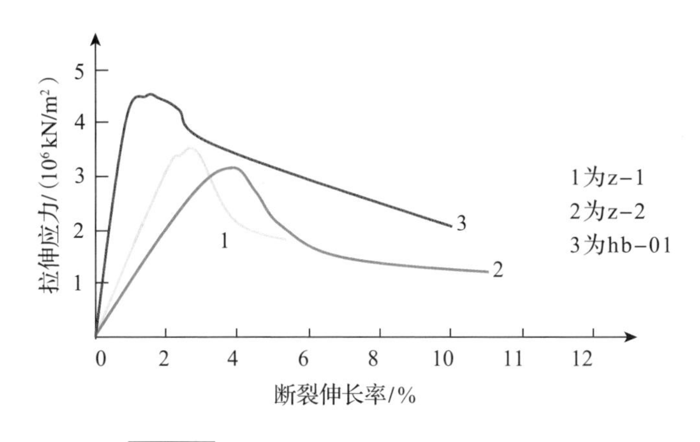

图3－14　几种光固化树脂的应力-应变曲线

4. 冲击强度

材料的冲击强度是一个很重要的指标，是指材料在高速冲击状态下的韧性或对断裂抵抗能力的度量。它是指材料的某一标准试样在断裂时单位面积上所需要的能量。冲击强度的测量按照美国ASTMD256—2010(2018)规定的标准制样，尺寸如图3－15所示。

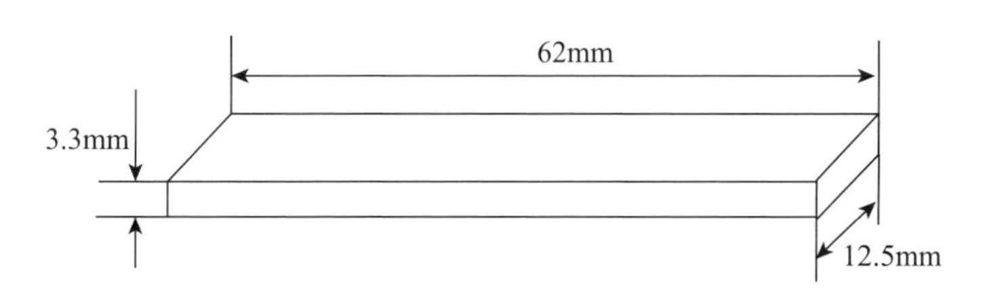

图3－15　冲击强度测试件尺寸示意图

值得注意的是在冲击强度测试过程中，测试样件的厚度对所测量数值有较大的影响。对于较薄的样件，由于其较软而容易发生多点弯曲现象，会将冲击进行多处同时分散，从而造成测量值偏大。冲击强度的测试结果如图3－16所示，从图中的测试结果可知，三种光固化树脂的冲击强度都比较小，尚不到聚苯乙烯的1/2，有待改进提高。

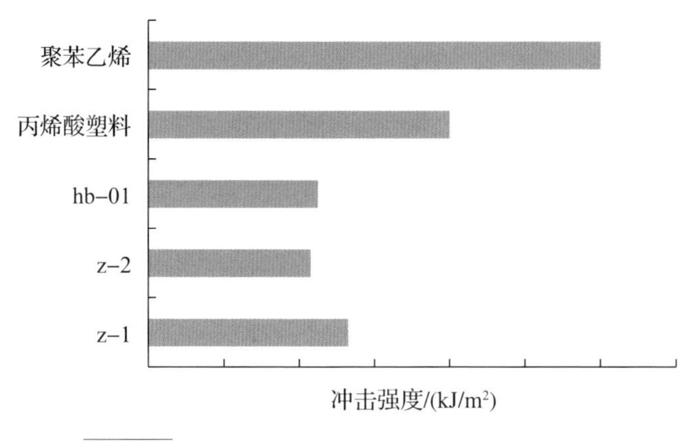

图 3-16 几种光固化树脂及工程塑料的冲击强度

5. 热性能

有些零件在使用过程中是在非常温下进行的，因此成形材料的热性能也是需要考虑的一个问题。光固化快速成形零件在使用中最能反映其热性能的参数是玻璃化转变温度，玻璃化转变温度是指聚合物从玻璃态向高弹态转变的温度，具体讲，就是聚合物链段随温度的升高而表现出可以观察到的运动性时的温度。为了保持尺寸稳定性，零件的使用温度必须低于其玻璃化转变温度。这就要求光固化材料具有较高的玻璃化转变温度来使成形零件有宽泛的使用范围。

6. 热膨胀性

能够应用于模具制造是增材制造技术发展的一个主要目的，因此，用于增材制造的光固化树脂还要满足模具制造过程中对它的要求。传统的熔蜡铸造法，首先要将样品翻制成石蜡模型，其次填沙并烧结熔蜡、制成砂型，最后灌钢水成形最终产品。而现在则可以直接用增材制造原形代替石蜡，在其外表面刮浆后于 800℃ 高温下灼烧，使固体树脂燃烧挥发而直接制成模具。这就要求光固化树脂在灼烧时热膨胀系数要小，否则容易造成浆体的开裂而使模具制造失败。

一般来说，光固化聚合物的交联密度越大，在加热过程中分子链段所受到的约束和限制就越大，热膨胀性就越小。但是过高的交联密度使材料变脆，从而失去应有的柔韧性。因而交联密度要适中，树脂最终热性能的获得必须通过大量的试验来确定。

3.5 纳米粒子光固化树脂改性

随着光固化技术的不断发展，该技术在航空航天、汽车、家电及塑料加工业的应用也不断发展。增材制造技术的快速制模技术具有制模周期短、成本低的特点，精度与寿命能满足生产使用要求，对中小型模具的制造，具有比较显著的综合经济效益。将增材制造技术应用于模具领域进一步发挥了它的优越性。注塑成形是材料成形的一种重要方法，为了降低成本提高注塑模具使用次数，对注塑模具有一定的要求：具有一定的强度和耐磨性及足够的耐热性和导热性。光固化制件在机械和热学性能方面还未能完全达到应用要求，如硬度、耐高温性能等。目前利用纳米粒子对环氧树脂性能的改性已经取得了显著的效果，纳米材料作为近年来备受关注的一种新型功能材料，已在许多领域得到广泛应用并显示出良好的应用前景。因此，本节讨论了如何采用纳米粒子对光固化树脂进行改性，获得可应用于注塑模具的耐高温、耐磨损、高强度的光固化树脂。在满足现代产品快速开发的要求的同时，探讨了纳米粒子对光固化树脂的改性机制。

3.5.1 光固化树脂改性用纳米粒子的选取及分散

纳米粒子因具有极高的表面能和扩散率，粒子间固能充分接近，范德瓦耳斯力得以充分发挥，使纳米粒子间、纳米粒子与其他粒子间的相互作用异常强烈。由于纳米尺度效应、大的比表面积以及强的界面相互作用，与常规复合材料相比，纳米复合材料在力学、电学、磁学、热学、光学和化学活性等方面具有更为优异的性能。正是这些特殊的性能为纳米材料开辟了非常广阔的应用前景。因此，制备纳米复合材料是获得高性能复合材料的重要方法之一。当纳米粒子均匀地分散在树脂基质中时，能使其韧性、强度有很大提高。

3.5.2 纳米粒子的选取

纳米二氧化硅（SiO_2）由于表面非配位原子多，能与聚合物发生物理和化学反应，增强粒子与聚合物基体的界面结合、提高聚合物承担载荷的能力，故加入到聚合物中与聚合物结合可对聚合物起到增强、增韧的作用。由于纳米颗粒小，本身具有较高的强度和耐热性能，还可提高聚合物的热稳定性。

由于具有突出的耐磨损性能，纳米氧化铝(Al_2O_3)是被用来提高涂料耐磨性的主要原料。研究表明，聚合物中加入1%～5%的纳米氧化铝粒子其耐磨性可得到大大提高。

选取纳米二氧化硅和氧化铝作为提高树脂强度，增加耐磨性和耐高温性的填充物，它们的基本信息如表3-8所示。

表3-8 纳米SiO_2和Al_2O_3的物理性能

	熔点	颜色	特征及应用
SiO_2	1700	透明	有高硬度、高强度、高韧性、极高的耐磨性及耐化学腐蚀性等
Al_2O_3	2050	白色	较好的传导性、机械强度和耐磨耐高温性

3.5.3 纳米粒子掺杂后的紫外光吸收测试

当紫外光照射分子时，分子吸收光子能量后受激发而从一个能级跃迁到另一个能级。由于分子的能量是量子化的，所以只能吸收等于分子内两个能级差的光子。一个分子的能量是电子能量、分子振动能量和转动能量三部分的总和。由于电子能级为1～20eV，振动能级为0.05～1eV，转动能级为0.05eV，300nm的紫外光的能量为4eV，故紫外光能引起电子的跃迁。由于内层电子的能级很低，一般不易激发，故电子能级的跃迁主要是指价电子的跃迁。由上可知，因为紫外吸收光谱是由于分子吸收光能后，价电子由基态能级激发到能量更高的激发态而产生的，所以紫外吸收光谱也称电子光谱。

如果希望纳米粒子加入到光固化树脂中起到作用，而又知光引发剂的吸收波长为355nm，就要研究纳米粒子对355nm的紫外光有没有吸收。

称取0.001g纳米颗粒放入100mL乙醇中，超声分散30min，乙醇作为参比，用紫外分光光度计测紫外光吸收度。

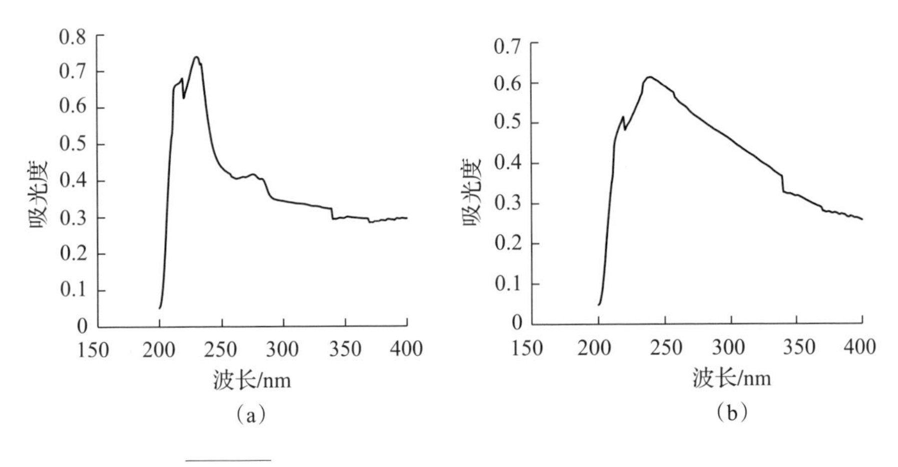

图 3-17　纳米 SiO_2 和 Al_2O_3 液体的紫外光吸收测试

(a) Al_2O_3；(b) SiO_2。

如图 3-17 所示，液体紫外吸收谱图中，纳米 Al_2O_3 对波长在 240nm 附近紫外光有强吸收，在 250～400nm 范围内也有吸收，但吸收不强；纳米 SiO_2 颗粒在紫外光波长为 220～280nm 处都有较强的吸收，350nm 之后吸收有所减小。

采用带有积分球的紫外分光光度计，积分球可用来检测微弱透光或完全不透光样品的光谱，由于固体表面很粗糙，产生漫反射，所以用积分球收集反射光进行测量。使用积分球，各个方向的反射光，经过多次反射后，最后几乎都能进入检测器。

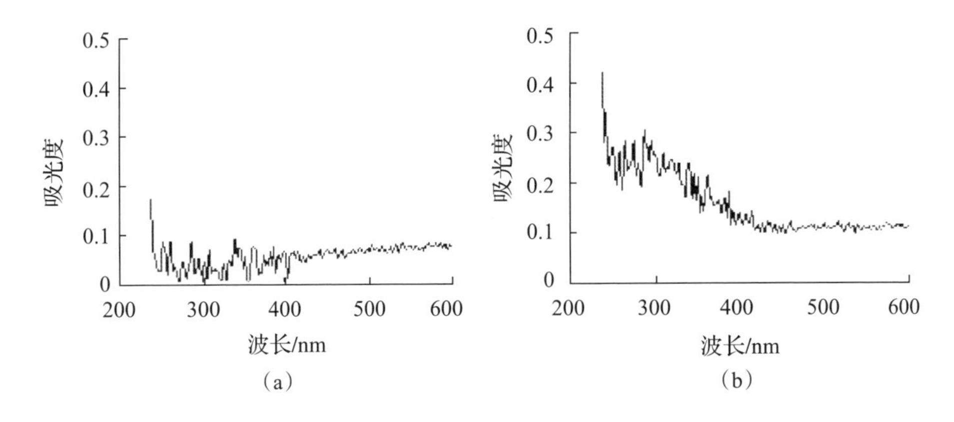

图 3-18　积分环光度计下纳米 SiO_2 和 Al_2O_3 的液体紫外光吸收测试

(a) Al_2O_3；(b) SiO_2。

从两种测试结果(图3-18)看，由于液体测试包含纳米颗粒对光的吸收和反射，而固体测试，去除了颗粒对光的散射，故总体趋势基本一致，即纳米颗粒在240nm左右对紫外光有较强的吸收，在350nm左右吸收较弱，但颗粒对光有反射作用；从光谱图3-17中还可以看到，纳米SiO_2对355nm处的紫外光的吸收和反射高于纳米Al_2O_3。

3.5.4 纳米SiO_2用量的确定

为了简化纳米粒子在树脂中的分散工艺，使纳米粒子能够更多并且更均匀地分散在树脂中，选取商品化的已经分散均匀的SiO_2分散液作为添加剂，SiO_2分散液中纳米SiO_2含量为40%，分散介质是能和光固化树脂均匀混合的环氧树脂。选取的三种SiO_2分散液分别为E430、E500和E600，主要区别是分散介质不同，E430的分散介质为双酚F环氧树脂，E500的分散介质为双酚A环氧树脂，E600的分散介质为UVR6105(3，4-环氧环已基甲基-3，4-环氧环已基甲酸酯)，本节研究不同分散介质对光固化树脂固化厚度的影响。

分别称取一定量的分散液E430、E500和E600，加入到配制的光固化基体树脂中，搅拌混合均匀，使总体树脂中纳米SiO_2所占比例分别为0%、5%、10%、15%、20%和25%，在光固化成形机上扫描单片，测试不同介质、不同纳米SiO_2含量的光固化树脂在不同速度(分别为1000mm/s、3000mm/s)下的单片的固化厚度，通过对单片厚度及固化单片的强度分析，研究分散介质纳米SiO_2含量对光固化树脂固化速度及固化效果的影响。图3-19为含不同量的纳米SiO_2光固化树脂在不同速度下的固化厚度。

由图3-19可以看到，E500和E430加入到树脂中后，固化单片的固化厚度有所降低，E430对固化厚度影响不大但固化单片变软，强度下降；E500使固化厚度明显下降，在1000mm/s的扫描速度下，从0.48mm下降到0.32mm；而加入E600后，固化单片的厚度没有下降反而增大，这是由于E430和E500的分散介质分别为普通的双酚F环氧树脂和双酚A

环氧树脂，虽然这两种树脂都具有良好物理性能但没有带有光固化反应基团，即对于紫外光照射是非活性的，不会与光固化树脂基体发生反应，因此固化单片的固化厚度会降低并且强度也有所下降；而 E600 的分散介质为 UVR6105，是具有活性的阳离子预聚体，加入到树脂中经紫外光照射会与树脂基体发生反应成为光固化树脂的一部分，因此不会降低树脂的固化速度。图 3－20 为以 E600 为填料加入不同比例纳米 SiO_2 的固化单片。

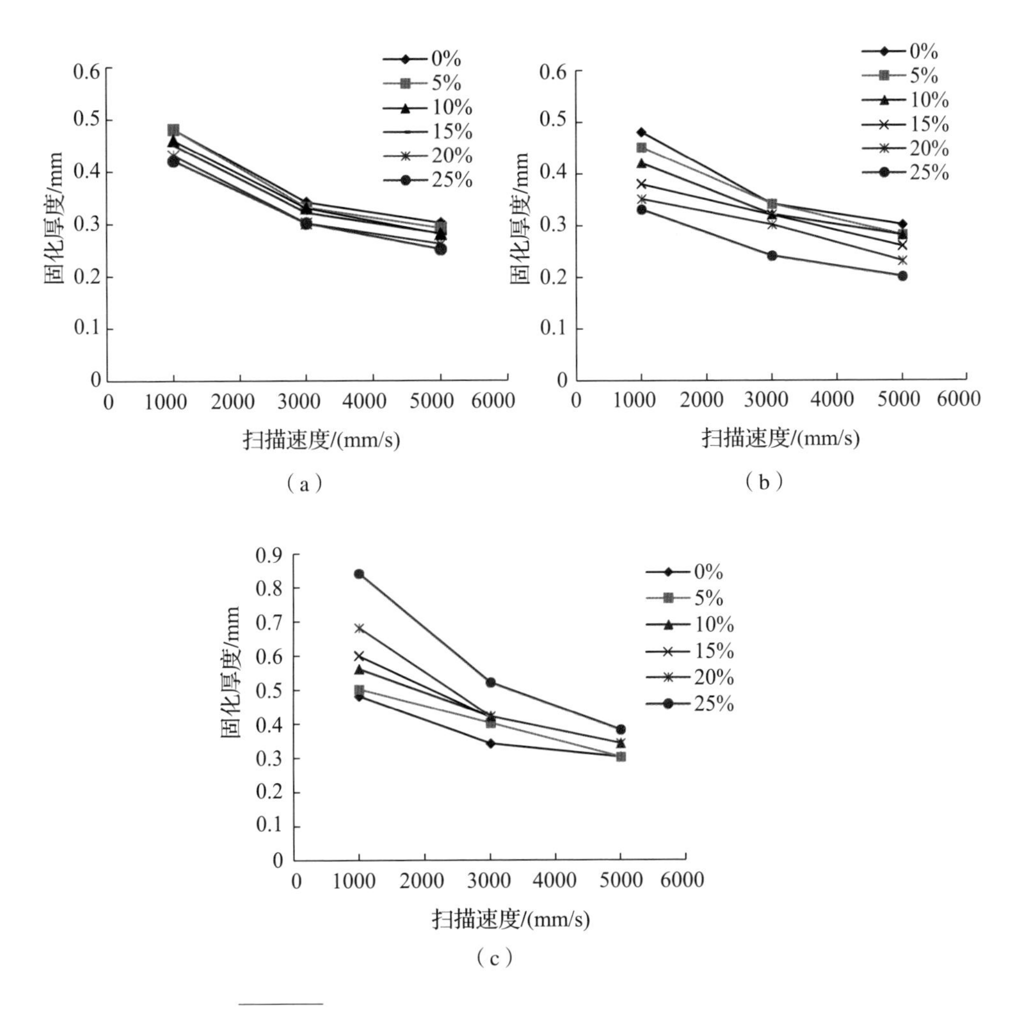

图 3－19　不同分散介质下 SiO_2 含量对固化厚度的影响

(a)E430；(b)E500；(c)E600。

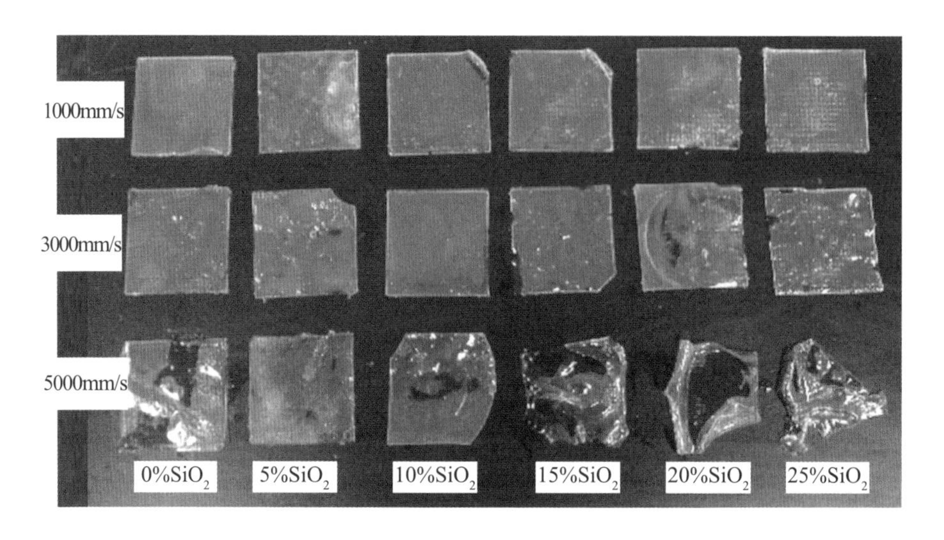

图 3-20 不同扫描速度下不同含量 SiO_2 的树脂固化单片

由图 3-20 看到，当纳米 SiO_2 含量在 15%以上时，在 5000mm/s 的扫描速度下固化单片变软不能成形，这时由于 SiO_2 吸收紫外光和发射作用，使纳米颗粒周围的树脂不能吸收足够的紫外光来完成固化反应，影响了树脂的固化速度和单片的固化强度，从固化单片的强度来看，加入的纳米 SiO_2 越多单片的强度越大，并且有明显的后固化现象。因此，从纳米 SiO_2 对光固化树脂的增强效果和固化速度综合考虑，纳米 SiO_2 的加入量初步定为 10%。

3.5.5 纳米 SiO_2 含量对黏度的影响

树脂的黏度可以衡量树脂的可流动性，对于增材制造技术来说，树脂的黏度越小，制作时的操作就越容易。较低的树脂黏度可以减小制作时树脂的流动时间，有利于液面表面的平整，从而提高制件的精度。而纳米 SiO_2 的加入肯定会对树脂的黏度产生影响，因此，测试不同的纳米 SiO_2 添加量对树脂黏度的影响后，若纳米 SiO_2 添加进树脂后，能够分散均匀不产生团聚，树脂黏度就不会大幅增加。由此可知，树脂的黏度也可用来衡量纳米 SiO_2 在树脂中的分散性的好坏。

这里用旋转黏度计测量加入纳米 SiO_2 后树脂的黏度，其中纳米 SiO_2 填充量分别为 0(质量分数，下同)、5%、10%、15%、20% 和 25%，由于黏度受温度的影响比较大，温度越高黏度越小，测试温度为 25℃，结果如图 3-21 所示。

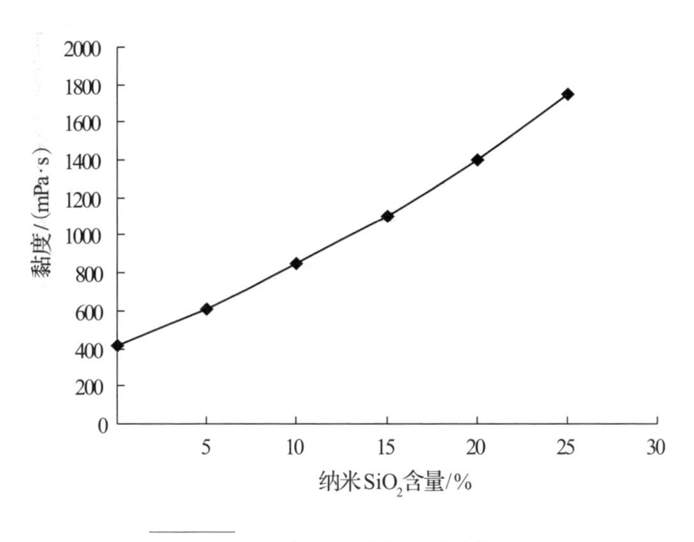

图 3-21　纳米 SiO_2 含量对黏度的影响

图 3-21 中，当纳米 SiO_2 含量大于 10%，扫描速度达到 5000mm/s 时，树脂的固化单片特别软不能成形，因此从黏度和固化性能综合考虑，纳米 SiO_2的加入量应该控制在 10%以内，以保证在较高的扫描速度下，树脂可以固化成形。

3.5.6　纳米 Al_2O_3 的分散及用量确定

用于树脂改性的纳米粒子通常要对其表面进行处理，使其能够更好地融入树脂中。硅烷偶联剂是一种常用的纳米粒子表面改性剂，硅烷偶联剂因其特殊的结构能够将纳米粒子与树脂基体连接起来。它的分子中含有两种不同的基团，一种能与纳米粒子表面的—OH 基发生反应，另一种可以和树脂中的基团发生反应，像个分子桥将纳米粒子和树脂结合起来，使纳米粒子和树脂基体两种不同性质物质之间的亲和性增强，提高复合材料的性能。硅烷偶联剂的原理图如图 3-22 所示。

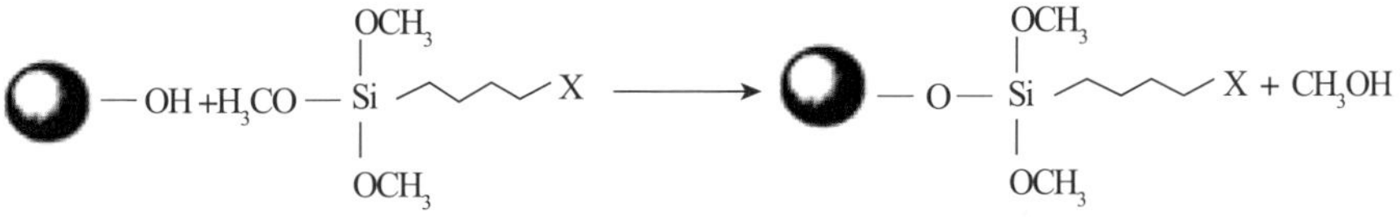

● — OH + H_3CO — Si(OCH_3)(OCH_3) ∿∿ X ⟶ ● — O — Si(OCH_3)(OCH_3) ∿∿ X + CH_3OH

图 3-22　偶联剂作用机理

这里采用已经商品化的、表面经硅烷偶联剂处理过的、专门用于环氧树脂改性的纳米 Al_2O_3 粒子。

在添加 10%SiO_2 的基础上，加入纳米 Al_2O_3 来增加树脂的耐磨性。图 3 23 为纳米 Al_2O_3 的加入对树脂黏度的影响。

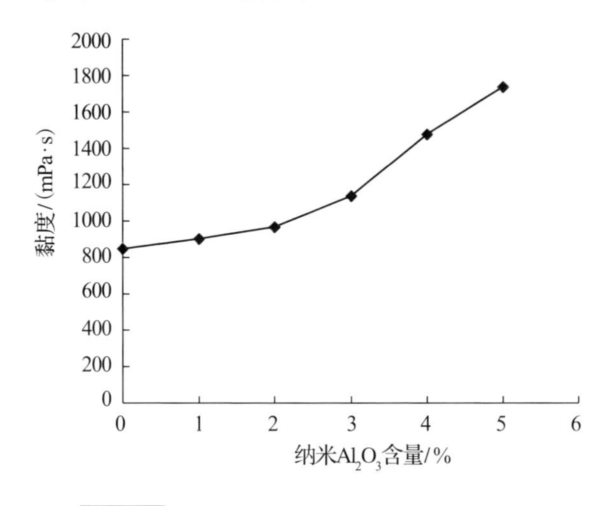

图 3-23 纳米 Al_2O_3 含量对树脂黏度的影响

因为经表面偶联处理的纳米 Al_2O_3 表面带上了有机集团，加入到树脂中就会与树脂基体发生反应，形成一种交联网络结构，使树脂的黏度增大，所以纳米粒子添加量越大与树脂基发生的反应也越多，树脂的黏度增大越多，纳米粒子也越不容易分散，从树脂黏度及纳米增强效应来说，纳米粒子的添加量不能过多。

由图 3-23 可以看出，树脂中纳米 Al_2O_3 含量在 2%以内时，树脂的黏度增幅较小，继续增加其含量，树脂黏度增大变快，当含量超过 3%时树脂黏度迅速增大。树脂的黏度变化说明纳米 Al_2O_3 含量在 3%以内时在树脂中分散比较均匀，对树脂的黏度影响也较小。纳米 Al_2O_3 颗粒添加量越大，越容易出现团聚和沉降，就越难分散均匀，树脂的黏度就越大。因此，可以确定纳米 Al_2O_3 的添加量应控制在 3%以内。

本节在基体加 10%纳米 SiO_2 的基础上加入 1%～3%的纳米 Al_2O_3，研究纳米 Al_2O_3 对固化厚度的影响。

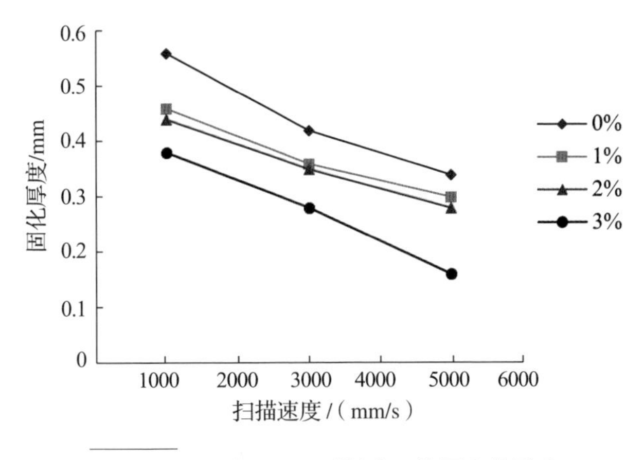

图 3-24 纳米 Al_2O_3 对树脂固化厚度的影响

由图 3-24 可以看到，纳米 Al_2O_3 的加入使树脂固化单片的厚度下降，但在加入量小于 3%，扫描速度为 5000mm/s 的条件下，单片固化厚度大于常用的成形机制作分层厚度 0.1mm，因此可以保证制作工艺要求。

3.5.7 纳米粒子树脂改性力学性能测试

1. 对拉伸性能的影响

由图 3-25 看到，加入纳米 SiO_2 的树脂呈微黄透明状，加入 Al_2O_3 后的树脂试样呈白色，并且表面较光滑，进行拉伸试验得到图 3-26 不同配方试样的应力-应变曲线。

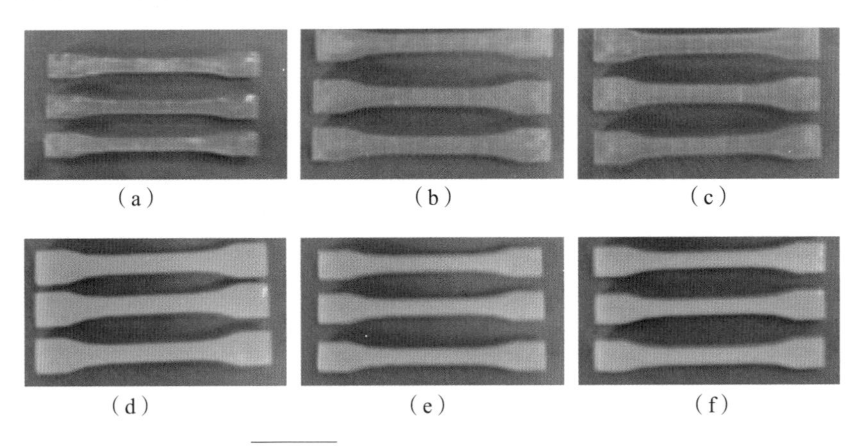

图 3-25 不同配方树脂的拉伸试样

(a) 基体；(b) 基体 + 5% SiO_2；(c) 基体 + 10% SiO_2；(d) 基体 + 10% SiO_2 + 1% Al_2O_3；(e) 基体 + 10% SiO_2 + 2% Al_2O_3；(f) 基体 + 10% SiO_2 + 3% Al_2O_3。

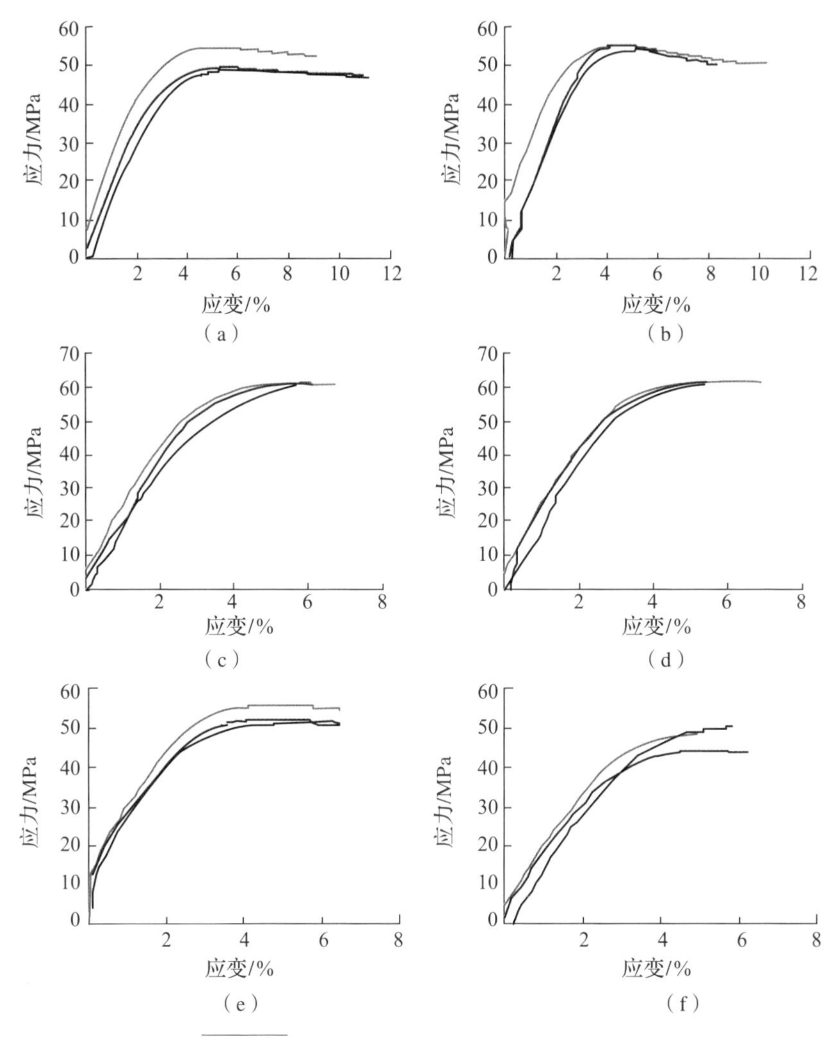

（a）

（b）

（c）

（d）

（e）

（f）

图 3－26 不同配方树脂的应力－应变曲线

（a）基体；（b）基体＋5%SiO_2；（c）基体＋10%SiO_2；（d）基体＋10%SiO_2＋1% Al_2O_3；（e）基体＋10%SiO_2＋2% Al_2O_3；（f）基体＋10%SiO_2＋3% Al_2O_3。

表 3－9 拉伸试验数据

试样编号[a]	1	2	3	4	5	6
拉伸强度/MPa	47.76	54.42	62.14	62.45	52.24	48.02
拉伸模量/MPa	1845.6	2013.5	2145.2	2315.6	1985.9	1972.4
断裂伸长率/%	10.75	10.03	7.58	7.12	6.83	5.93

注：试样编号[a]1～6 分别为基体、基体＋5%SiO_2、基体＋10%SiO_2、基体＋10%SiO_2＋1%Al_2O_3、基体＋10%SiO_2＋2% Al_2O_3、基体＋10%SiO_2＋3% Al_2O_3。

通过拉伸试验可以看到，加入纳米粒子之后拉伸强度整体明显增大，但有先增大后减小的趋势。当纳米 SiO_2 含量为10%时，树脂的拉伸强度达到62.14 MPa，比树脂基体拉伸强度增大30.1%。继续加入1% Al_2O_3，树脂拉伸强度为62.45 MPa，比未加入 Al_2O_3 拉伸强度稍微增大，断裂伸长率有所下降，但当 Al_2O_3 含量继续增大时拉伸强度开始明显下降。纳米颗粒的增强机理可解释为纳米颗粒有一定的刚性，并且其尺寸小、比表面积大，表面物理和化学缺陷多，与高分子链发生结合的机会多，均匀分散在树脂中与树脂基体形成一种交链网络结构，阻碍裂纹扩展成破坏性裂缝而起到增强作用；另外，随着纳米粒子含量增大，纳米粒子在环氧树脂中不易分散，或产生二次团聚，使复合材料的拉伸强度有所下降。由表3-9可以看到拉伸模量和拉伸强度有同样的趋势。

从断裂伸长率来看，基体树脂韧性较好，其应力-应变曲线上出现屈服并且断裂伸长率达到10.75%，说明是韧性材料；含量为5%纳米 SiO_2 的树脂表现出更好的韧性，屈服强度增大，断裂伸长率为10.46%。当纳米颗粒继续增加时，断裂伸长率开始下降，材料的屈服点消失，说明随着纳米颗粒含量的增多，拉伸强度增大的同时韧性有所下降，但断裂伸长率始终都保持在7%左右。

2. 对弯曲性能的影响

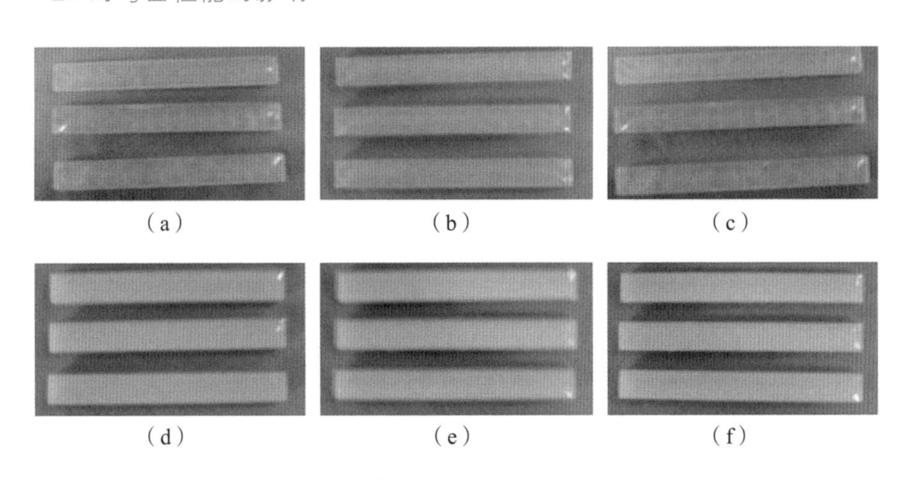

图3-27　不同配方的弯曲试样

(a) 基体；(b) 基体+5% SiO_2；(c) 基体+10% SiO_2；(d) 基体+10% SiO_2+1% Al_2O_3；(e) 基体+10% SiO_2+2% Al_2O_3；(f) 基体+10% SiO_2+3% Al_2O_3。

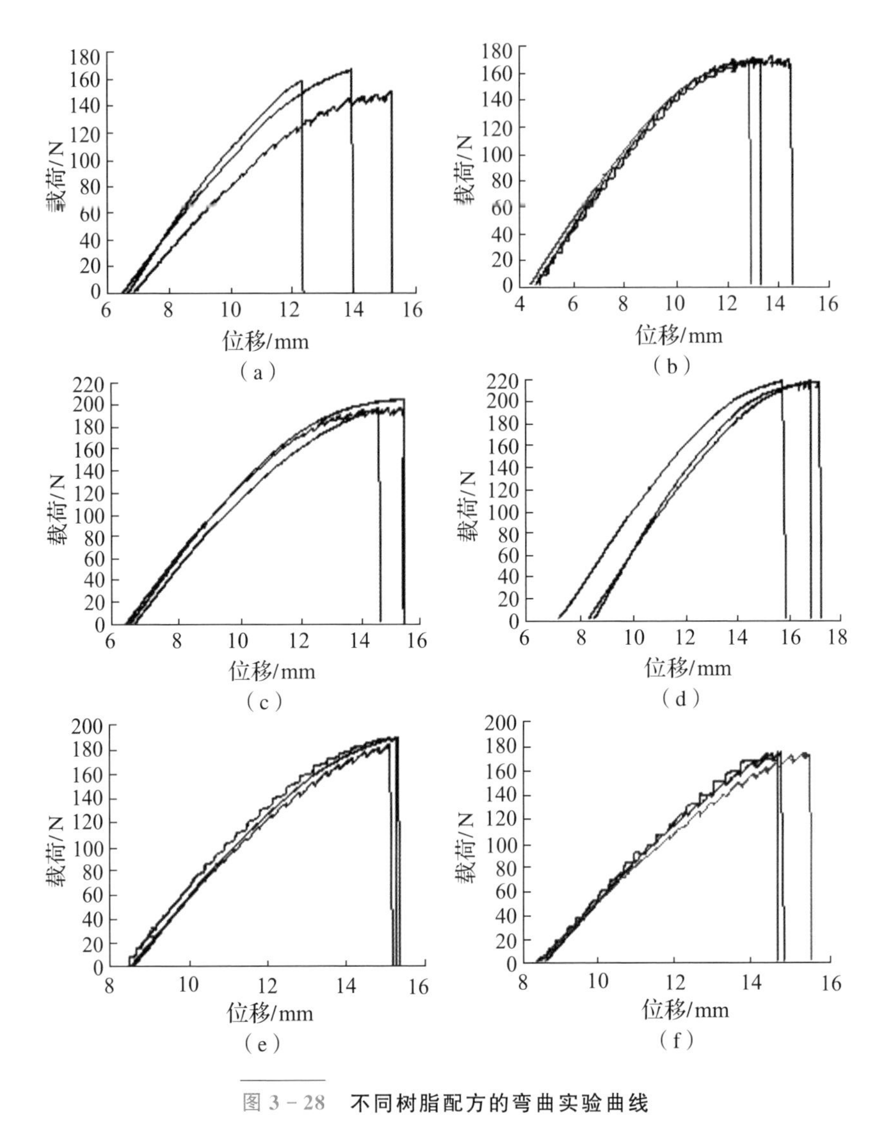

图 3-28 不同树脂配方的弯曲实验曲线

(a) 基体；(b)基体 + 5% SiO_2；(c)基体 + 10% SiO_2；(d)基体 + 10% SiO_2 + 1% Al_2O_3；(e) 基体 + 10% SiO_2 + 2% Al_2O_3；(f) 基体 + 10% SiO_2 + 3% Al_2O_3。

表 3-10 不同树脂配方弯曲强度和弯曲模量

试样编号[b]	1	2	3	4	5	6
弯曲强度/Mpa	89.86	98.09	113.25	124.78	104.13	98.28
弯曲模量/Mpa	1570.6	1748.5	1884.3	1923.5	1746.1	1621.7

注：试样编号[b]1～6 分别为基体、基体 + 5% SiO_2、基体 + 10% SiO_2、基体 + 10% SiO_2 + 1% Al_2O_3、基体 + 10% SiO_2 + 2% Al_2O_3、基体 + 10% SiO_2 + 3% Al_2O_3。

如图 3 - 27 所示为不同配方的弯曲试样。图 3 - 28 和表 3 - 10 为加入不同量纳米 SiO_2 和纳米 Al_2O_3 对树脂的弯曲强度和弯曲模型的影响。通过弯曲试验可知，加入纳米颗粒后，树脂的弯曲强度也是随纳米颗粒含量的增多，先增大后降低。在纳米 SiO_2 含量为 10%，纳米 Al_2O_3 含量为 1%时达到最大值，树脂的弯曲强度从基体的 89.86MPa 提高到 124.78MPa，提高率为 38.86%，主要原因是纳米颗粒的存在产生应力集中效应，引发其周围的树脂基体屈服，吸收大量变形功，提高弯曲强度。但是又由于纳米颗粒对光有一定的反射及散射作用，影响了固化程度，使纳米颗粒含量继续增加时，弯曲强度有所降低。

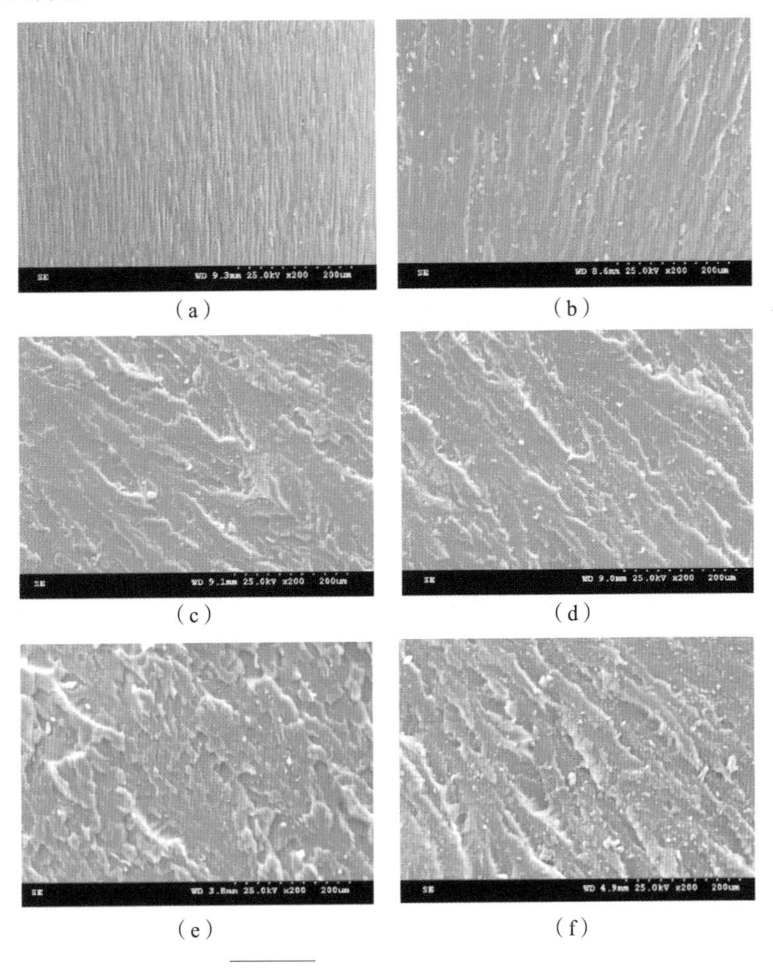

图 3 - 29　**试样的弯曲断口形貌**

(a) 基体；(b) 基体 + 5% SiO_2；(c) 基体 + 10% SiO_2；(d) 基体 + 10% SiO_2 + 1% Al_2O_3；(e) 基体 + 10% SiO_2 + 2% Al_2O_3；(f) 基体 + 10% SiO_2 + 3% Al_2O_3。

从图 3－28 上也可以看到，随着载荷的增大，试样的弯曲位移也有所不同，平均位移分别为 9.2mm、8.6mm、8.4mm、8.5mm、7.7mm、7.3mm。弯曲位移也可间接证明树脂韧性的好坏，从试验数据上看，弯曲位移在随着纳米颗粒的加入减小。这说明材料的韧性有所下降，但由于基体树脂的韧性较好，因此总体来说，说树脂的韧性下降不大。弯曲断面的 SEM 图如图 3－29 所示。

从弯曲断口的扫描电镜图片可以看出，光固化基体树脂的断面光滑，加入纳米颗粒之后，断面上出现裂纹，并且随纳米颗粒含量的增多，裂纹变多变宽。从裂纹扩展过程来看，纳米颗粒分布在树脂中对裂纹的扩展有一定的阻碍作用，通过颗粒与基体界面脱粘，增加裂纹扩展途径等方式消耗断裂功，从而提高材料的力学性能。从图 3－29(e)和(f)可以看到，纳米粒子在树脂中团聚较多，断面上有大量的脱粘粒子，会导致力学性能的下降。

3. 对冲击性能的影响

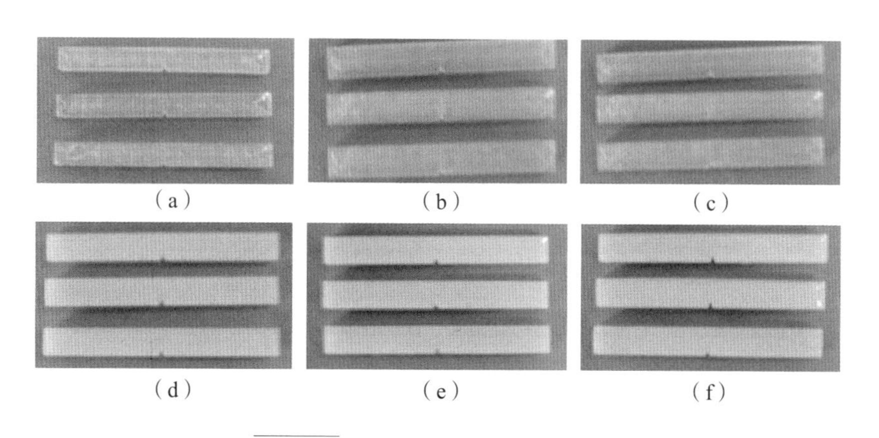

图 3－30　不同树脂配方的冲击试样

(a) 基体；(b)基体＋5%SiO_2；(c)基体＋10%SiO_2；(d)基体＋10%SiO_2＋1% Al_2O_3；(e) 基体＋10%SiO_2＋2% Al_2O_3；(f) 基体＋10%SiO_2＋3% Al_2O_3。

表 3－11　不同配方冲击试验数据

试样编号	1	2	3	4	5	6
E_{c1}/J	0.085	0.091	0.077	0.072	0.069	0.072
E_{c2}/J	0.082	0.087	0.075	0.074	0.071	0.067

续表

试样编号[c]	1	2	3	4	5	6
E_{c3}/J	0.081	0.084	0.073	0.079	0.074	0.068
E_{ca}/J	0.084	0.087	0.075	0.075	0.071	0.069
E_c/(kJ/m^2)	2.61	2.73	2.34	2.34	2.23	2.16

注：试样编号[c]1～6 分别为基体、基体 + 5% SiO_2、基体 + 10% SiO_2、基体 + 10% SiO_2 + 1% Al_2O_3、基体 + 10% SiO_2 + 2% Al_2O_3、基体 + 10% SiO_2 + 3% Al_2O_3。

冲击强度是衡量树脂的韧性的重要指标，图 3－30 为不同配方的弯曲试样，利用图 3－30 的试样开展冲击试验，结果如表 3－11 所示。纳米 SiO_2 和 Al_2O_3 的加入量对光固化树脂的冲击性能有影响，从表中可以看出当纳米 SiO_2 含量低于 5%时，随着含量增加，纳米 SiO_2 光固化树脂体系的冲击强度不断增加；当含量为 5%时，纳米 SiO_2 光固化树脂体系的冲击强度达到最大值 2.73kJ/m^2；当纳米 SiO_2 含量超过 5%时，纳米 SiO_2 光固化树脂体系的冲击强度随着纳米 SiO_2 含量的增加呈下降趋势。根据纳米颗粒增韧改性机理，纳米颗粒尺寸小、比表面积大，因而与基体接触面积也很大，当材料受冲击时，会产生更多的微开裂，吸收更多的冲击能。但若填料用量过大，颗粒过于接近，微裂纹易发展成宏观开裂，体系性能变差[48]。这与拉伸性能测试中的断裂伸长率和弯曲性能测试中的弯曲位移结果基本一致。

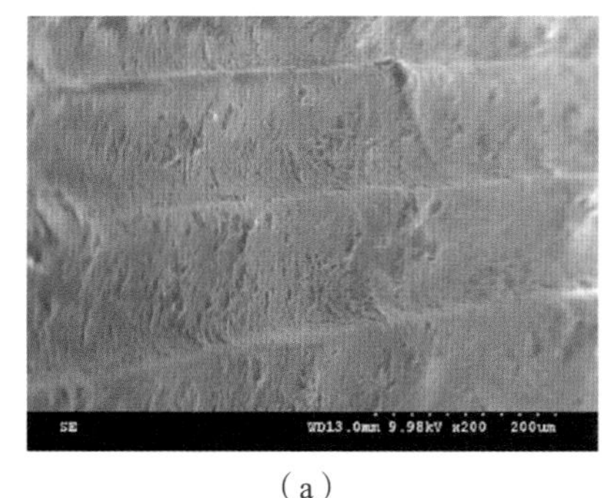

（a）

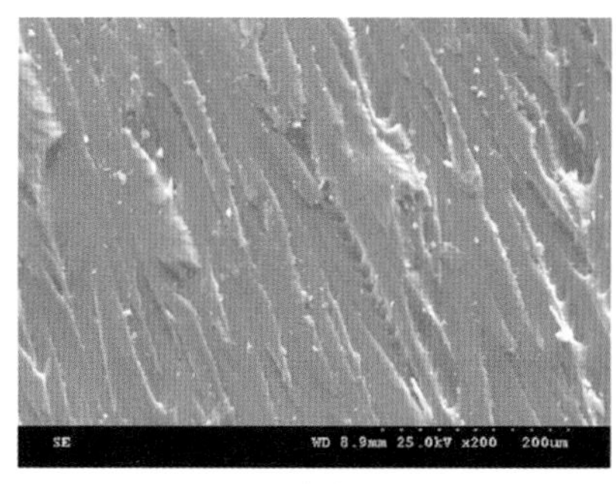

（b）

图 3－31　**试样冲击断口形貌**

（a）基体；（b）基体 + 5% SiO_2。

从图 3－31 中冲击断口看到，冲击是试样在较高应变速率下发生的破坏，图中基体树脂断面除了扫描线之外没有出现其他条纹，加入 5%纳米 SiO_2 的试样的冲击断面呈条纹状，冲击断面撕裂棱较多，这些微开裂能够吸收更多的冲击功。

4. 对耐磨性的影响

图 3－32 为不同树脂配方的摩擦测试试样，由表 3－12 和图 3－33 可知，加入纳米粒子后，树脂的磨损量明显下降，未加入任何纳米颗粒的树脂的磨损量为 0.0458g，加入 5% SiO_2 后磨损量大幅度降低为 0.0361g，降低了 21.2%。随着纳米颗粒的继续增多，磨损量持续降低，但降低幅度不大。当纳米 SiO_2 含量为 10%、Al_2O_3 含量为 3%时，试样的磨损量最小，说明此时光固化树脂的耐磨损性能最好，这是由于纳米颗粒本身为刚性粒子，耐磨性非常好，其均匀分散在树脂中，与树脂形成交联的网状结构，从而增大了树脂的耐磨损性能。

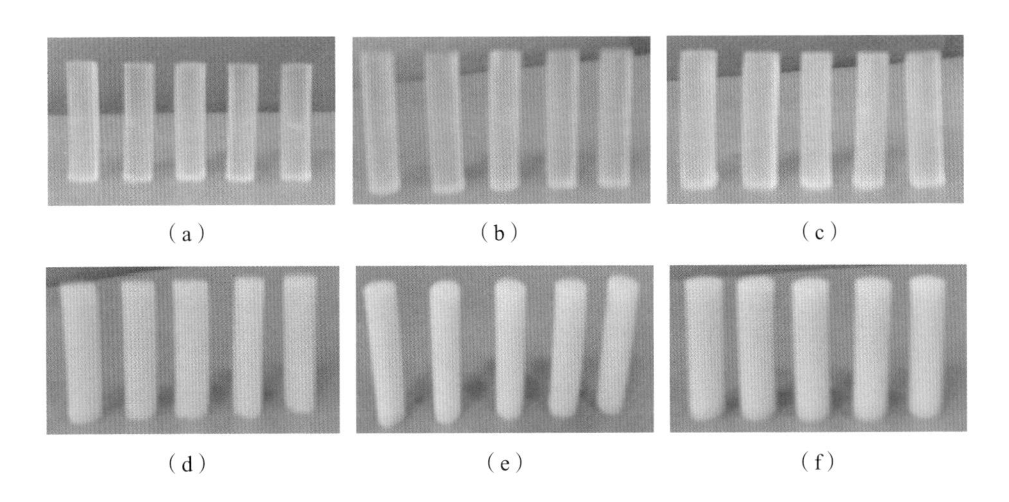

图 3－32　不同树脂配方的摩擦测试试样

(a) 基体；(b)基体＋5% SiO_2；(c)基体＋10% SiO_2；
(d)基体＋10% SiO_2＋1% Al_2O_3；
(e)基体＋10% SiO_2＋2% Al_2O_3；(f)基体＋10% SiO_2＋3% Al_2O_3。

表 3-12　不同树脂配方的磨损量

试样编号[d]	1	2	3	4	5	6
m_0/g	0.6417	0.6466	0.6521	0.6710	0.6738	0.6802
m_1/g	0.6032	0.6104	0.6167	0.6361	0.6402	0.6471
m_2/g	0.5651	0.5746	0.5815	0.6016	0.6068	0.6142
m_3/g	0.5272	0.5383	0.5458	0.5672	0.5737	0.5808
平均损失/g	0.0458	0.0361	0.0354	0.0346	0.0334	0.0331

注：试样编号[d]1～6 分别为基体、基体 + 5% SiO_2、基体 + 10% SiO_2、基体 + 10% SiO_2 + 1% Al_2O_3、基体 + 10% SiO_2 + 2% Al_2O_3、基体 + 10% SiO_2 + 3% Al_2O_3。

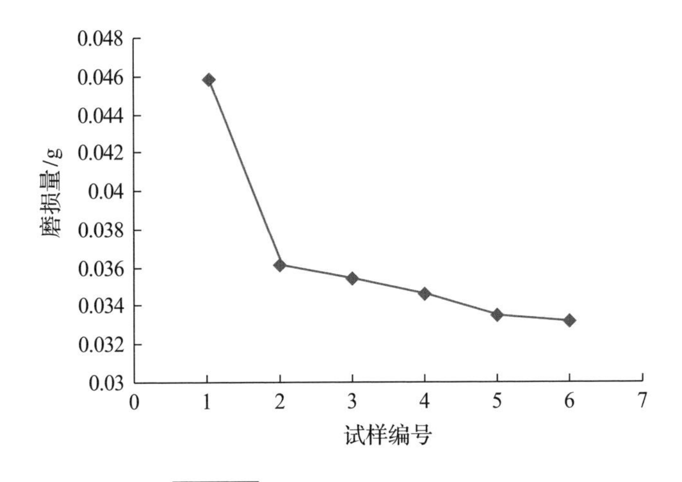

图 3-33　不同配方试样的磨损量

第 4 章
立体光固化高效率工艺

4.1 概述

激光增材制造系统中激光器发出的光束经由光路系统(由反射镜及动态聚焦镜组成)汇聚在树脂液面处，通过合理地设计激光光束的焦距，使激光的光束束腰($1/e^2$)与制作材料的平面重合，获得汇聚后的束腰光斑，即可以在制作平面内获得较高的分辨率和激光能量。光斑的尺寸是由整个光路系统决定的，当光路系统设计安装完成后，一般很难调整，因此以往的激光增材制造系统往往将光斑尺寸视为定值。由前面可知，光斑直径对于激光增材制造系统的效率与精度都起着至关重要的作用，因此本书以光学系统为研究对象，研究了固化特征伴随光斑直径的变化规律，分析了改变光斑的可行性，提出了一种使用多种光斑直径提高整体成形效率的新工艺——变光斑工艺，并根据推导的公式，建立了工艺智能控制系统，实现了对成形过程的精确控制。最后，评价了使用不同光斑直径的变光斑工艺的成形效率优化程度和成形精度与质量。

4.2 变光斑工艺扫描原理

4.2.1 工艺制作流程

在立体光固化快速成形制作过程中，一般分为支撑阶段、填充阶段、轮廓阶段三个阶段进行。变光斑扫描工艺的制作流程如图 4-1 所示。由图 4-1 可知，在变光斑扫描工艺中，光斑的变化仅仅发生在填充阶段之前和零件制作完成之后，且在成形支撑和轮廓这两个阶段是不需要改变光斑尺寸的。首先，当模型制作完成之后需要将支撑除去，只有支撑与实体的接触面越小才越方便去除；其次，进行轮廓扫描是为了提高零件的制作精度，因此只有采用小光斑才能满足精度要求。而实体的成形主要在填充阶段完成，随着光斑尺寸的增大内部填充固化范围也增大，单位面积所需要的固化时间减少，因而节约了制作时间，提高了制作效率[48]。

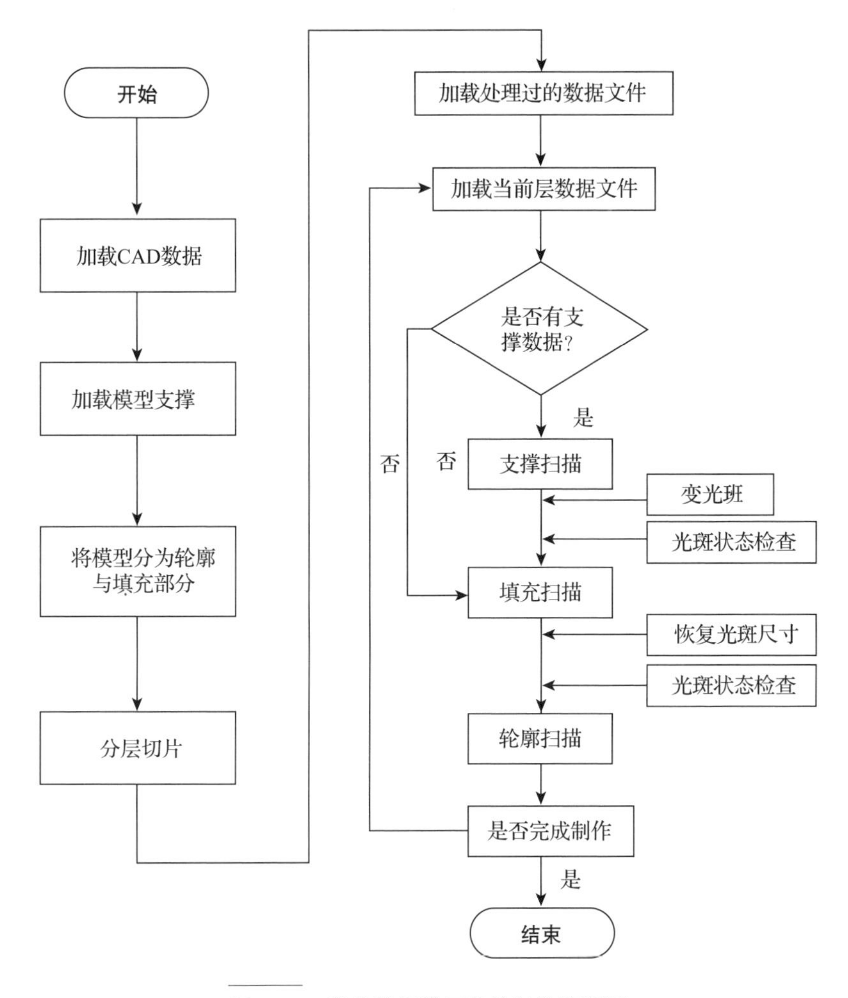

图 4－1　变光斑扫描工艺的制作流程图

在采用变光斑工艺之前有多种改变光斑的方法：在不同的扫描阶段通过移动工作台来改变光束的焦距；在光路系统中通过插入凹透镜来改变光束的焦距等。但这些方法都是通过机械式方法来改变光斑尺寸，动作过于笨重，而且存在精度和时间响应的问题。本书在西安交通大学研发的 SPS450 B 型光固化快速成形机的基础上，以节约成本为前提，通过调整动态聚焦镜内部的聚焦模式，实现了变光斑扫描工艺，该方法完全符合生产需求。

4.2.2 光学原理

可通过改变动态聚焦镜内部的聚焦模式使激光光束的焦距变大，从而实现变光斑过程，动态聚焦镜的内部结构如图 4-2 所示。在实体填充阶段，通过由 SCANLAB 公司提供的 RTC 控制卡控制电机，使动态聚焦镜内部的凹透镜在光轴方向移动，促使焦距增大，使到达工作液面的光斑直径增大。图 4-3(a)所示为大光斑时的光路系统示意图；实体填充阶段完成后，移动凹透镜使其回到初始位置，使到达工作液面的光斑直径恢复到初始状态，图 4-3(b)所示为原始光路系统。

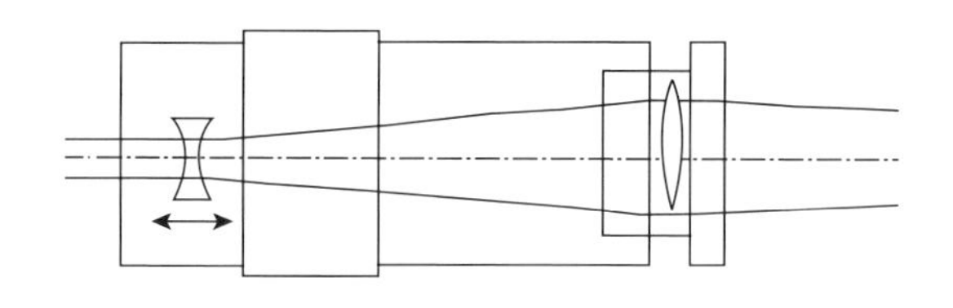

图 4-2 动态聚焦镜的内部结构图

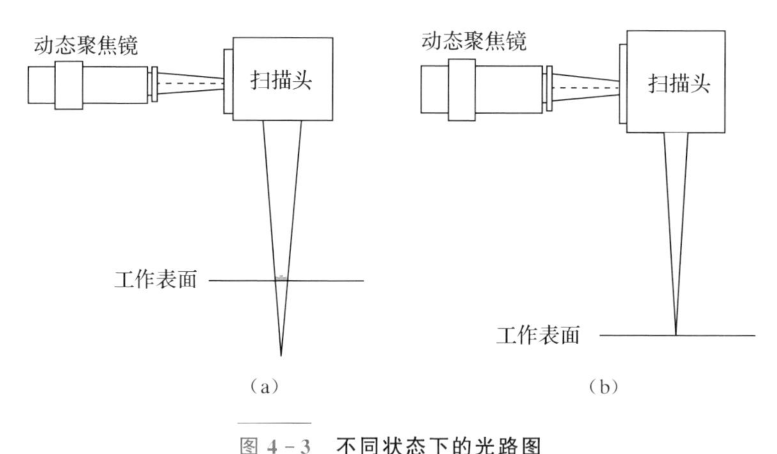

图 4-3 不同状态下的光路图
(a)变光斑后的光路系统；(b)原始光路系统。

由于该动态聚焦镜可以通过接口卡(SCANLAB RTC 3D PC interface board)调用相应的指令，并且具有较高的响应度，因此通过接口指令转换光斑的时间非常短，相对于整个制作过程可以忽略不计。只要在程序中对动态聚焦镜内部自带的离焦函数 set _ defocus()中的值进行设置(对 Z 轴输出值进行一个常量偏置)，即可启动动态聚焦镜的内部模式，使目标液面光斑实现离焦，从而使光斑变大，实现变光斑工艺。由此可知，要实现这一个工艺必须确定动态聚焦镜的离焦距离与光斑尺寸之间的对应关系。

4.2.3　确定离焦距离与光斑尺寸的对应关系

1. 理论分析对应关系

图 4-4 为高斯光束在传播过程中的示意图，根据其传输性质可得到[45,49-51]

$$\omega(z) = \omega_0\left[1 + \left(\frac{\lambda z}{\pi\omega_0^2}\right)^2\right]^{\frac{1}{2}} \tag{4-1}$$

式中　$\omega(z)$—— 传播距离为 z 处对应的 $1/e^2$ 轮廓的光束半径(mm)；

ω_0—— 处在坐标原点时，在平面上 $1/e^2$ 发光轮廓的半径(mm)；

λ—— 光的波长(mm)；

z —— 当波阵面平坦时从平面上的传播路径(mm)。

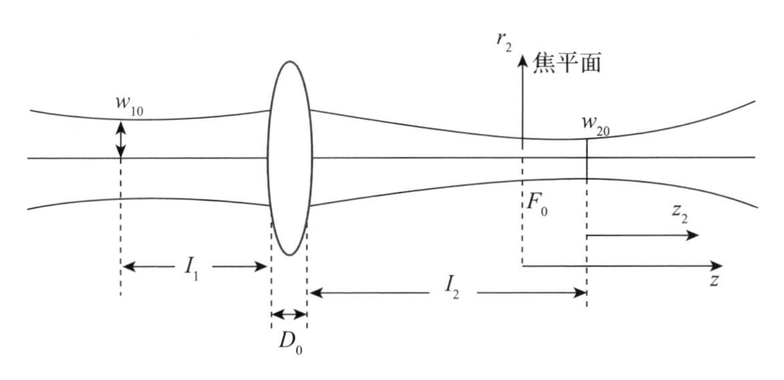

图 4-4　高斯光束在传播过程中的示意图

已知初始状态下设置动态聚焦镜的焦距为 1002.15mm，为了得到面积足够大、边界清晰、能量集中的光斑，并保证动态聚焦镜的焦距在 962～1222mm 使用范围内，将动态聚焦镜的焦距增大 200mm。当动态聚焦镜的焦距增大 200mm 后，在工作液面得到的光斑尺寸相当于高斯光束在平面上传播

200mm 路径后得到的光斑尺寸。

已知 $\omega_0 = 0.07$mm，$\lambda = 355$nm，$z = 200$mm，代入式(4-1)得到 $\omega = 0.330$mm，则 2ω 为 0.660mm，即理论上变光斑扫描工艺可以得到直径为 0.660mm 的大光斑。

2. 实验验证大光斑尺寸

通过手动调整动态聚焦镜的位置可以确定光斑大小。调整动态聚焦镜使其在 5～200mm 不同区间内移动，同时使用 3mm × 4mm 的 CCD 系统拍摄得到相应距离下的光斑显示图，并根据等比例计算得到动态聚焦镜移动距离与光斑直径对应数据，如表 4-1 所示。图 4-5(a)为使用 CCD 系统拍摄得到的原始系统的小光斑直径照片，此时动态聚焦镜的焦距为 1002.15mm。图 4-5(b)为使用 CCD 相机得到的大光斑直径照片，此时动态聚焦镜的焦距为 1222.15mm。从表 4-1 可以看出，当动态聚焦镜移动 200mm 后光斑直径变为 0.660mm。

表 4-1 动态聚焦镜移动距离与光斑直径的对应数据

L/mm	5	15	25	45	65	85	105	150	200
2ω/mm	0.190	0.200	0.262	0.275	0.325	0.345	0.400	0.520	0.660

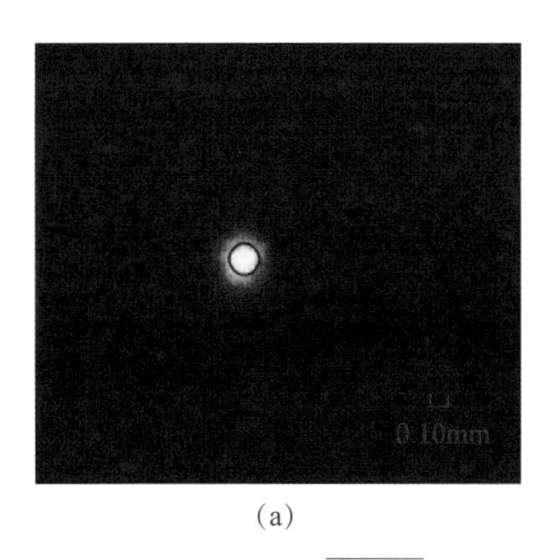

(a)

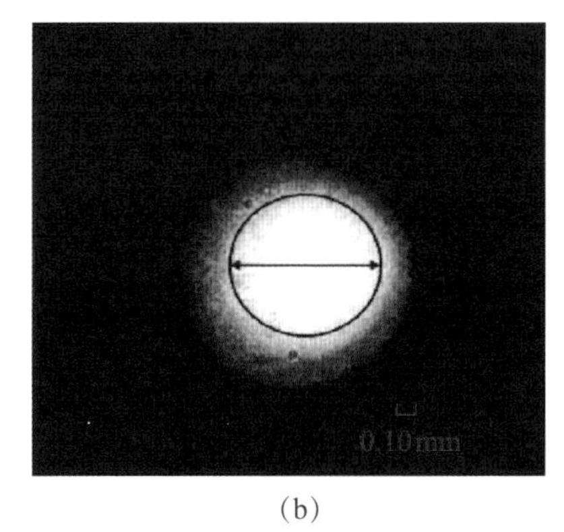

(b)

图 4-5 实际拍摄光斑直径显示图

(a)原始系统的小光斑直径显示图；(b)大光斑直径示意图。

根据表 4-1 中前 8 个数据拟合得到光斑尺寸与离焦距离之间的对应关系曲线，如图 4-6 所示。通过曲线拟合得到当电流为 6.7A 时，动态聚焦镜移动距离 L 与在工作液面的光斑直径 2ω 的曲线方程为

$$y = 0.254 \times 10^{-7} x^2 + 1.801 \times 10^{-3} x + 0.188 \tag{4-2}$$

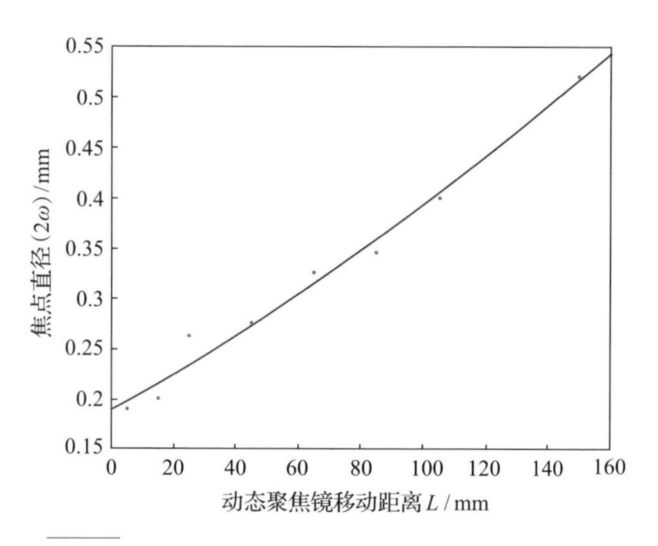

图 4-6　动态聚焦镜移动距离与光斑尺寸对应关系曲线

当 $x = 200\text{mm}$ 时，$y = 2\omega = 0.650\text{mm}$，这与实际拍摄得到的光斑尺寸 0.660mm 几乎吻合，即确定 L 为 200mm 时大光斑可以增大为 0.660mm。将 L 值乘以系数 $K = 78\text{b/mm}$ 从而转化为十六进制数，得到 3CF0，最后将其代入程序中的 set _ defocus()函数内，即可实现变光斑扫描。

4.3 变光斑工艺试验及固化特性

在光固化快速成形的过程中，光斑以一定的速度扫描光固化树脂的表面，当光斑单位面积内吸收的能量大于树脂的临界曝光量 E_c，则会使光斑扫描过的树脂区域固化，形成固化单线，扫描区域内的固化单线相互黏结，并逐层累积最终形成固化面[52-54]。固化单线是光固化过程的固化单元，由于固化线宽 L_w和固化厚度 C_d是衡量固化单线的两个主要参数，式(4-3)、式(4-4)为固化线宽 L_w和固化厚度 C_d的计算公式[55-56]，根据式(4-3)、式(4-4)可以看出激光光斑直径对于固化单线具有重要的影响。

$$L_w = 2\omega_0 \sqrt{\frac{C_d}{2D_p}} \tag{4-3}$$

$$C_d = D_p \times \ln\left(\sqrt{\frac{2}{\pi}} \times \frac{P}{\omega_0 \times v_s \times E_c}\right) \tag{4-4}$$

式中 L_w—— 单线线宽(mm)；

$2\omega_0$—— 工作液面上的光斑直径(mm)；

C_d—— 单线固化厚度(mm)；

D_p—— 光敏树脂的透射深度(mm)；

P —— 激光功率(mW)；

v_s—— 扫描速度(mm/s)；

E_c—— 树脂临界曝光量(mJ/cm²)。

4.3.1 变光斑工艺试验方法

固化单线是固化过程中的固化单元，光斑直径的变化直接影响到固化单线的特性，因此我们采用扫描单线试验对固化特性进行研究。图 4-7(a)所示为单层 CAD 模型，图 4-7(b)为固化单层显示图，单片的尺寸为 20mm×15mm×0.1mm。

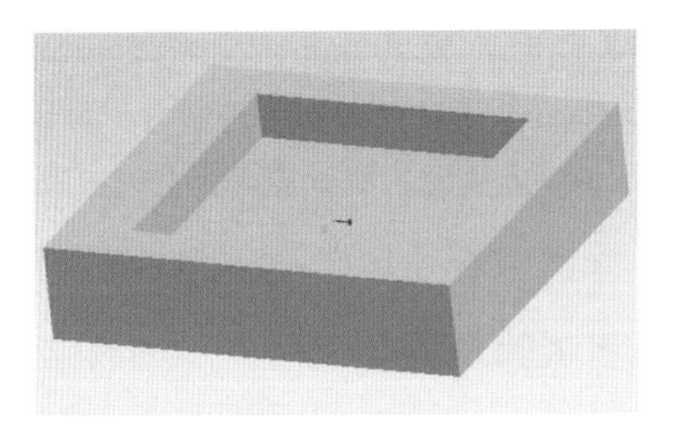

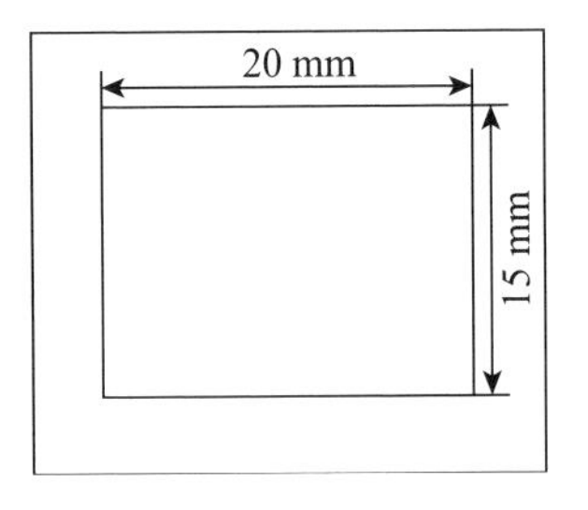

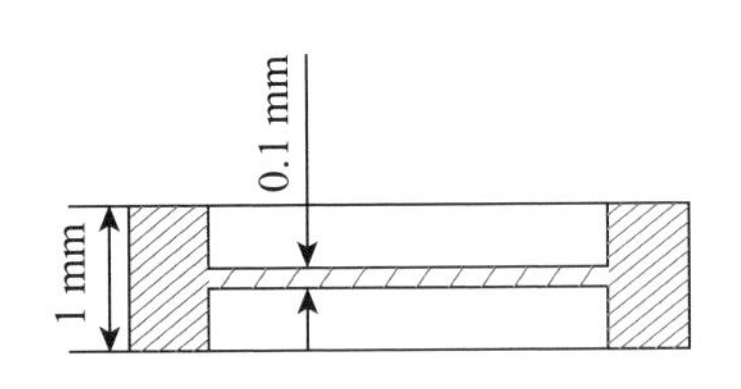

图 4-7 固化单层

(a)单层 CAD 模型；(b)固化单层示意图。

当扫描单线完成后运用超声波清洗器(图 4-8)清洗残余树脂，并采用 VHX-600E 光学数码显微镜(图 4-9)测得单线的固化厚度与固化线宽，最终根据式(4-3)、式(4-4)进行固化特性的分析讨论。

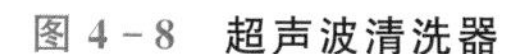

图 4-8　超声波清洗器

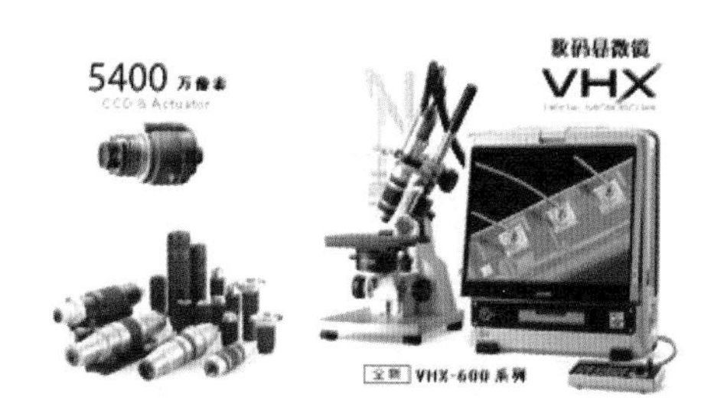

图 4-9　光学显微镜

4.3.2　临界曝光量 E_c 与透射深度 D_p 的测定

由于经过长时间的放置，树脂的特性有所改变，为了确保试验的准确，必须重新测定树脂的临界曝光量和透射深度。

1. 实验原理

根据 Beer-Lanbert 定律，固化深度的计算公式可以进一步写为

$$C_d = D_p \ln E - D_p \ln E_c \tag{4-5}$$

根据式(4-5)可知，若以 $\ln E$ 为横坐标，C_d为纵坐标，则固化方程即为一条直线，D_p为直线的斜率，$\ln E_c$即为直线与横坐标轴的交点。如果测得一系列树脂的曝光量和固化深度的值，则可以得到 D_p和 E_c两个参数，因此采用扫描单层试验测定该参数。

2. 实验过程及数据

试验条件：激光功率为 280.0mW 左右，光斑直径为 0.14mm，填充间距为 0.10mm。表 4-2 计算了速度变化从 1000～6000mm/s 之间的树脂液面最大曝光量及对应的对数值，同时测得不同扫描速度下的单层厚度。

表 4-2　不同扫描速度下的曝光量和固化厚度

扫描速度 v_s/(mm/s)	$E=100P/(v_s \times h_s)$/(mJ/cm²)	$\ln E$	固化厚度 C_d/mm
1000	281.800	5.641	0.513
1500	189.200	5.243	0.462
2000	142.200	4.957	0.434
2500	114.400	4.740	0.398
3000	93.300	4.536	0.360
3500	80.100	4.384	0.320

续表

扫描速度 v_s/(mm/s)	$E=100P/(v_s \times h_s)$/(mJ/cm²)	ln$E$	固化厚度 C_d/mm
4000	70.150	4.251	0.303
4500	62.400	4.134	0.318
5000	56.140	4.028	0.268
5500	51.800	3.948	0.218
6000	47.500	3.862	0.180

根据表4-2中的数据并采用Matlab软件得到了不同扫描速度下树脂曝光量的自然对数与固化厚度曲线，如图4-10所示，并得到了拟合直线方程为

$$y = 0.1742x - 0.4442 \tag{4-6}$$

则得到 $D_p = 0.1742\text{mm}$，$E_c = 12.807\text{mJ/cm}^2$。

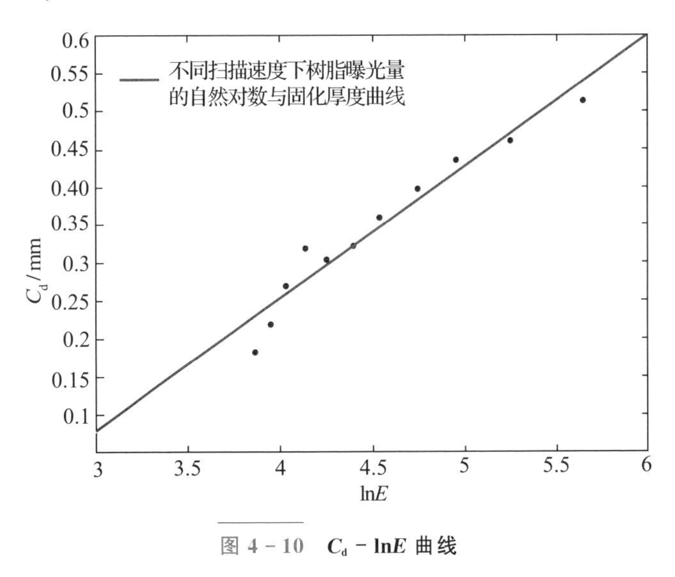

图4-10 C_d-ln$E$曲线

3. 试验结论

确定树脂的 D_p 和 E_c 两个参数后，可以初步确立固化厚度与激光功率、扫描速度、填充间距之间的定量关系，即当 $E \geqslant 12.807\text{mJ/cm}^2$ 时，单层固化厚度可以由激光功率 P、扫描速度 v_s、扫描间距 h_s 按如下规律确定：

$$C_d = D_p \ln\left(\frac{100P}{v_s \times h_s \times E_c}\right) = 0.1742\left(\frac{100P}{12.807 v_s \times h_s}\right) \tag{4-7}$$

从式(4－7)可以看出，若要得到一定的单层厚度，在激光功率不变的情况下，扫描速度和填充间距相互影响，当填充间距在一个光斑直径的范围内变化时，选取合理的填充间距可以兼顾成形效率与制件精度。

4.3.3　变光斑工艺固化特性

1. 变光斑工艺对单线形貌的影响

图 4－11(a)为小尺寸光斑在 100mm/s 速度下扫描得到的单线形貌图，图 4－11(b)为大尺寸光斑在 100mm/s 速度下扫描得到的单线形貌图。在两者激光功率和扫描速度都相同的条件下，根据大小光斑的尺寸绘制出两种光斑的高斯光束强度分布曲线[20]，如图 4－12 所示。通过对比图 4－11 和图 4－12，可以看出变化后的大光斑的截面形状与激光光强分布形状相似，仍然满足高斯光束的特性，因此适用于小光斑的一系列公式仍然适用于大光斑[57－58]。

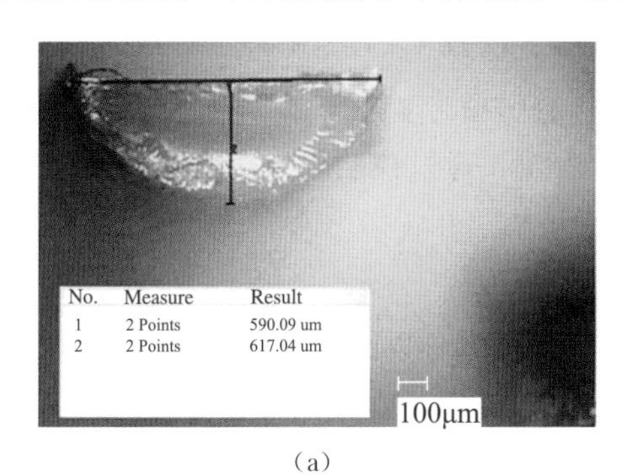

(a)

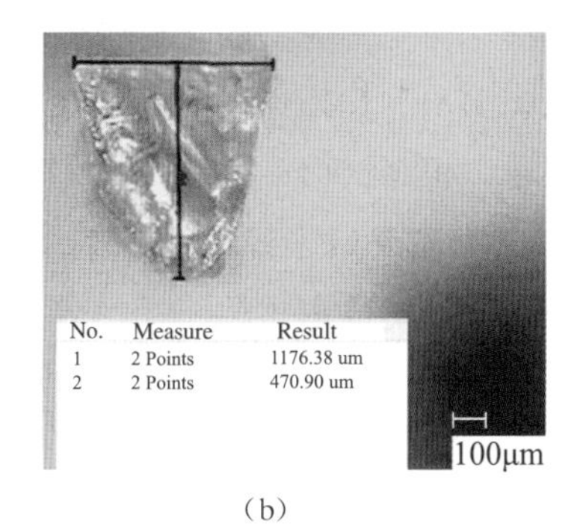

(b)

图 4－11　两种光斑的单线形貌图
(a)小光斑的单线形貌图；(b)大光斑的单线形貌图。

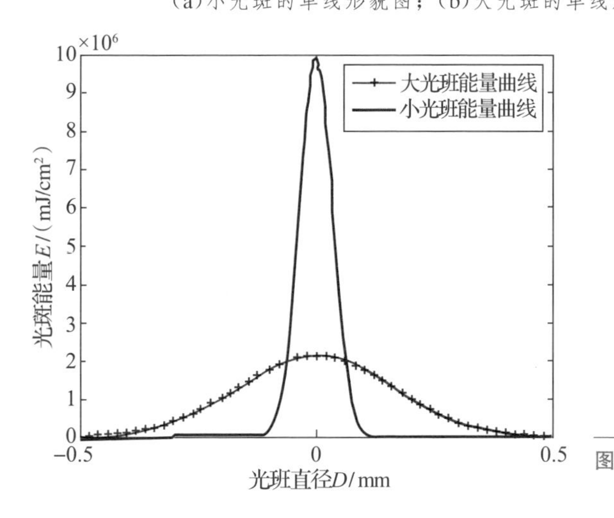

图 4－12　高斯光束强度分布

以不同的速度扫描单线，得到单线线宽与单线厚度的数据，如表 4-3 所示。根据表 4-3 中的实验数据和式(4-3)计算得到不同扫描速度下的光斑直径，从而得到光斑直径的平均值为 0.665mm，与实际拍摄得到的光斑直径 0.660mm 接近，得出的结论是变光斑扫描工艺下的光斑尺寸近似为 0.660mm。

表 4-3　不同扫描速度下单线线宽与固化厚度数值

扫描速度 v_s(mm/s)	线宽 L_w/mm	单线厚度 C_d/mm	光斑直径 $2\omega_0$/mm
600	0.580	0.220	0.663
700	0.540	0.230	0.659
800	0.520	0.210	0.669
1000	0.428	0.138	0.680
1200	0.350	0.100	0.653

采用两种光斑的固化单线形貌如图 4-12 所示。从图 4-12 中可以看出，当激光功率和扫描速度保持不变，光斑半径增大，则固化线宽增大而固化厚度减小。根据式(4-3)、式(4-4)可以看出，通过控制激光功率 P、扫描速度 v_s 和激光光束的半径 ω_0 三个特征参数，可以有效地改变固化深度和固化线宽，从而影响成形工艺。

2. 变光斑工艺对固化单线的影响

为了研究激光光斑直径和扫描速度对固化线宽和固化厚度的影响，以不同直径的激光光斑和扫描速度制作固化单线，从而得到不同光斑直径对应不同速度下的单线线宽与固化厚度数值，如表 4-4 所示。

表 4-4　不同光斑直径对应不同速度下的单线线宽与固化厚度

小光斑(0.14mm)			大光斑(0.66mm)		
扫描速度 v_s/(mm/s)	单线线宽 L_w/mm	固化厚度 C_d/mm	扫描速度 v_s(mm/s)	单线线宽 L_w/mm	固化厚度 C_d/mm
100	0.420	0.809	100	1.291	0.550
200	0.341	0.628	200	1.057	0.440
300	0.273	0.595	300	0.911	0.380
400	0.240	0.540	400	0.843	0.338
500	0.216	0.513	500	0.759	0.300
600	0.183	0.500	600	0.713	0.245

图 4－13 描述了固化线宽随着扫描速度变化的曲线，图 4－14 描述了固化厚度随着扫描速度变化的曲线。从图 4－13 可以看出，固化线宽受激光光斑尺寸的影响较大，对于一个固定尺寸的光斑，固化线宽随着速度值的增大而减小。当扫描速度快到一定程度以后，由于单位面积的激光能量不足将不会产生固化现象。一条固化单线的线宽对于填充间距的选取是一个重要因素[59]。从试验结果显示，对于直径为 0.66mm 的光斑来说，当扫描速度为 600mm/s 时固化线宽为 0.713mm，这就意味着填充间距不能超过 0.713 mm，所以固化线宽的数据对于决定填充间距的大小是非常重要的。不同于单线线宽的结论，单线固化厚度在一定的扫描速度范围内随着光斑尺寸的增大而减小，为了确保每层都能完全固化即单层固化厚度应该大于 0.10mm，所以扫描速度也不能过快。

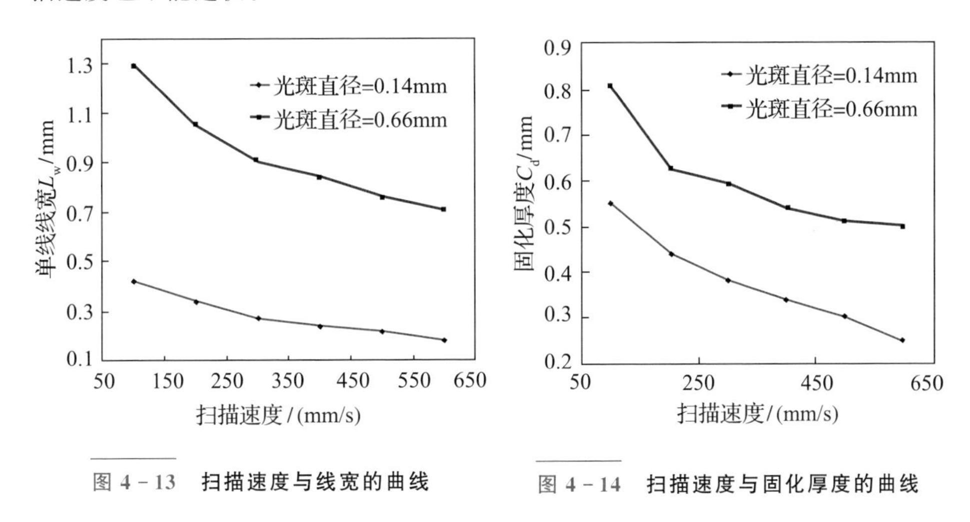

图 4－13　扫描速度与线宽的曲线

图 4－14　扫描速度与固化厚度的曲线

3. 变光斑工艺对固化单层的影响

对于固化单线来说，其固化厚度主要取决于光斑直径和扫描速度，而对于一个固化单层来说，其固化厚度主要取决于光斑直径、扫描速度和扫描间距，因此在实验中测试了这三个因素对于固化单层的影响。图 4－15、图 4－16 分别显示了光斑直径为 0.14mm 和 0.66mm 时不同扫描速度与固化厚度的曲线。

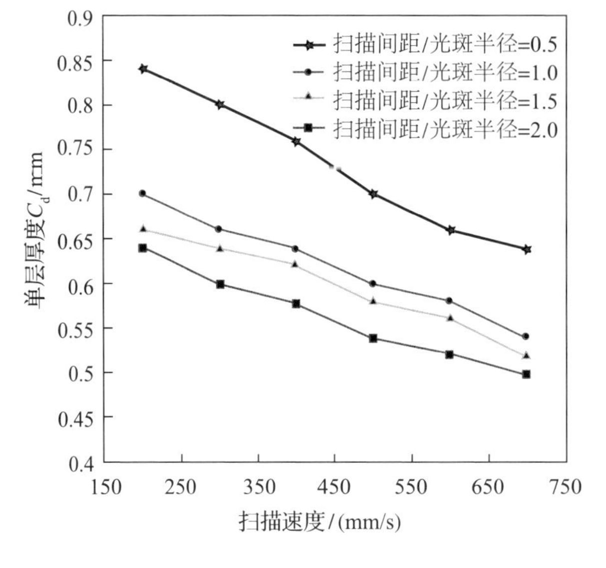

图 4-15 光斑为 0.14mm 时不同扫描速度与固化厚度的曲线

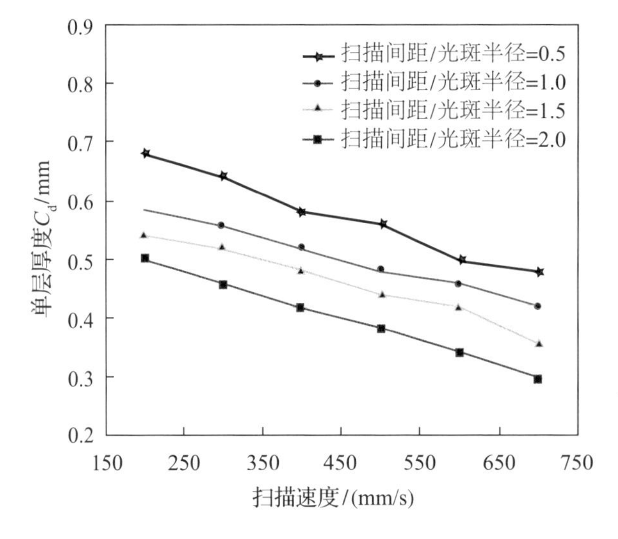

图 4-16 光斑为 0.66mm 时不同扫描速度与固化厚度的曲线

单层的固化厚度结果与单线厚度非常相似，在相同的扫描速度下，固化单层的厚度随着光斑直径的减小而增大，固化厚度随着扫描速度数值的增大而减小。然而一个单层的固化厚度明显大于一条单线的固化厚度，固化部分的过分重合导致了单位面积内的光斑能量增大，从而使得固化厚度增加。上述实验结果显示，对于给定的一个固化层厚，合理地控制扫描间距与光斑半径的比值以及扫描速度，将有效地减少成形时间，提高效率。

4.4 变光斑工艺的效率优化

零件的制作时间由支撑扫描时间、填充时间、轮廓扫描时间及层间等待时间组成。对于大小光斑两种扫描方式，它们的支撑扫描速度、轮廓扫描速度都相同，不同的就是填充时间[60]：

$$t_1 = \frac{S}{\delta \times H_s \times v_1} \tag{4-8}$$

式中 t_1—— 填充时间(s)；

S —— 模型体积(mm^3)；

δ—— 分层厚度(mm)；

H_s—— 扫描间距(mm)；

v_1—— 填充速度(mm/s)。

因为同一零件分层厚度相同，所以制作效率只与扫描间距与填充速度的乘积成反比。因此在满足相同的固化条件下，对于变光斑扫描工艺，通过扫描单层试验，研究如何对扫描间距和填充速度进行合理的分配，就能优化成形效率。

4.4.1 保持功率不变优化效率

1. 扫描间距和扫描速度的合理分配

已知现有的光斑直径可以达到0.66mm，根据线宽公式(4-3)，假设单层厚度 C_d为0.146 mm时，层与层之间黏结优良，从而得到线宽 L_w为0.43 mm，则选择扫描间距 H_s分别为0.10mm、0.20mm、0.25mm、0.30mm、0.40mm、0.43mm进行试验。在成形过程中，每组试验的激光功率固定为300mW，采用邻层 $X-Y$ 正交的扫描方式扫描单层。对于每组扫描间距，从低速开始扫描单层，直到单层不易取出，从而得到不同速度下的单层厚度，最终得到当单层厚度 C_d为0.146mm时对应的扫描速度(包括支持扫描速度、填充速度和轮廓扫描速度)。图4-17是用VHX-600E光学数码显微镜看到的单层厚度形貌图。

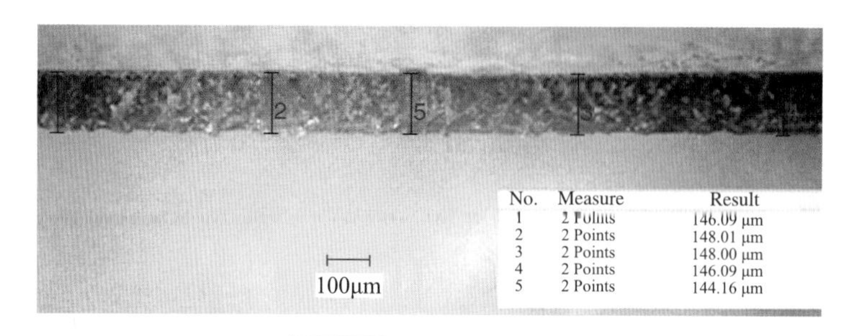

图 4-17 单层厚度形貌

图 4-17 所示为不同扫描间距与不同填充速度下的固化厚度拟合曲线，根据上述实验数据和拟合曲线得到当单层厚度 C_d 为 0.146mm 时不同扫描间距与填充速度的不同组合，如表 4-5 所示。

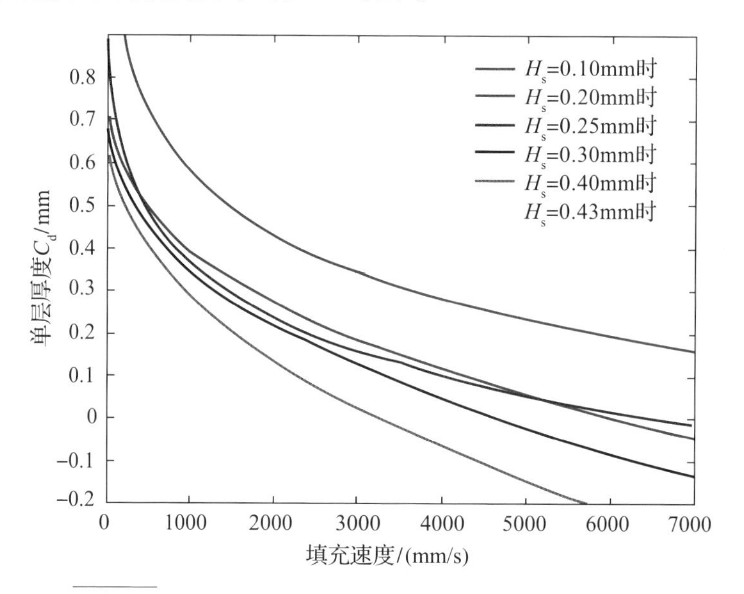

图 4-18 不同扫描间距与不同填充速度下的固化厚度曲线

表 4-5 扫描间距与填充速度的组合

扫描间距 H_s/mm	填充速度 v_1/(mm/s)	$(H_s \times v_1)$/(mm^2/s)
0.10	7345	734.5
0.20	3525	705.0
0.25	3220	805.0
0.30	2745	823.5
0.40	1907	762.8
0.43	1819	782.1

2. 优化效率

在满足相同固化效果的情况下，若采用直径为 0.14mm 的小光斑进行填充扫描，当扫描间距为 0.10mm，填充速度为 7024mm/s 时，假设该实体扫描时间为 t_1，根据实体扫描时间式(4－8)得到

$$t_1=\frac{S}{0.1\times0.1\times7024}=\frac{S}{70.24} \tag{4-9}$$

若采用变光斑扫描工艺，从表 4－5 中可以看出当扫描间距为 0.30mm 实体填充速度为 2745mm/s 时，它们的乘积最大，即效率是最高的。根据表 4－5 的数据得到不同扫描间距对应的填充效率曲线，如图 4－19 所示。从图 4－19 中可以看出，当扫描间距 H_s 为 0.30mm 时，两者的乘积接近最大值。为了取值方便，确定当扫描间距为 0.30mm、填充速度为 2745mm/s 时，其制作成形件的效率最高。假设此时实体扫描时间为 t_2，则根据实体扫描时间公式得到

$$t_2=\frac{S}{0.1\times0.3\times2745}=\frac{S}{82.35} \tag{4-10}$$

效率为

$$\eta=\frac{t_1-t_2}{t_1}=\frac{\dfrac{v}{70.24}-\dfrac{v}{82.35}}{\dfrac{v}{70.24}}=\frac{12.11}{82.35}=14.7\% \tag{4-11}$$

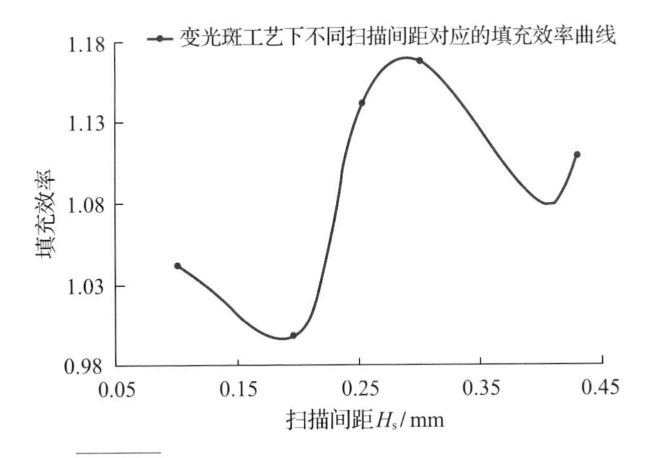

图 4－19　不同扫描间距对应的实体填充效率曲线

从式(4－11)可以看出，通过变光斑扫描工艺，选择合适的扫描间距和填充速度，可以使实体成形效率提高 14.7%。

3. 体积对效率的影响

由于零件的制作时间由支撑扫描时间、填充时间、轮廓扫描时间、层间等待时间组成，如果填充时间在总体时间中占主要部分，当使用变光斑扫描工艺后，零件扫描效率提高，理论上制件的整体效率应该有更大的提高，即随着体积的增大，使用变光斑扫描工艺后应该会使得整体制件效率提高。表 4－6列出了采用不同的扫描工艺制作不同尺寸模型所需要的时间数据。

表 4－6　不同体积、不同扫描工艺下的制件时间

模型尺寸/mm	大光斑制件时间/s	小光斑制件时间/s	效率增大值/%
260×200×4	4384	4978	11.1
260×200×10	8098	9598	15.6
260×200×20	14298	17298	17.3
260×200×40	26698	32698	18.3
260×200×80	51498	63498	18.9
260×200×100	63898	78898	19.0
260×200×200	125898	155898	19.2

根据表 4－6 显示的数据，得到了在相同工艺参数下，使用变光斑扫描工艺制作不同体积的零件效率不断提高的曲线，如图 4－20 所示。从图 4－20 中可以看出，随着体积的增加，零件的制作效率也在增加，可见变光斑扫描工艺对于提高制作大尺寸零件效率更有效，可以使填充效率提高 20%，有效地提高了成形效率。

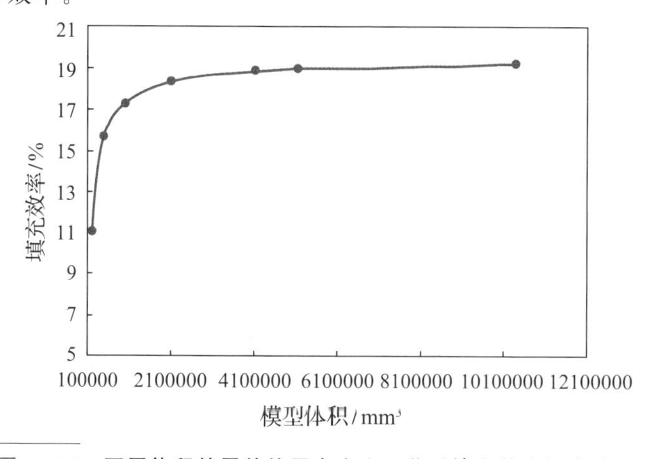

图 4－20　不同体积的零件使用变光斑工艺后填充效率提高的曲线

4.4.2　变光斑工艺力学性能校核

扫描速度低，会导致制件内部应力集中；扫描速度过大，与扫描间距配合不当，会导致制件产生误差。扫描间距越大，锯齿效应越明显，从而导致成形件的表面质量受到影响，固化底面会出现凹凸起伏的现象。扫描间距较小时，成形件容易发生翘曲和收缩现象，甚至开裂，破坏成形件的质量[61-62]。所以扫描间距的选择应该同时满足制作精度、强度以及成形件效率的要求，因此针对变光斑扫描工艺下成形件的力学性能进行了校核。

图 4-21 为采用表 4-5 中得到的扫描间距与实体扫描速度的组合制作的校核拉伸强度的测试件，采用的测试件的标距 L_0 为 50.0mm，中间平行部分宽度 b 为 10.0mm，厚度 d 为 4.0mm，同时以 5mm/s 的速度用拉伸试验机测得变光斑扫描工艺下每组拉伸测试件的位移与载荷曲线，如图 4-22 所示，并通过计算得到拉伸强度，如表 4-7 所示。在相同固化效果的情况下，小光斑扫描得到的制件的拉伸强度为 41.86MPa。

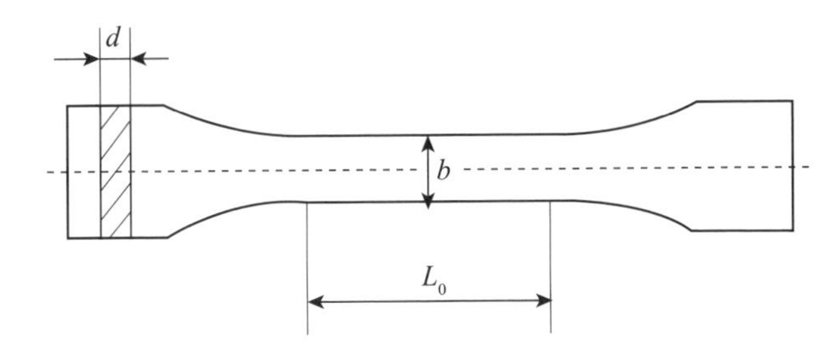

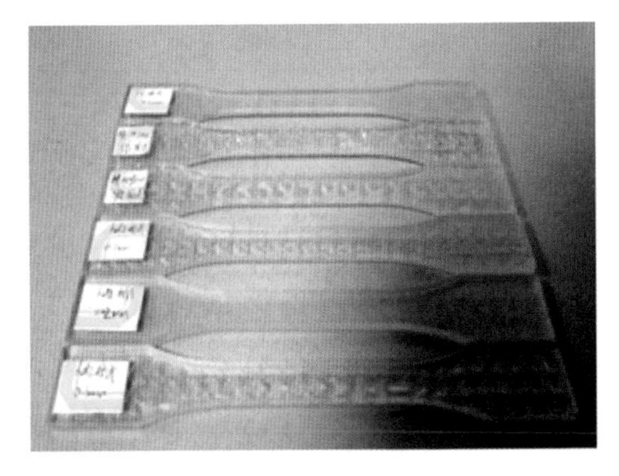

图 4-21　**拉伸强度测试件**

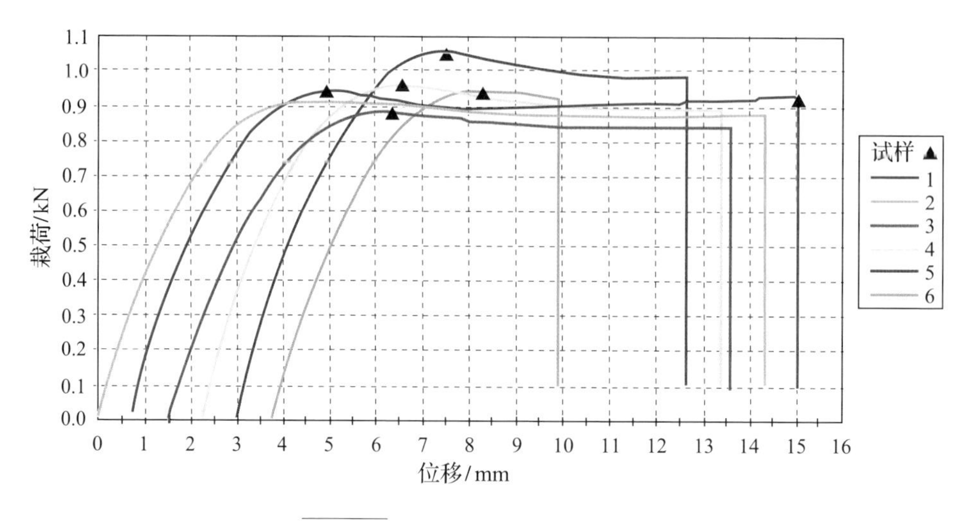

图 4-22　拉伸测试件拉伸性能曲线

表 4-7　变光斑扫描工艺下不同扫描间距下的拉伸强度

试样编号	扫描间距/mm	拉伸强度/MPa	相比传统工艺拉伸强度超出的百分比/%
(1)	0.10	46.20	10.3
(2)	0.20	43.01	2.7
(3)	0.25	39.33	-6.0
(4)	0.30	41.99	0.3
(5)	0.40	43.58	4.1
(6)	0.43	44.61	6.5

从表 4-7 中可以看出，随着扫描间距的变化，制件的力学性能变化不超过 11%，在单层厚度几乎保持一致的情况下，力学性能受扫描间距的影响不大。根据表 4-7 中的数据和原始光斑的拉伸强度得到两种工艺下的拉伸强度对比曲线，如图 4-23 所示。从图 4-23 中可以看出，在满足效率最高的情况下，即扫描间距为 0.30mm 时的拉伸强度略大于 41.86MPa，满足了小光斑扫描方式下得到的强度要求，从而得出结论，变光斑扫描工艺满足了力学性能要求。

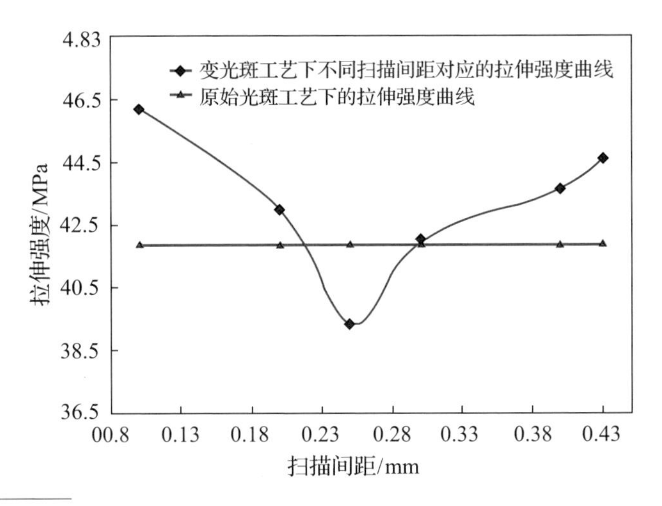

图 4－23　小光斑成形件的拉伸强度与大光斑成形件的拉伸强度曲线

4.4.3　变光斑工艺精度校核

为考察使用变光斑扫描工艺制作零件的成形精度和实际节约时间，采用变光斑制造工艺成形了 user-part 测试件，如图 4－24(a)所示。作为对比，同时采用原始小光斑扫描工艺成形了 user-part 测试件，如图 4－24(b)所示。图 4－24(a)采用的激光功率为 300mW，分层厚度为 0.10mm，扫描速度为 2745mm/s，扫描间距为 0.30mm。图 4－24(b)采用的激光功率为 300mW，分层厚度为 0.10mm，扫描速度为 7024mm/s，扫描间距为 0.10mm。通过记录制作时间和测量测试件精度得到了不同制作方式下的对比数据，如表 4－8 所示。从表 4－8 中可以看出，变光斑扫描工艺使制件的整体效率提高了 10.8%。

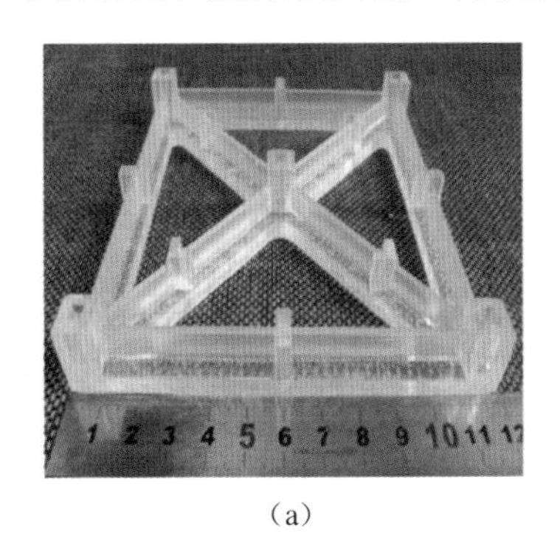

(a)

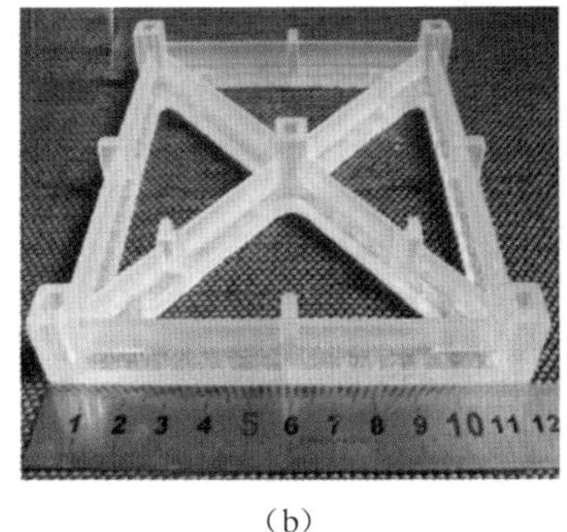

(b)

图 4－24　user－part 测试件

(a)变光斑成形工艺制作的 user－part；(b)传统工艺制作的 user－part。

表 4-8 三种制作方式的对比

制作方式	扫描速度 v_s/(mm/s)	制作零件总时间 t /min	精度/mm
原始光斑扫描工艺	7024	65.43	±0.10
变光斑扫描工艺	2745	58.35	±0.14
光斑补偿后	2745	58.35	±0.09

分析表 4-8 可知，在满足效率提高的前提下，使用变光斑工艺的制件精度有所下降。采用变光斑工艺成形的测试件实测尺寸精度为±0.14mm，而采用传统工艺成形的测试件实测尺寸精度为±0.10mm。通过光学显微镜拍摄得到变光斑工艺下的制件上表面形貌，如图 4-25 所示。从图 4-25 中可以明显看出，光斑变大后实体冲出轮廓约 0.200mm，而此时采用的光斑补偿为 0.100mm。因此需要根据光斑尺寸重新设置光斑补偿量[63]，增大光斑补偿量有两个优势：第一，避免了内部填充阶段冲出轮廓的现象；第二，内部填充线向内收缩进一步减少了扫描时间。因此采用合适的半径补偿后，即将填充向量向里收缩一个大光斑半径的长度，则避免了实体冲出轮廓的现象，具体如图 4-26 所示。通过显微镜测得光斑补偿后测试件的侧面精度减小到 0.09mm，如图 4-27 所示。因此使用变光斑扫描工艺在提高成形效率的前提下有效地保证了成形精度。

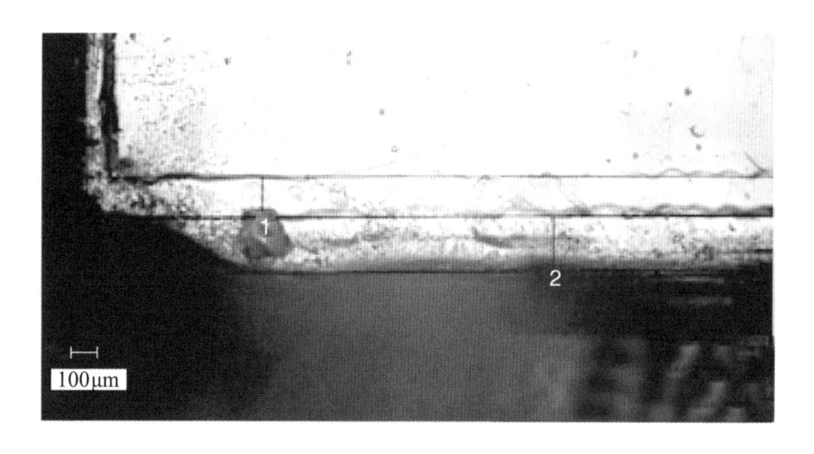

图 4-25 实体冲出轮廓现象

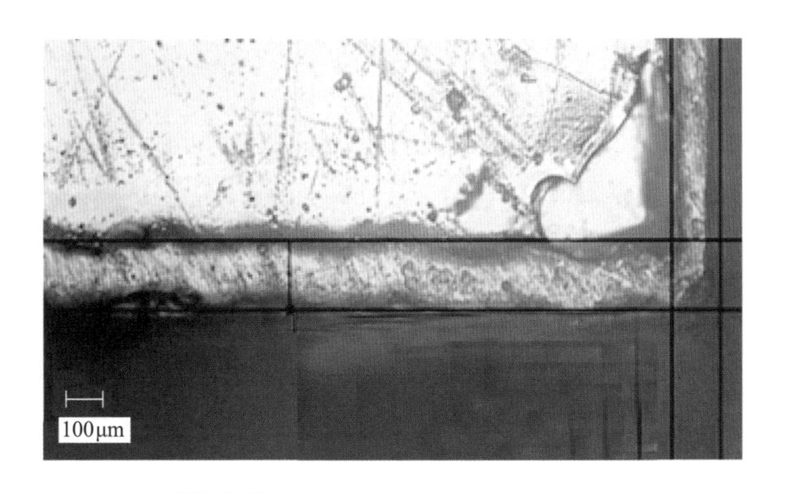

图 4-26　修改半径补偿后实体未冲出轮廓

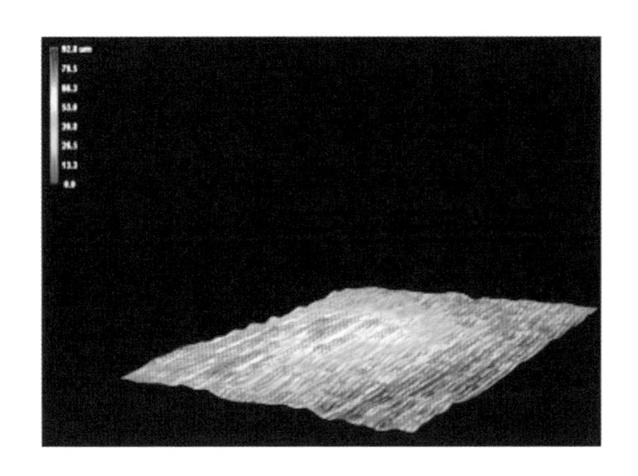

图 4-27　使用半径补偿后的侧面精度

4.5　变功率工艺对效率的影响

由图 4-14 可知，随着光斑直径变大单层固化厚度急剧下降，如果单层厚度小于切片层厚 0.10mm 时，相邻两层之间就不能很好地黏结，为了确保层与层之间能够很好地黏结就必须提高大光斑下的单层厚度。有三种方法可以改变单层固化厚度：降低扫描速度、减小扫描间距或者增大激光功率。前面已经讨论了通过合理地分配扫描间距和填充速度可成功实现效率的提高，因此下面讨论通过提高功率来增大层厚从而提高效率[29,34,64-69]。

4.5.1 功率与曝光量的关系

已知原始的在聚焦面上的光斑直径为 0.14mm，若保持扫描速度不变，当光斑直径增大到 0.66mm 后，需要通过增大激光输出功率来保证相同的功率密度，得到相同的固化厚度。已知最大曝光量为

$$E_{max} = \sqrt{\frac{2}{\pi}}\left(\frac{P_1}{\omega_0 v_s}\right) \tag{4-12}$$

式中 E_{max}—— 最大曝光量（mJ/cm^2）；

P_1—— 激光输出功率（mW）；

ω_0—— 光斑半径（mm）；

v_s—— 扫描速度（mm/s）。

当最大曝光量 E_{max}小于临界曝光量 E_c时，曝露在紫外光下的树脂将不完全固化，甚至不固化，图 4-28 为不同光斑对应不同速度下的最大曝光量曲线。当光斑直径增大到 0.66mm 时，随着扫描速度的增加最大曝光量急剧减小；当扫描速度超过 3000mm/s 后，大光斑的最大曝光量 E_{max}小于树脂的临界曝光量（$E_c = 12.807mJ/cm^2$），树脂不能完全固化。因此，在满足扫描速度不变的前提下，根据式（4-12），在变光斑工艺中只有提高激光输出功率才能达到优良的固化效果。

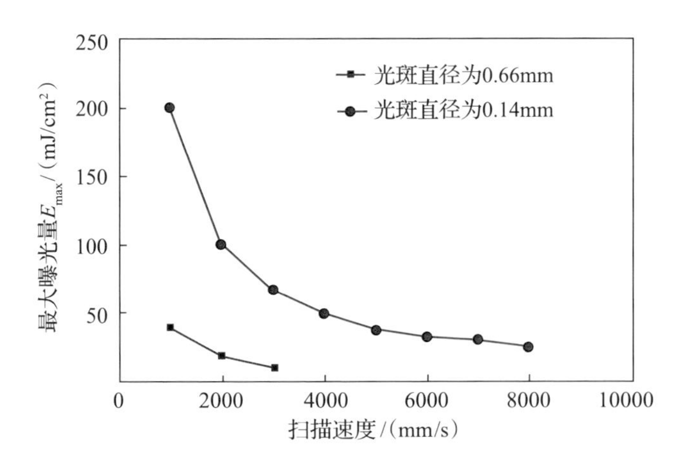

图 4-28 不同光斑对应不同扫描速度下的最大曝光量曲线

4.5.2 变功率对效率的影响

1. 实现变功率

随着激光器的发展，激光器的平均输出功率可以通过程序进行控制。这里采用的激光器是深圳市瑞丰恒科技发展有限公司开发的 Explorer 产品，其脉冲重复频率为 60～150kHz。由于激光器的平均输出功率与激光的脉冲重复频率有关，当激光器的脉冲重复频率下降后，其平均输出功率将增大，两者之间的关系如图 4-29 所示。

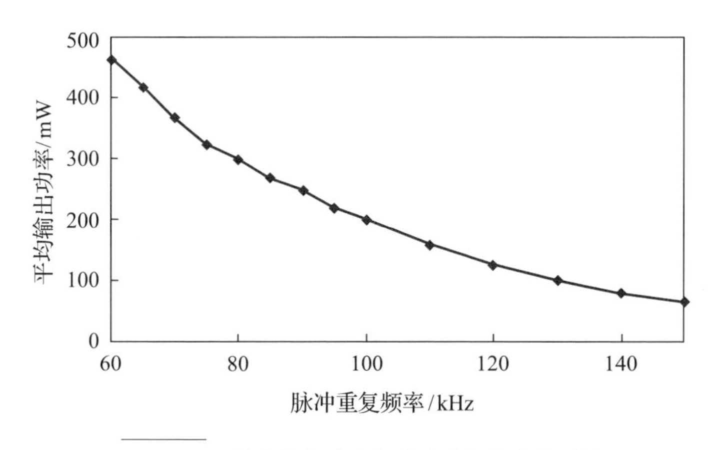

图 4-29 激光输出功率与脉冲重复频率关系图

通过向 RS232 串口发送控制命令从而改变激光器的脉冲重复频率，当命令发出后激光器的平均输出功率能在很短的时间内达到要求的水平，但是激光脉冲重复频率必须根据激光自身条件进行调整，如果脉冲重复频率超出了控制范围，激光质量将会变差，根据所用激光器的具体条件，变光斑系统中所能得到的最大激光功率为 450mW。

2. 高功率对固化特性的影响

实现变功率后，通过扫描单线实验研究了功率的变化对单线固化厚度的影响，图 4-30 所示为直径为 0.66mm 的光斑在不同功率下以 $v = 200$mm/s 的速度扫描得到的单线截面形貌。从图 4-30 中的数据可以看出，随着功率的增加，单线固化厚度呈正比例增大，因此为了达到相同层厚的固化单层，在高功率的情况下必须降低扫描速度。

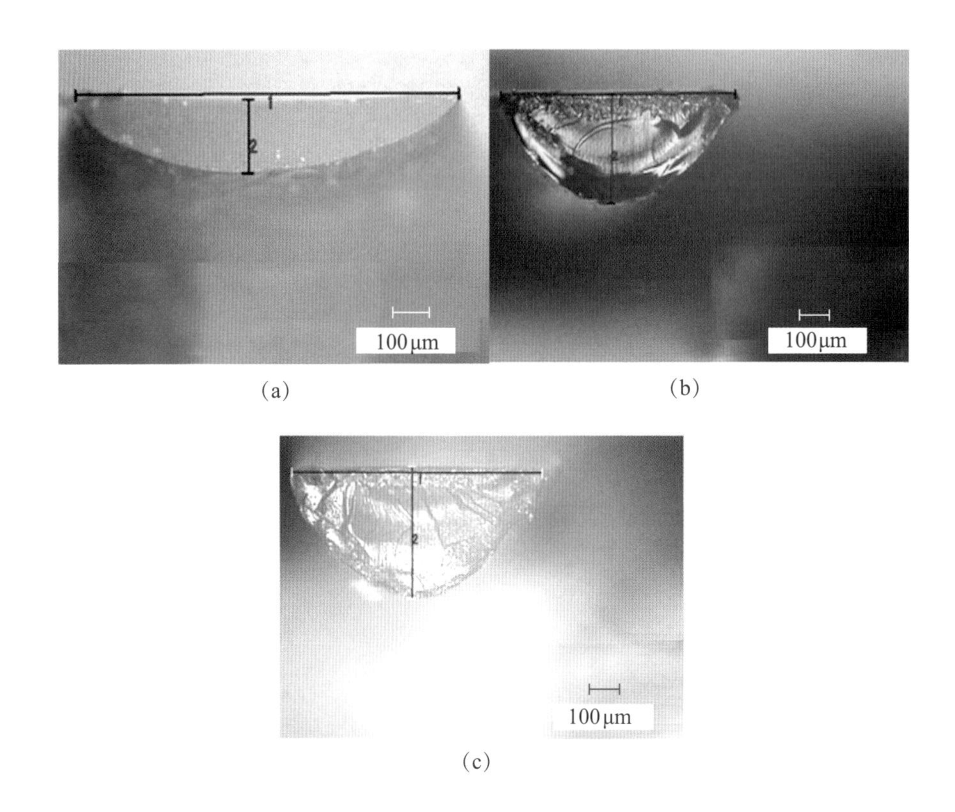

(a) (b) (c)

图 4-30 不同功率下单线截面形貌图

(a)功率 $P=124$mW；(b)功率 $P=300$mW；(c)功率 $P=410$mW。

根据式(4-12)可知，如需得到相同的能量密度，则对于0.14mm的小光斑和0.66mm的大光斑其功率关系对应为 P、$4.7P$，由于受到设备的限制并考虑激光器的寿命和光束质量，因此设定小光斑扫描时的功率 P 为200mW，大光斑扫描时采用450mW的功率。图4-31所示为直径0.14mm的光斑，功率为200mW，扫描间距为0.10mm不同速度下的单层厚度曲线，以及0.66mm的光斑，功率为450mW，扫描间距为0.43mm不同速度下的单层厚度曲线。

观察图4-31可知，如需得到相同的单层厚度，则0.66mm光斑对应的扫描速度应该小于光斑直径为0.14mm对应的扫描速度。因此在符合相同固化效果的前提下，取小光斑的扫描速度为6500mm/s，大光斑的扫描速度为3000mm/s，并以该工艺参数制作模型，从而确定实际节省的时间。

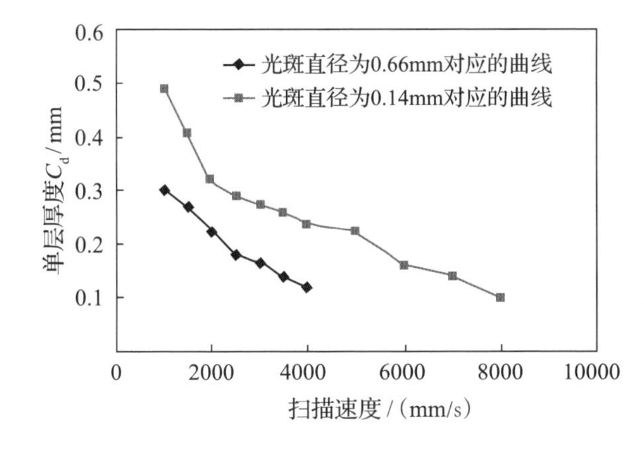

图 4－31
不同功率下不同光斑扫描速度与单层层厚对应曲线

3. 变功率对成形效率的影响

根据式(4－11)，则理论上当功率增大后在实体扫描阶段效率为

$$\eta = \frac{t_1 - t_2}{t_1} = \frac{\dfrac{1}{0.1 \times 0.1 \times 6500} - \dfrac{1}{0.1 \times 0.43 \times 3000}}{\dfrac{1}{65.00}} = 49.6\%$$

式中　t_1——小光斑模式下扫描时间；

t_2——大光斑高功率下扫描时间，当功率和光斑同时增大的情况下，这种工艺可以使实体成形效率提高 49.6%。

以上述扫描速度制作了图 4－32 所示的成形件，具体的扫描参数如表 4－9所示。从表 4－9 中可以看出，变光斑高功率扫描工艺使得整体制件时间减少了近 30%。因此得出结论，变光斑高功率扫描工艺在满足精度和拉伸强度的前提下，显著提高了光固化成形效率。

图 4－32　成形件
(a)阀体；(b)米老鼠。

表 4-9　两种成形件制作时间对比

模型	光斑尺寸/mm			激光功率/mW			扫描速度/(mm/s)			制作时间/min	提高效率/%
	支撑	轮廓	填充	支撑	轮廓	填充	支撑	轮廓	填充		
(a)	0.14	0.14	0.14	200	200	200	2000	6000	6500	297	29
	0.14	0.14	0.66	200	200	450	2000	6000	3000	211	
(b)	0.14	0.14	0.14	200	200	200	2000	6000	6500	188	34
	0.14	0.14	0.66	200	200	450	2000	6000	3000	124	

4.6　样件尺寸与效率的关系

在实际的制作过程中，整体工艺的制作时间由扫描时间和非扫描时间构成。扫描过程中变光斑工艺中光斑的改变也只存在于填充阶段，如果填充阶段在整个制作过程中所占比重越大，则效率的提高越明显，而这与模型的尺寸有密切关系。

以不同体积的零件为例评价样件尺寸对于变光斑工艺效率的影响，其制作效率对比如表 4-10 所示。

表 4-10　不同体积变光斑工艺效率对比

模型尺寸/mm	变光斑工艺/s	普通工艺/s	提高效率/%
260×200×10	6517	9598	32.1
260×200×20	11399	17298	35.6
260×200×40	20828	32698	36.3
260×200×80	39750	63498	37.4
260×200×200	96501	155898	38.1

由表 4-10 及图 4-33 可知，随着样件体积的不断增大，扫描时间在制作样件中所占的比重越来越大，相应的使用变光斑工艺节约的效率也越来越明显。但是随着制作样件的体积增大，刮板的往复运动等非扫描时间也在增大，因此使用变光斑工艺提高的效率并不是线性的，而是随着样件中扫描时间所占的比例发生变化。

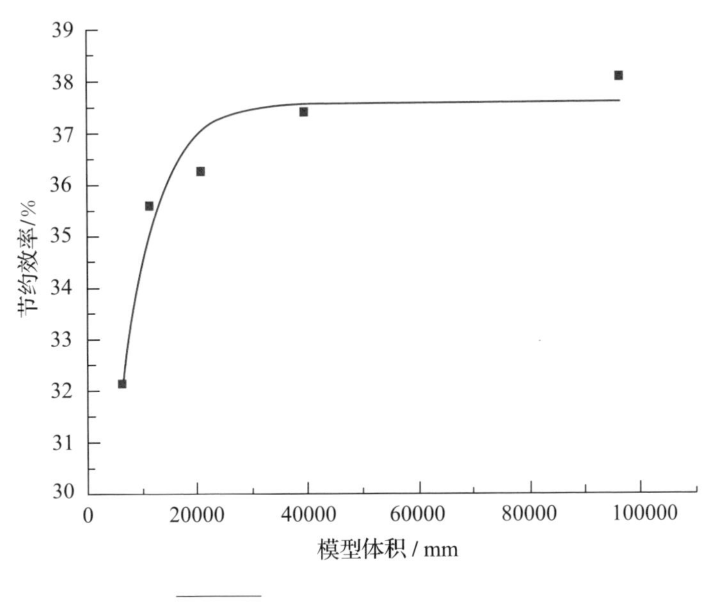

图 4-33　不同模型体积提高的效率

4.7 力学性能测试

增材制造制件的拉伸强度是反映成形工艺力学性能好坏的一个重要指标，拉伸强度的测试遵循国标 GB/T 1040—2018 的规定，测试样件如图 4-34 所示。

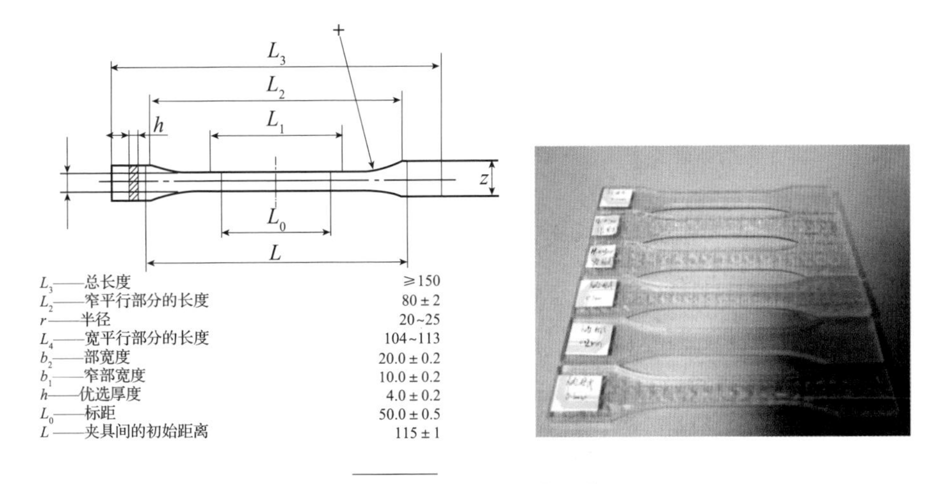

图 4-34　拉伸测试样件

每组制作5个样件，求取平均值，测试结果如图4-35~图4-37所示。

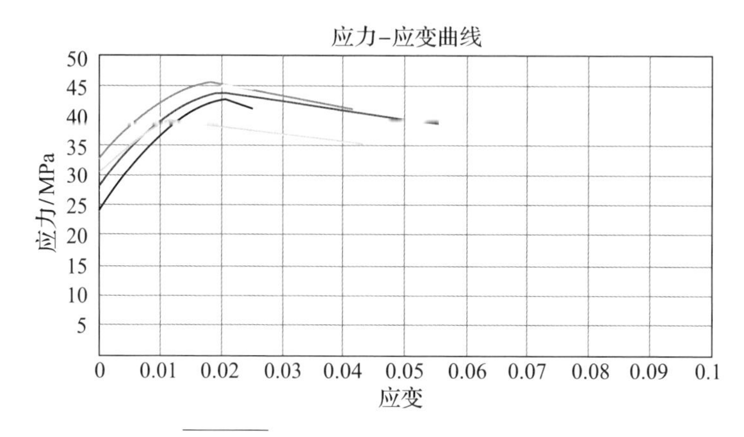

图4-35 普通工艺拉伸强度测试结果

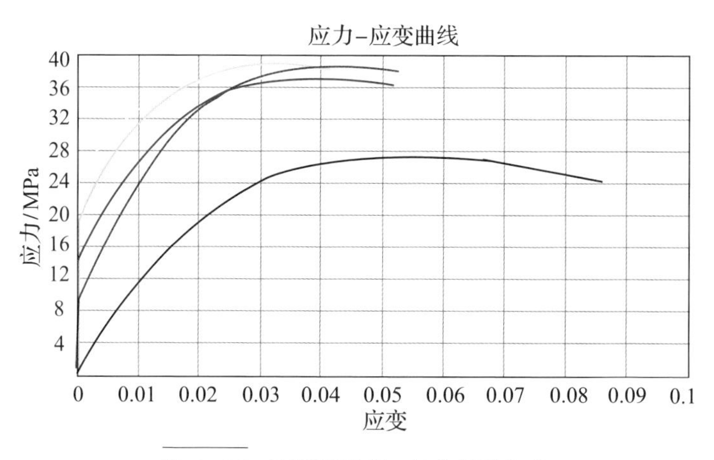

图4-36 变光斑工艺a拉伸测试结果

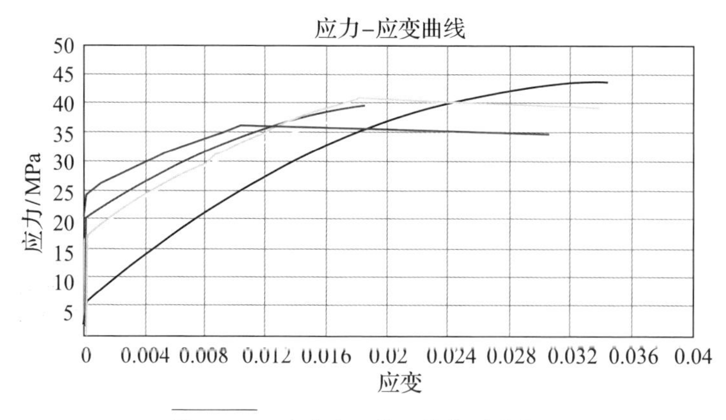

图4-37 变光斑工艺b拉伸测试结果

拉伸强度结果如表 4－11 所示。

表 4－11　拉伸强度结果

工艺类型	拉伸强度/MPa
普通工艺	42.8
变光斑工艺 a	35.6
变光斑工艺 b	39.6

由实验结果可知，变光斑工艺制作的拉伸测试样件与普通工艺相比，在相同的后固化条件下，大幅度提高了工艺的制作效率，且制件的拉伸强度满足实际制作工艺的要求。

4.8 性能对比分析

由于变光斑工艺拥有提升效率和激光能量利用率的卓越性能，世界范围内一部分增材制造技术的优秀机构纷纷开始进行了相关研究，这些机构拥有雄厚的技术和资金支持，可将该技术迅速实现商业化，并将其作为增材制造设备的主要卖点，如表 4－12 所示。

表 4－12　变光斑工艺性能对比

产品名称	美国 3D iPro™ 9000	日本 CMET EQ－1	西安交通大学 SPS600 B 型
光源波长/nm	355	355	355
激光能量/W	1	1.5	0.45
层厚/mm	0.05～0.15	0.05	0.05～0.20
边界光斑/mm	0.13	0.10	0.16
内部大光斑/mm	0.76	0.60	0.8
填充最大速度/(mm/s)	25	40	8
造型容量/mm	650×750×550	610×610×500	600×600×400

分析表 4－12 中各设备的性能，所研发的变光斑智能工艺设备内部填充的光斑直径与其他机构设备相比，基本上都增大了 5 倍左右。研发的变光斑智能工艺在不增设备成本的基础上，已将激光器能量的利用率提升到极限，并可有效提高制作效率 30%，同时由于在内部填充使用的光斑直径大于其他两种设备的内部填充光斑，因此在内部填充方面具有更少的填充扫描矢量和更高的效率。

不可否认，这些知名增材制造技术机构在激光器、扫描振镜和树脂等硬件和材料方面都拥有巨大的优势，但在制作效率这一性能指标上，所研发的变光斑智能工艺还需进一步的发展和完善，而这也是增材制造技术未来的发展方向之一。

第 5 章
立体光固化智能工艺

5.1 概述

激光增材制造技术在单层内的成形过程，如图 5-1 所示。

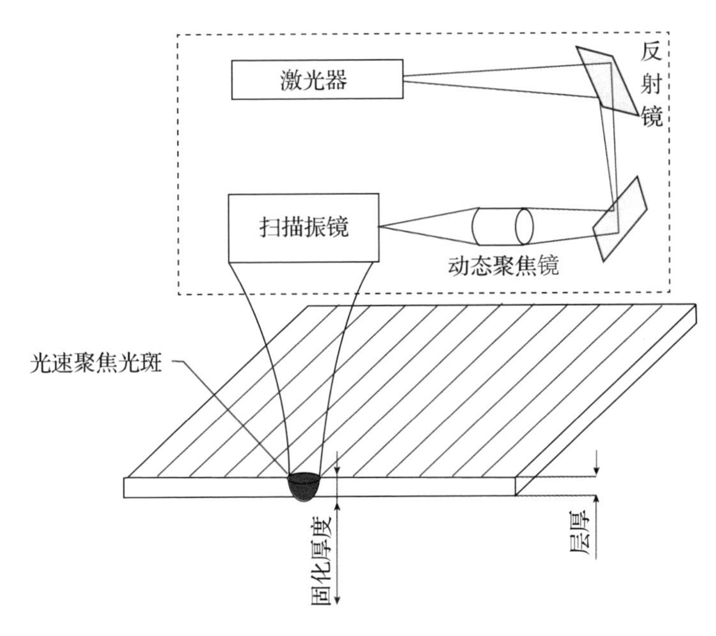

图 5-1 增材制造扫描过程示意图

激光增材制造技术的扫描过程一般采用高速扫描振镜将激光光束反射到待制作材料的表面，材料吸收激光光束的能量，发生化学反应产生黏结，在激光光斑扫过的区域形成黏结区域，逐层累加，最终形成零件。激光光斑直径作为激光光束的固有物性，经过反射镜、动态聚焦镜及扫描振镜聚焦至扫描平面，在扫描场平面内获得的为光束束腰直径，即最小光斑直径。激光器的光斑直径越小，可成形的最小特征越小，光斑的固化区域也越小，也就意味着扫描单线的线宽越小，单线间填充间距越小，在相同成形面内需要扫描的单线数目就会增多，单位面积的扫描周期越长；反之，激光器的光斑直径越大，在相同成形面内需要扫描的单线数目就会增多，单位面积的扫描周期越短，但是随着光斑直径的增大，制件的精度会出现下降。如何在提高制作效率的同时解决这一问题，也是研究的难点之一。

5.2 光固化增材制造过程分析

现阶段光固化增材制造技术所采用的激光光强满足高斯分布，如图 5-2 所示。

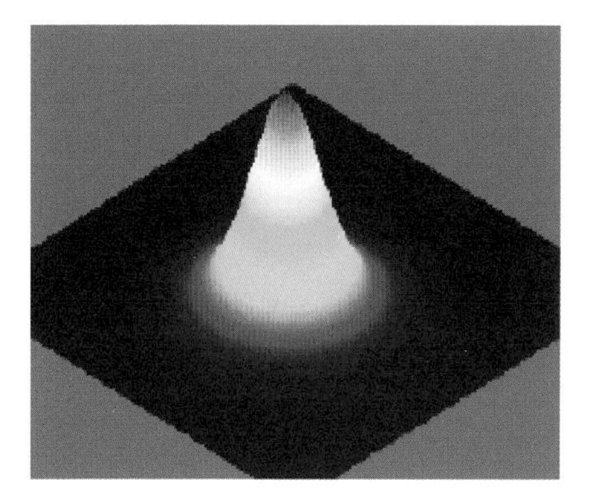

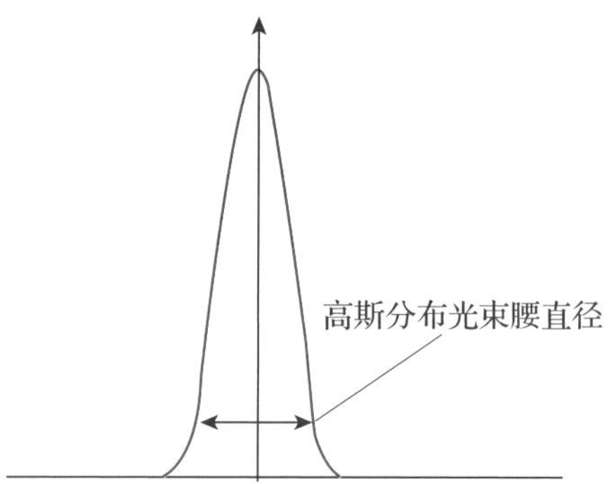

图 5-2 激光光束高斯分布

Jacobs 根据 Beer-Lambert 定律，建立了在平面内任意一点处的光斑的能量密度公式：

$$E_{(y,z)}=\sqrt{\frac{2}{\pi}}\times\left(\frac{P_{\mathrm{L}}}{\omega_0 v_1}\right)\times \mathrm{e}^{\left(\frac{-2y^2}{\omega_0^2}\right)}\times \mathrm{e}^{\left(\frac{-z}{D_{\mathrm{p}}}\right)} \tag{5-1}$$

当 $z=0$ 时，

$$E_{(y,0)}=\sqrt{\frac{2}{\pi}}\times\left(\frac{P_{\mathrm{L}}}{\omega_0 v_1}\right)\times \mathrm{e}^{\left(\frac{-2y^2}{\omega_0^2}\right)} \tag{5-2}$$

当 $y=0$，在光斑中心处的能量密度可以表示为

$$E_{(0,0)}=E_{\max}=\sqrt{\frac{2}{\pi}}\times\left(\frac{P_1}{\omega_0\times v_1}\right) \tag{5-3}$$

式中　P_L——激光功率；

D_p——材料的投射深度；

ω_0——激光光束束腰半径；

v_1——扫描速度。

从光固化增材制造技术的扫描过程可以看出，光斑直径影响区域是增材制造的最小制作单元，可将扫描过程看作是光斑直径影响区域在 XY 方向连成的直线，填充间距是这些扫描单线之间的间隔，决定了制作单层内扫描单线的数目，因此扫描单线的线宽和填充间距决定了二维平面内当前层的制作时间；单线的深度是制作零件在三维方向上的最小成形单元，在二维方向上排列的单线构成了单层，单层的层厚决定了三维方向上的成形单元，所以层厚决定了成形工艺在三维方向上的制作时间。因此，在二维和三维成形过程中，扫描单线的线宽和深度是整个成形过程的基本单元。对于扫描单线的线宽和深度有如下公式：

$$C_d = D_p \times \ln\left(\frac{E_{max}}{E_c}\right) = D_p \times \ln\left(\sqrt{\frac{2}{\pi}} \times \frac{P_L}{\omega_0 E_c v_1}\right) \tag{5-4}$$

$$L_w = \sqrt{2\omega_0} \times \sqrt{\ln\left(\frac{E_{max}}{E_c}\right)} = \sqrt{2\omega_0} \times \sqrt{\ln\left(\frac{2}{\pi}\ \frac{P_L}{\omega_0 E_c v_1}\right)} \tag{5-5}$$

式中　C_d——单线固化深度；

L_w——单线固化线宽；

E_c——材料的临界曝光量。

D_p和 E_c是材料自身的固有属性，一般无法改变。整体工艺的成形精度和效率由单层的层厚决定，而单层则是由层内按一定顺序排列的单线组成，因此单线是决定工艺成形精度和效率的基本单元。由上述公式可知，单线的固化深度 C_d 和线宽 L_w 受到激光功率 P_L、扫描速度 v_1 和光斑半径 ω_0 的影响，其中激光功率和光斑直径为硬件工艺参数，扫描速度为软件工艺参数。

5.3　光固化增材制造智能工艺模型的建立

当前的光固化增材制造过程往往依靠操作人员的经验确定工艺参数，当出现新工艺和新材料时，需要重新通过大量的试验确定，工作量很大，严重浪费制作材料，导致成形效率降低和制作成本增加。目前，使用激光器作为能量源的光固化增材制造设备大都通过与设备相匹配的控制软件进行零件的制作，但是制作工艺参数，如扫描速度、层厚、填充间距等由操作人员根据经验事先输入到控制程序中，控制软件按照既定工艺参数进行零件的加工和制作。因此，本节提出了建立增材制造过程工艺模型，通过修正因子建立具有普适性的工艺模型，精确控制成形过程，兼顾成形精度和效率。

5.3.1 修正因子的定义

由前面的分析可知，增材制造工艺过程中存在共性的工艺参数，为了建立具有普适应的工艺模型，通过修正工艺因子建立工艺模型。

定义 K 为能量因子：

$$K = \frac{P_{\mathrm{L}}}{\omega_0 \times v_1} \tag{5-6}$$

将式(5-6)代入式(5-4)和式(5-5)中，可得

$$C_{\mathrm{d}} = D_{\mathrm{p}} \times \ln\left(\sqrt{\frac{2}{\pi}} \times \sqrt{\frac{K}{E_{\mathrm{c}}}}\right) = D_{\mathrm{p}} \times \left(\ln\sqrt{\frac{2}{\pi}} + \ln k - \ln E_{\mathrm{c}}\right) \tag{5-7}$$

$$L_{\mathrm{w}} = \sqrt{2\omega_0} \times \left(\ln\sqrt{\frac{2}{\pi}} + \ln k - \ln E_{\mathrm{c}}\right) \tag{5-8}$$

由式(5-6)可知，能量因子 K($\mathrm{mJ/mm^2}$)为光斑在平面内以扫描速度 v_{s} 沿光束移动方向的能量密度，如图 5-3 所示。

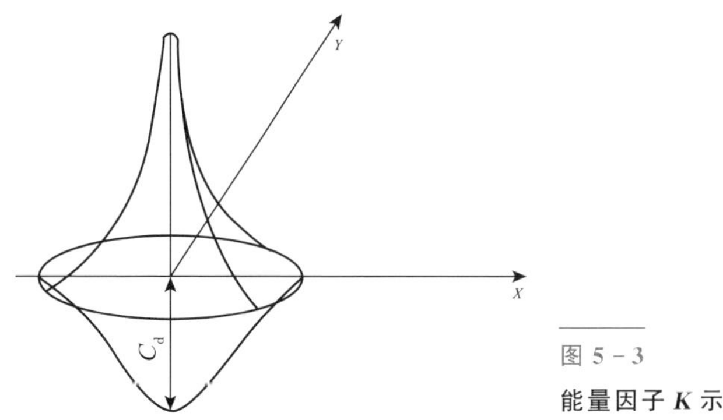

图 5-3
能量因子 K 示意图

在式(5－7)和式(5－8)中，除能量因子 K 以外，D_p、E_c 和 ω_0 均为定值，因此，能量因子 K 的确定实现了对扫描过程基本单元的精确控制，即约束了成形过程的精度和效率。

增材制造过程是一个由二维平面逐层累加成三维实体的过程。二维平面内的几何图形制作由扫描矢量以一定的填充间距并排排列构成，当前层的制作时间为

$$t_i = \frac{A_i}{L_w \times H_{s1} \times v_1} \tag{5-9}$$

式中　A_i——第 i 层零件的面积；

H_{s1}——填充间距。

在实际的制作过程中，光斑按照规划路径以一定速度在制作平面内移动，光斑扫描过的区域吸收激光的能量，形成扫描单线。填充间距是指扫描单线之间的距离，由式(5－9)可知，光斑直径的大小与单线在二维平面内的线宽存在比例关系，也即光斑直径与填充间距存在比例关系，当扫描单线间以合理的填充间距相互黏结，既能保证最优的精度，同时也能获得较高的制作效率。因此，定义 B 为填充因子：

$$H_{s1} = B \times \omega_0 \tag{5-10}$$

将式(5－10)代入式(5－9)中，可得

$$t_i = \frac{A_i}{L_w \times B \times \omega_0 \times v_1} \tag{5-11}$$

由式(5－9)可知，扫描单层的制作时间取决于零件切层的几何图形、扫描单线的线宽、光斑直径和扫描速度，而光斑的直径又影响其他三个参数，因此工艺系统如果能够实现光斑直径的智能化控制，对于效率的提高具有重要意义。

三维实体的制作由二维平面内扫描矢量的成形厚度以一定重叠间距垂直排列构成，而制作薄层的厚度 C_d 要大于分层厚度才能保证上下层的充分黏结，精确地控制 C_d 不仅能够有效地提高效率，而且能充分地提高能量的利用率，因此分层厚度与成形厚度 C_d 之间存在一定关系，定义 M 为层厚因子：

$$C_d = M \times L \tag{5-12}$$

式中　L——分层厚度。

零件整体的扫描制作时间 t 可以表述为

$$t = \sum_{i=1}^{j=\frac{H}{M \times C_{\mathrm{d}}}} \frac{A_i}{L_{\mathrm{w}} \times B \times \omega_0 \times v_1} \tag{5-13}$$

由式(5-7)、式(5-8)、式(5-11)和式(5-13)可知，修正工艺因子 K、B、M 直接影响着成形工艺的精度和效率，而这三个比例因子又与材料信息、设备参数和模型信息相关，因此，当这些参数确定之后，可以建立起与之相对应的工艺模型。

5.3.2　光固化增材制造工艺模型的建立

1. 填充因子的确立

二维平面内的固化单层是由按照一定间距的扫描单线相互黏结构成的，各相邻扫描单线间的间距即为填充间距 H_{s1}，如图 5-4 所示。

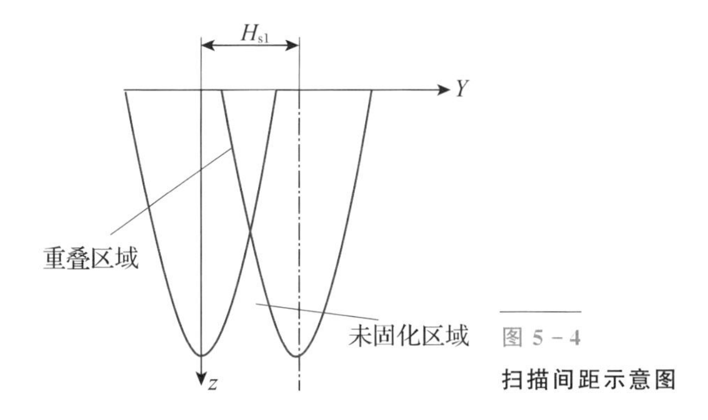

图 5-4
扫描间距示意图

填充间距的大小不仅与单层的制作效率有关，而且与单层的形貌有关[39-41]。H_{s1} 的增大可以迅速地减小在单层内扫描单线的数量，当填充间距增加 1 倍时，根据统计制作时间可以减少 50%左右，若增加 2 倍，制作时间可以减少 60%左右。但是，H_{s1} 不能大于固化单线的线宽，不合理的 H_{s1} 值不仅有可能造成单层内单线无法黏结，而且会改变单层底面的形貌。因此，设定不同比例因子 B 开展试验，如表 5-1 所示。

表 5-1　试验参数

P/mW	v_1/(mm/s)	K/(mJ/mm²)	B	ω_0/mm	H_{s1}/mm
200	3500	0.71	1	0.08	0.08
200	3500	0.71	1.6	0.08	0.128
200	3500	0.71	2	0.08	0.16

试验结果如图 5-5 所示。

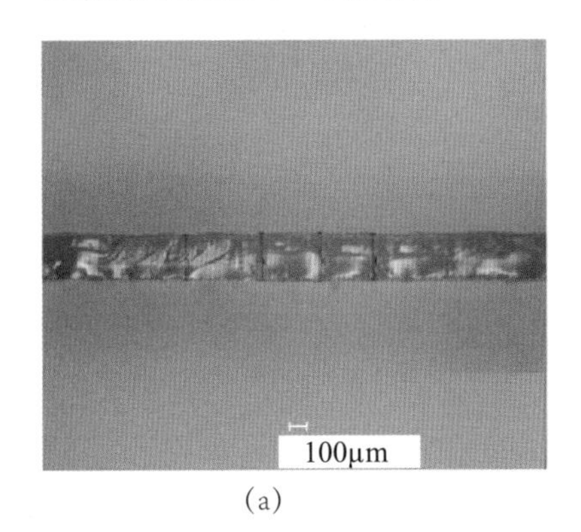

(a)

(b)

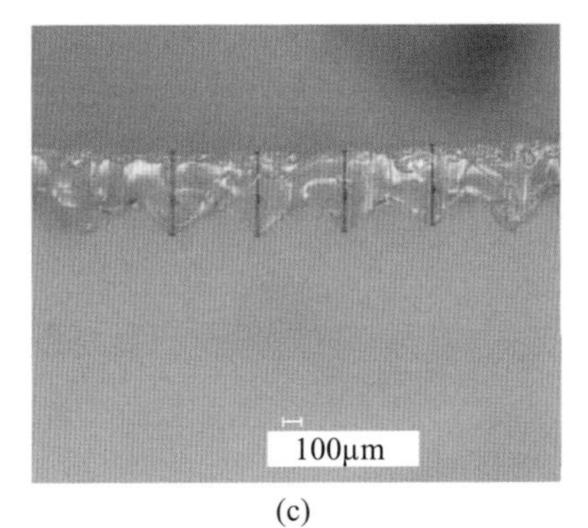

(c)

图 5-5　试验结果

(a) $B=1$；(b) $B=1.6$；(c) $B=2$。

如图 5-5 所示，当 $B=2$ 时，由于填充间距过大，造成单层下表面未固化区域明显增大，导致整体成形质量和精度的下降；当 $B=1$ 时，单层成形质量较好，单层下表面光滑，但是，由于填充间距过小，在单位面积内的扫描单线增多，导致成形效率的下降，且相邻单线间由于受到彼此光照能量的影响，单层层厚略有增加，多层累积后，会造成零件在 Z 方向的精度下降；当 $B=1.6$ 时，单层成形精度高，同时满足在单位能量密度下最大程度地提高成形效率和光源能量的利用率，因此，设定 $H_{s1}=1.6\omega_0$。

2. 层厚因子的确定

单层的厚度要大于分层厚度，才能保证上下层的充分黏结从而表现出良好的力学性能。但是当曝光量较大时，实际固化层厚比分层厚度大，使最底层出现过固化，不仅影响制作零件在 Z 方向的精度，而且降低成形效率。所谓最优固化层厚是指在最小的曝光能量下，单层的最小固化层厚仍然能够保证上下层的充分黏结。因此，需要精确控制在一定的激光功率下的单层固化深度，来提高成形效率和能量的利用率。

以普通工艺为例，制作固化单层测试层厚，试验结果如表 5-2 和图 5-6 所示。

表 5-2 单层厚度

P/mW	v_1/(mm/s)	K/(mJ/mm²)	C_d/mm
130	3000	0.54	0.28
130	3200	0.51	0.24
130	3400	0.48	0.20
130	3600	0.45	0.16
130	3800	0.42	0.15
130	4000	0.41	0.14

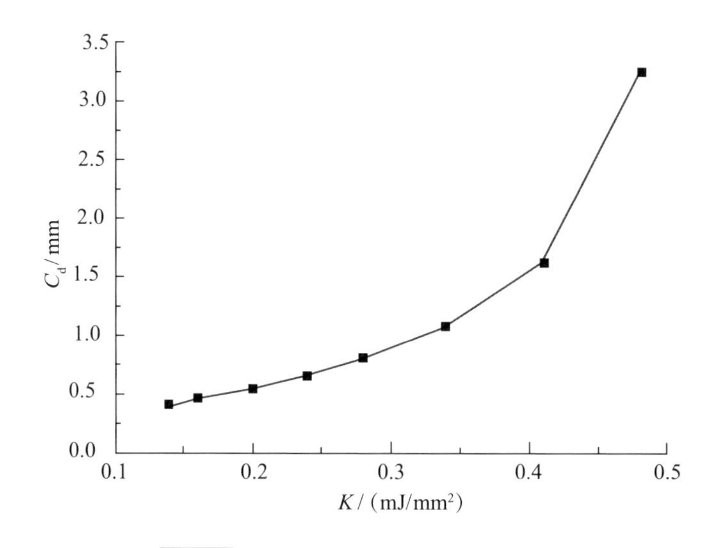

图 5-6 单层层厚和能量因子 K 的关系

为了判断最后单层层厚，以抗弯强度作为最优层厚的判断依据。采用抗弯强度测试件，如图5-7所示。

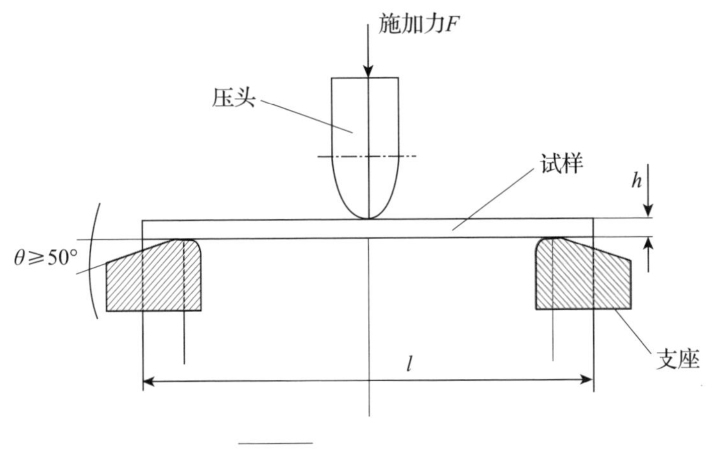

图5-7　强度标准测试

其中，标准测试件长度 l 为80mm，宽度 b 为10mm，厚度 h 为4mm，制作的测试件如图5-8所示，抗弯测试件的精度及制作效率如表5-3所示。

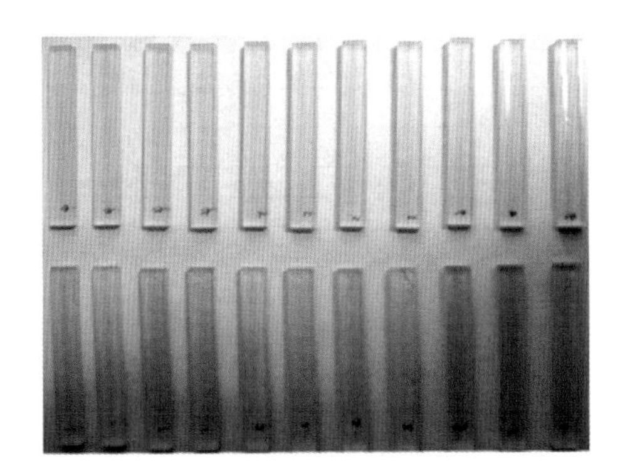

图5-8
抗弯测试件

表5-3　零件制作工艺参数

方案	P /mW	v_1/(mm/s)	K(mJ/mm^2)	单层厚度/mm	制件厚度/mm	厚度误差	宽度/mm	宽度误差	制作时间/s
A	130	3000	0.54	0.28	4.23	7%	9.90	1%	2007
B	130	3200	0.51	0.24	4.22	6%	9.92	0.8%	1937
C	130	3400	0.48	0.20	4.21	5.75%	9.93	0.7%	1894
D	130	3600	0.45	0.16	4.17	5%	9.93	0.7%	1850
E	130	3800	0.42	0.15	4.10	2.5%	9.94	0.6%	1804

当 $K=0.41\text{mJ/mm}^2$ 时，制作的零件由于单层过薄，层与层之间的黏结不充分，造成零件偏软，且在制作过程中会出现被刮板刮跑的现象，失败率较高，因此，不作为测试的对象。测试结果如图 5-9 和表 5-4所示。

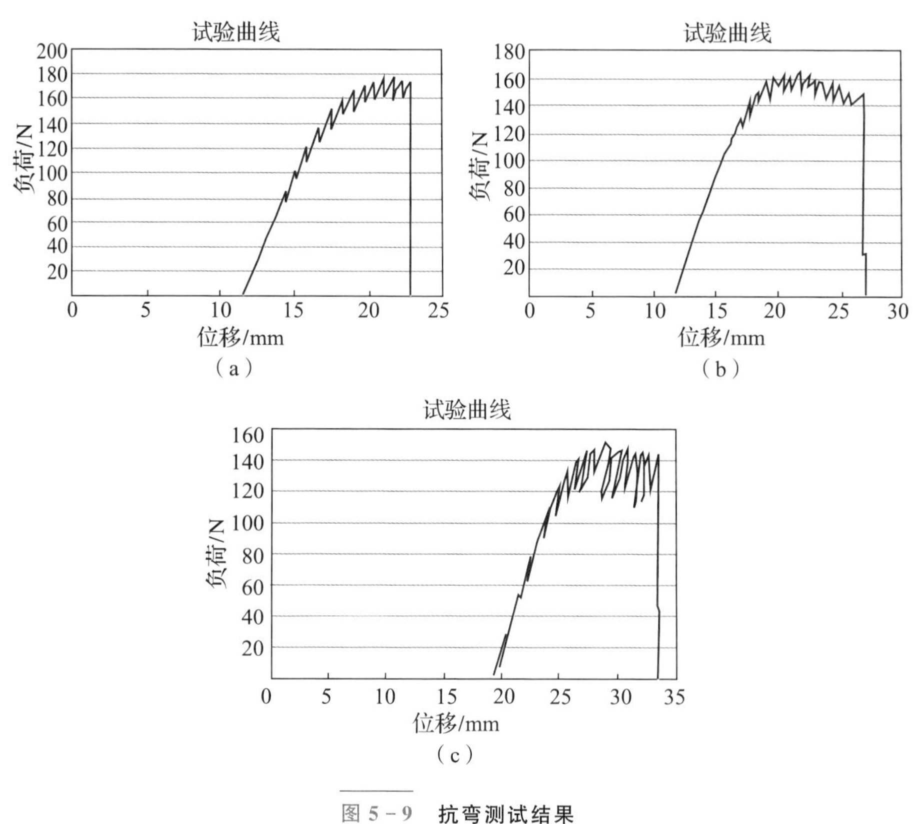

图 5-9 抗弯测试结果

(a) $K=0.54$ mJ/mm²；(b) $K=0.48$ mJ/mm²；(c) $K=0.42$ mJ/mm²。

表 5-4 抗弯测试结果

K/(mJ/mm²)	0.54	0.51	0.48	0.45	0.42
负荷/N	176	170	164	158	151
弯曲应力 σ /MPa	89.4	86.7	83.8	82.5	79.1

由表 5-3 和表 5-4 可知，所有的抗弯测试件均集中在 75～80MPa 之间，最大 K 值与最小 K 值之间的抗弯结果相差不到 10%。从制作时间来看，当激光功率一定时，K 值越小制作效率越高，其中方案 E 与方案 A 相比，制作效率提高 10%，所需单位能量密度 K 降低 22%，且制件的精度(厚度和宽度)最高，因此可以确定分层厚度与 C_d 之间的层厚因子 $M=1.5$。

5.4 智能工艺控制系统的实现

使用已建立的工艺优化模型，针对增材制造技术研发了智能工艺控制系统。智能工艺系统控制软件的研发基于西安交通大学研发的增材制造软件，使用 Visual C++6.0 编程语言，对系统软件进行总体架构设计，如图 5-10 所示。该系统主要由上位智能控制系统和底层控制系统组成，上位智能控制系统包括智能优化模块、数据处理模块、激光控制模块、运动控制模块、振镜控制模块和辅助工艺控制模块，其中，主控制程序生成的加工数据需要依据智能优化模块进行工艺参数的设定。

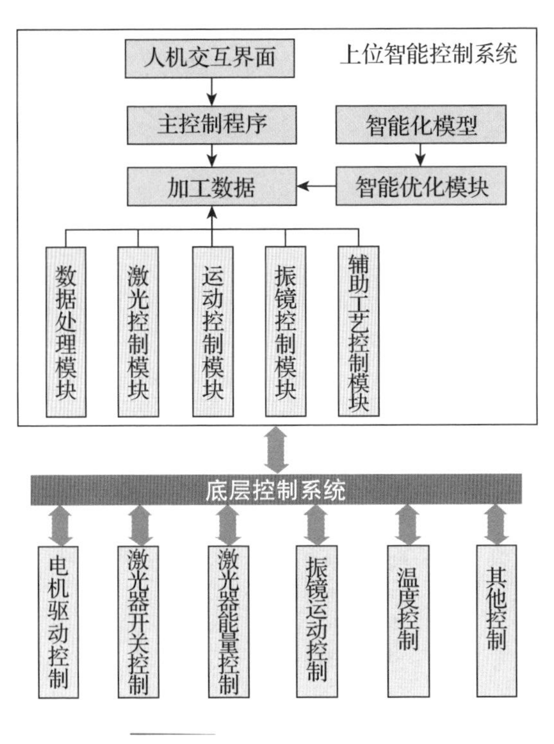

图 5-10　智能工艺系统设计

1. 主要功能模块设计

1)数据功能模块

数据功能模块主要进行切层数据 SLC 文件的读入。

2)振镜控制模块

对于激光增材制造技术，高速扫描振镜是整个设备的核心部件，振镜的控制通过与之匹配的振镜控制卡实现，振镜控制卡一般提供了丰富的控制函数，可以通过结构化的编程实现加工要求。

3)激光控制模块

激光控制模块取决于激光器的种类，随着激光器技术的不断发展，目前绝大多数的激光器不仅可以通过串口实现激光器开关和功率的调整，而且大多数的振镜控制卡具有激光器控制的功能。

4)运动控制模块

运动控制模块包括工作平台的运动和刮平机构的运动等，通过运动控制卡驱动相应的电机按主控制程序进行运动。

5)智能优化模块

智能优化模块是智能工艺系统的关键和核心，通过智能优化模块自动修正加工数据文件，按照最优工艺模型设定的智能化因子进行制作。

2. 智能优化模块的实现

目前的激光增材制造工艺控制系统在开始制作前需要人工设置工艺参数，如图 5-11 所示。

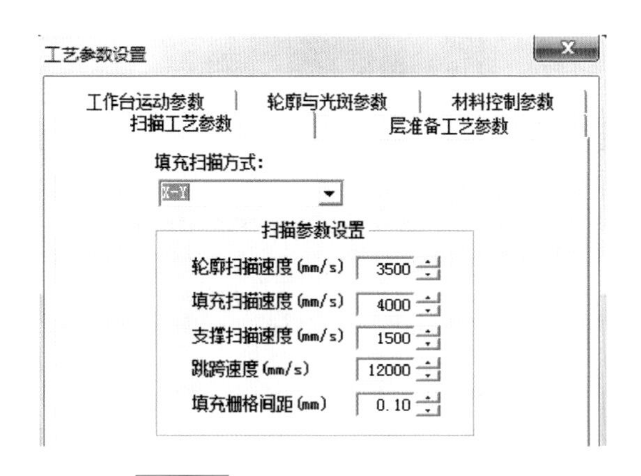

图 5-11 需人工设置的工艺参数

其中，工作台运动参数、轮廓与光斑参数和材料控制参数一般都为定值，对成形精度和效率的影响较小，根据式(5-6)，扫描速度 v_s 与能量因子 K 成反比，决定了固化深度 C_d 和固化线宽 L_w 的大小，从而影响工艺的成形精度；又由式(5-13)可知，扫描速度 v_s 同时也对成形效率具有决定意义。

由前面公式可得

$$v_s = \sqrt{\frac{2}{\pi}} \frac{P_L}{e^{\frac{C_d}{D_p}} \times \omega_0 \times E_c} = \sqrt{\frac{2}{\pi}} \frac{P_L}{e^{\frac{M \times L}{D_p}} \times \frac{H_s}{B} \times E_c} \tag{5-14}$$

扫描速度 v_s 不仅是评价修正因子 K 的变量，同时建立的修正因子 M、B 存在如式(5-14)所示的关系，因此智能工艺系统具备了面向材料物性和工艺参数的自动决策功能，而功率在线检测功能又能够在层间检测激光功率，实时根据激光功率调整成形特征，通过扫描速度实现了修正因子工艺模型对成形过程的精确控制，提高了零件的成形效率和精度。

控制软件依据式(5-14)建立的智能工艺模块自动实现扫描速度的计算，主控制程序使用该速度进行模型数据的扫描。智能化工艺系统的制作流程如图 5-12 所示。

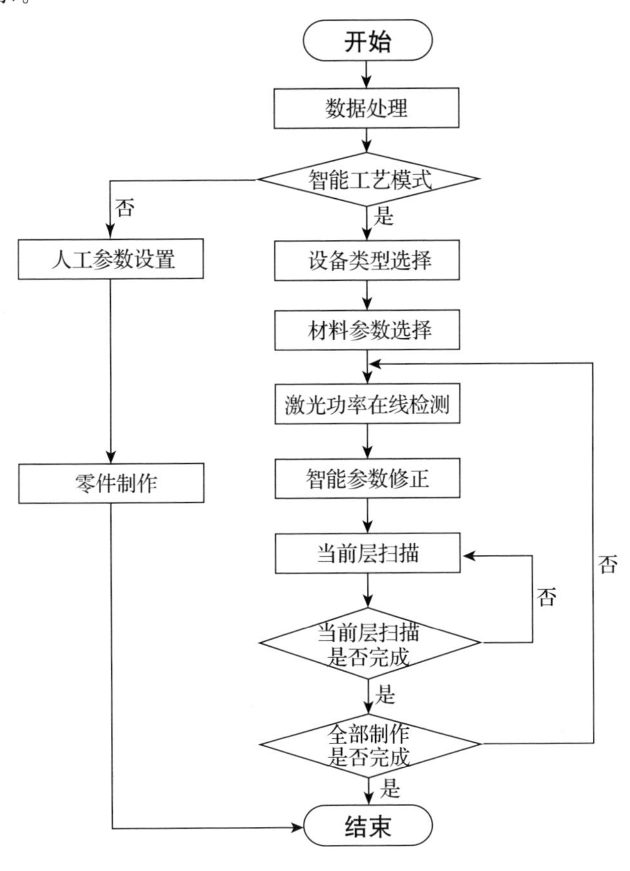

图 5-12　智能化工艺系统的制作流程

研发的智能工艺系统模块如图 5-13 所示。

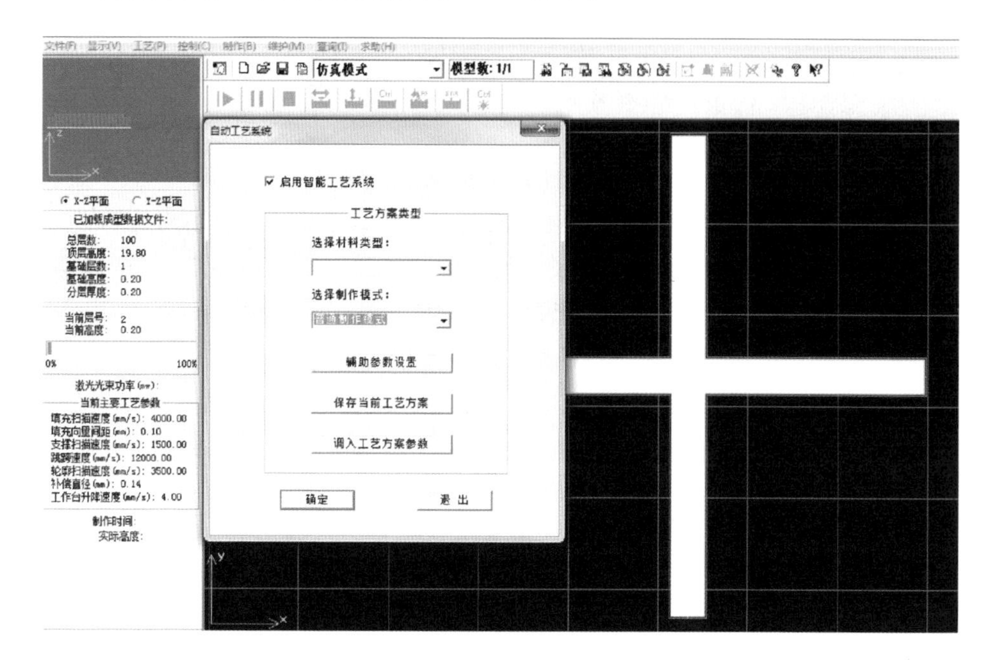

图 5-13 智能工艺系统模块

5.5 智能工艺模型对于精度和效率的影响

5.5.1 智能工艺系统对光固化增材制造精度和效率的影响

1. 智能工艺系统对单层稳定性的影响

由前文可知，激光器和扫描速度都会影响到单层层厚的稳定性，而单层的层厚则会影响制件在 Z 方向上的精度。其中，激光器由于自身的特点，在制作过程中有可能出现功率的衰减和波动，以使用的 EXPLORER 系列 UV 激光器为例，其功率稳定性如表 5-5 所示。

表 5-5 激光器功率稳定性

激光器类型	激光器波长/nm	平均输出功率/W	功率稳定性
UV	355	0.5	±5%

光固化成形技术中，树脂对光的敏感性较强，±5%的功率稳定性足以使单层的层厚产生波动从而影响成形精度。以普通工艺为例，测试在固定的时间间隔下激光器稳定性对单层层厚的影响，设定功率为 130mW，扫描速度为 3400mm/s，测试结果如图 5-14 所示。

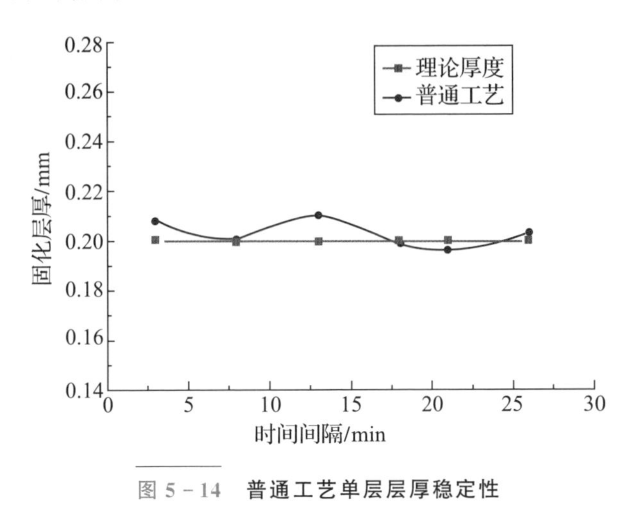

图 5-14　普通工艺单层层厚稳定性

因此，研发的智能工艺系统中使用激光在线检测功能，即在每层扫描开始前通过光敏探头检测激光功率，并根据当前状态的激光功率自动修正制作工艺。使用智能工艺系统制作的单层层厚的稳定性如图 5-15 所示。

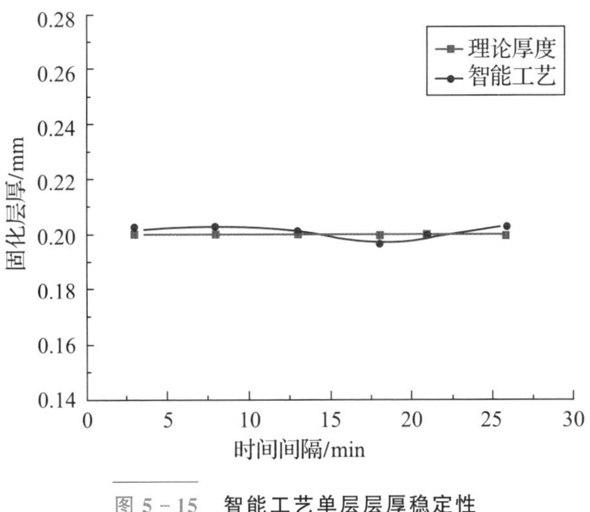

图 5-15　智能工艺单层层厚稳定性

使用智能工艺系统制作的单层如图 5-16 所示。

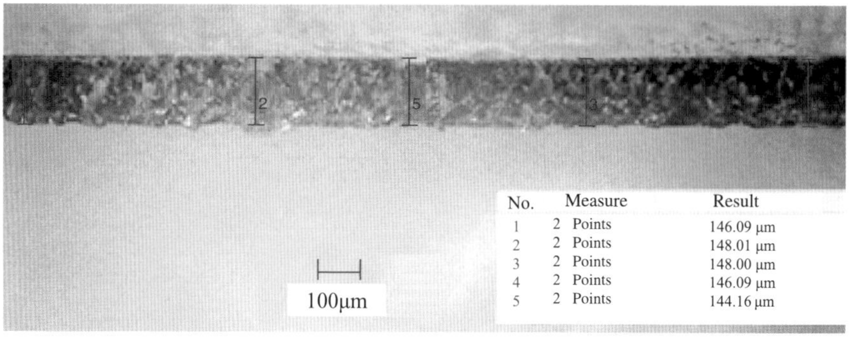

图 5-16　使用智能工艺制作的单层

从实验结果可知，智能工艺系统具有较高的单层稳定性，通过激光功率在线检测实现了制作工艺的自动校正，弥补了由于激光器功率波动对单层层厚带来的影响。

2. 智能工艺系统对多层稳定性的影响

使用智能工艺系统制作多层实验，实验结果如图 5-17 和表 5-6 所示。

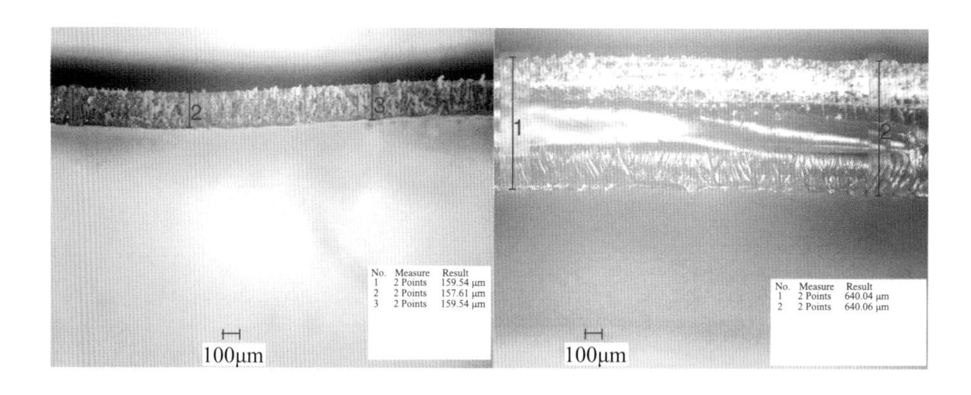

图 5-17　扫描多层的截面图

表 5-6　不同速度下的多层厚度

工艺类型	理论单层厚度 C_d/mm	4 层理论厚度 C_d/mm	4 层实际厚度 C_d/mm	误差
智能工艺	0.159	0.638	0.643	0.8%

由试验结果可知，使用智能工艺系统制作的单层稳定，单层间的黏结紧密，且多层层厚的误差小于 1%，因此智能工艺能够较好地保持多层的稳定性。

3. 智能工艺系统对于效率的影响

使用智能工艺系统制作如图 5 - 18 所示的标准测试件。

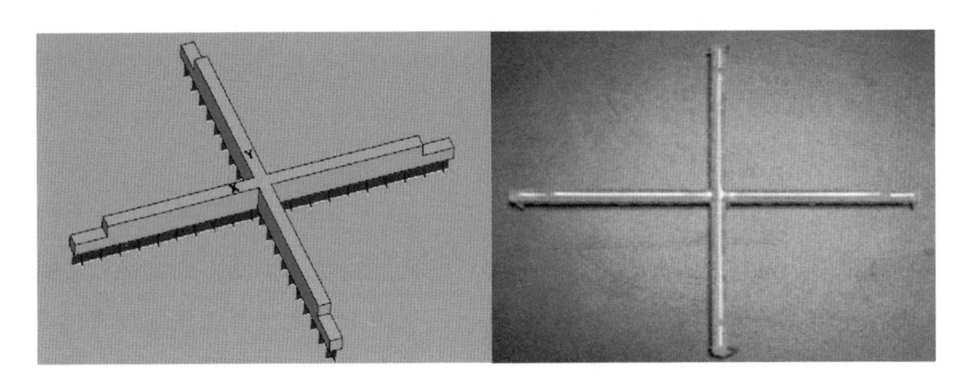

图 5 - 18　标准测试件

设计的测试件的短轴尺寸为 100mm × 4mm × 2.5mm，长轴尺寸为 120mm×4mm×2.5mm，测试结果如表 5 - 7 所示。

表 5 - 7　智能工艺系统测试结果

工艺模式	激光功率/mW	制作时间/s	尺寸精度误差/%
智能工艺	200	1694	0.07
普通工艺	200	1790	0.1

由实验结果可知，使用智能工艺系统制作的零件，不仅保持了较高的精度，制作效率也提高了 5.6%，在提高成形精度的同时，兼顾了成形效率。

5.6 变光斑智能工艺系统

研发的智能工艺控制系统引入了以工艺修正因子为基础的智能化模型，

实现了对于成形过程的精确控制。填充因子和层厚因子的建立实现了对于二维和三维方向效率与精度的自动修正，兼顾了成形效率和精度。同时由于修正因子充分考虑了多材料和多工艺的情况，因此能够较好地适应增材制造装备对于材料和工艺特殊性的要求。采用功率在线检测功能，保证扫描特征所需要的最小功率密度，提高了能量的利用率，并且降低了工艺控制系统对操作人员经验的要求。操作人员只需要输入与材料的相关基本物性参数，即可依靠工艺系统对设备参数和材料参数的判断，在后台进行数据计算，实现加工过程的自动化，具有现实意义。

5.6.1 自适应激光功率

随着 UV 激光技术的不断发展，UV 激光器的功率也在不断提高，由此提出了一种激光功率自适应的工艺。这里采用的 UV 激光器为深圳瑞丰恒科技发展有限公司提供的 Expert 355 激光器[44]，如图 5-19 所示。

图 5-19 Expert 355 激光器

其中，激光器的平均输出功率与激光器的重复频率存在对应关系，如图 5-20 所示。

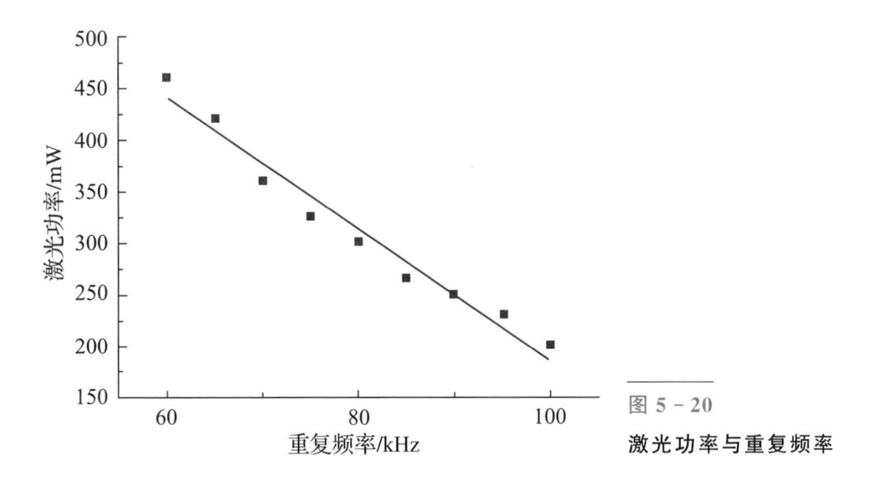

图 5-20　**激光功率与重复频率**

由图 5-20 可知，激光器的平均输出功率随着重复频率降低而提高。激光器的重复频率可以通过与之连接的 RS232 串口进行编程并实时控制，但是重复频率的调整范围是在一定范围内的，如果超出可控范围，会对激光器的稳定性产生负面效果。这里所使用的 UV 激光器的重复频率可控区间为60～100kHz，因此在变光斑工艺过程中最大的平均输出功率为 450mW。

在聚焦平面处 $1/e^2$ 的初始光斑直径为 0.16mm，当光斑直径增大到 0.36mm 和 0.80mm 时，需要提高激光器的功率以保证在聚焦平面内功率密度的一致性，从而获得足够的固化层厚，满足成形需要。需要提高的激光功率的计算公式为

$$K = \frac{P_1}{\omega_0 \times v_s} = \frac{P_{11}}{0.08 \times v_s} = \frac{P_{12}}{0.18 \times v_s} = \frac{P_{13}}{0.4 \times v_s} \qquad (5-15)$$

经过计算可得

$$P_{12} = 2.25P_{11}$$

$$P_{13} = 5P_{11}$$

式中　P_{11}——初始光斑(光斑直径 0.16mm)所使用的激光功率；

P_{12}——初始光斑(光斑直径 0.36mm)所使用的激光功率；

P_{13}——初始光斑(光斑直径 0.80mm)所使用的激光功率。

这意味着，如果直径为 0.36mm 和 0.80mm 的光斑与初始光斑(直径 0.16mm)保持相同的功率密度，需要的功率为 450mW 和 1000mW。但是由

图 5-20 可知，激光器的平均输出功率无法满足 P_{l2} 的要求，因此只能适当地降低光斑直径 0.80mm 的扫描速度以满足固化要求。图 5-21 为不同光斑直径在不同激光功率下的固化层厚。

由于使用的激光器最大平均输出功率为 450mW，由图 5-21 可知，对于直径为 0.80mm 的光斑来说，应该使用 2608mm/s 的扫描速度来保证合理的固化层厚。当使用大直径的光斑扫描后，应该将激光功率恢复到初始值，并使用初始光斑制作，也即激光功率只有在大直径光斑扫描时才会提高。

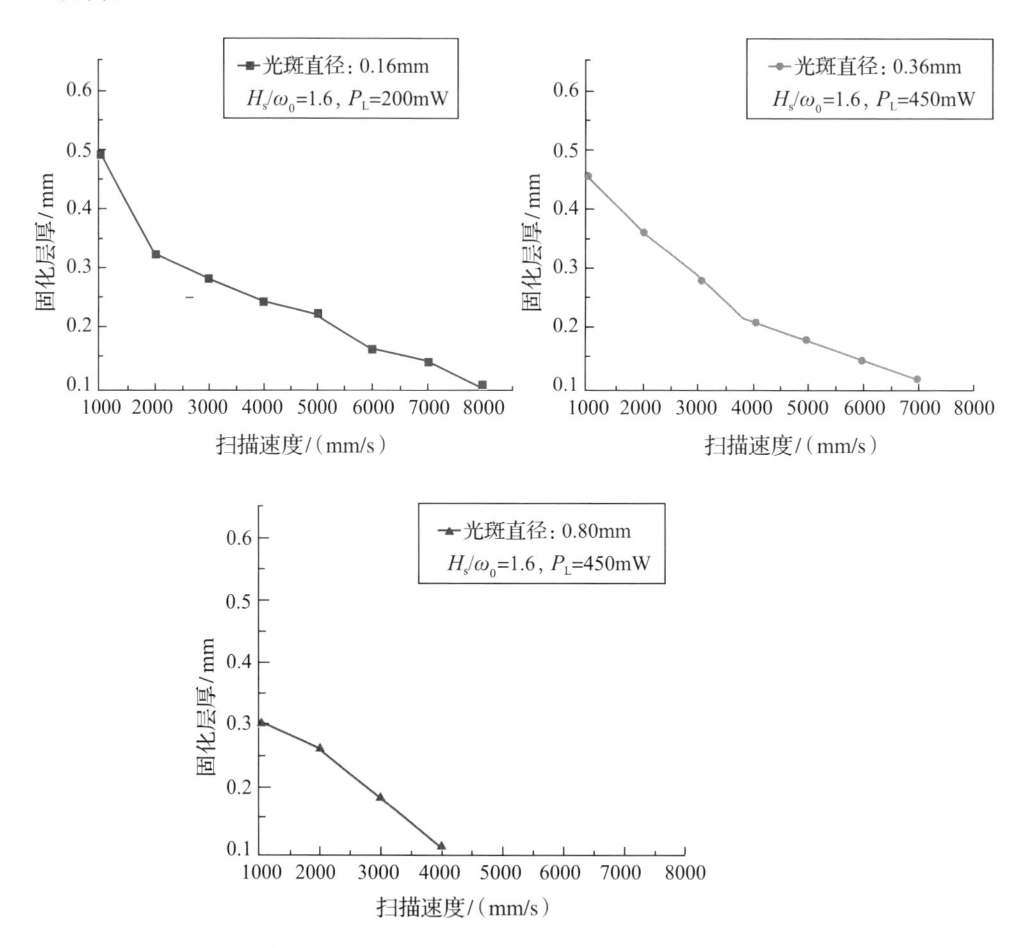

图 5-21　多直径光斑在不同工艺参数下的层厚

5.6.2　光斑补偿优化

在光固化增材制造技术中，根据光斑直径的大小，通过合理设置光斑补偿量能够有效提高零件的整体成形精度。在传统的光固化增材制造过程中，光斑直径为定值，但是在变光斑工艺过程中，光斑直径是一个变化的值，如果仍然按照初始光斑直径设置光斑补偿量，则扫描单线会冲出轮廓，造成零件精度的降低，如图 5-22 所示。

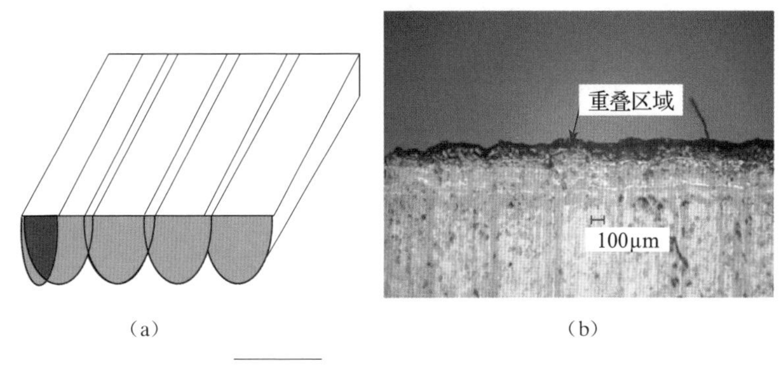

图 5-22　光斑补偿量保持不变

图 5-22 中所示重叠区域为由于光斑直径增大后，光斑补偿量没有自适应而造成的扫描线冲出轮廓的现象。因此，在变光斑工艺过程中，必须根据工艺过程中光斑直径的变化重新设定光斑补偿量。由于变光斑工艺过程中光斑直径是增大的，因此实际的光斑补偿量大于初始的光斑直径。光斑补偿量的增大不仅能够消除图 5-22 中的扫描线冲出轮廓的现象，而且能够进一步提高整体的成形效率(光斑补偿量的增大进一步减小了扫描单线的长度)。优化后的光斑补偿量固化效果如图 5-23 所示。

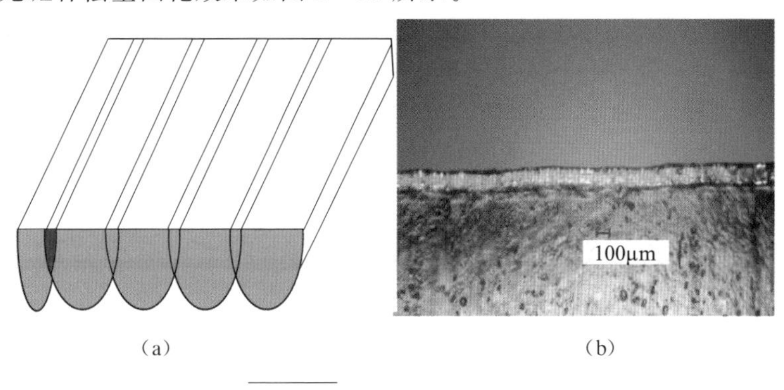

图 5-23　光斑补偿量优化

5.6.3 变光斑智能工艺系统

根据变光斑工艺的特点，结合智能工艺已建立的优化工艺模型，研发了变光斑智能工艺模式。由前文建立的最优工艺模型，以单层内固化单线建立抛物线方程(图 5-24)：

$$2Py = x^2 \tag{5-16}$$

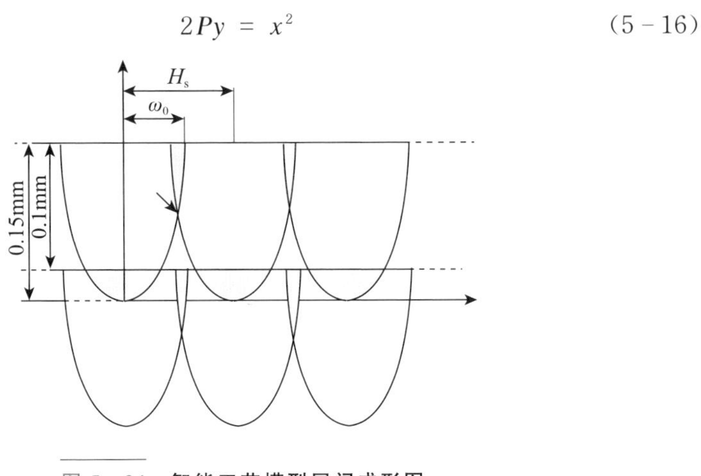

图 5-24 智能工艺模型层间成形图

由已知参数代入式(5-17)可得

$$0.04y = x^2 \tag{5-17}$$

$$y = 0.1024\text{mm} \tag{5-18}$$

由变光斑工艺的原理可知，变光斑工艺由于光斑直径的增大，在单层内的填充间距需要伴随光斑直径发生改变，因此需要根据已建立的最优工艺模型，验证变光斑的智能工艺模型。变光斑成形工艺的层间成形工艺如图 5-25 所示。

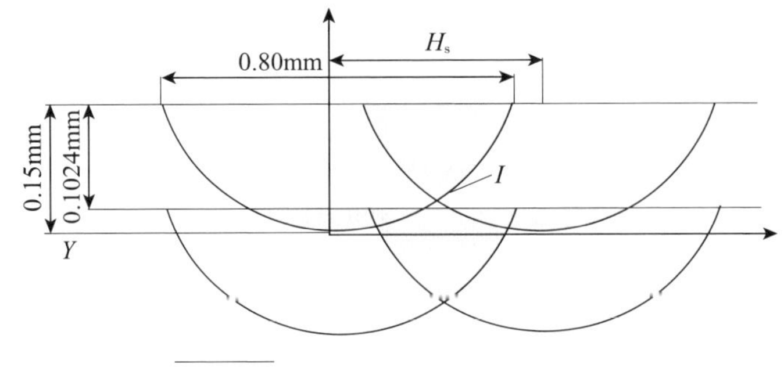

图 5-25 变光斑工艺模型层间成形图

根据变光斑工艺模型光斑直径，建立抛物线方程：

$$1.06y = x^2 \tag{5-19}$$

由式(5－17)可知，优化工艺模型在 I 点的 y 坐标为 0.1024，代入式(5－18)可得

$$1.06 \times 0.1024 = \left(\frac{H_s}{2}\right)^2 \tag{5-20}$$

$$H_s = 0.65\text{mm} \tag{5-21}$$

由式(5－21)可知，理论计算的变光斑工艺 H_s 与最优工艺模型得到 $H_s = 1.6 \cdot \omega_0 = 0.64$ 吻合。研发的变光斑智能工艺系统如图 5－26 所示。

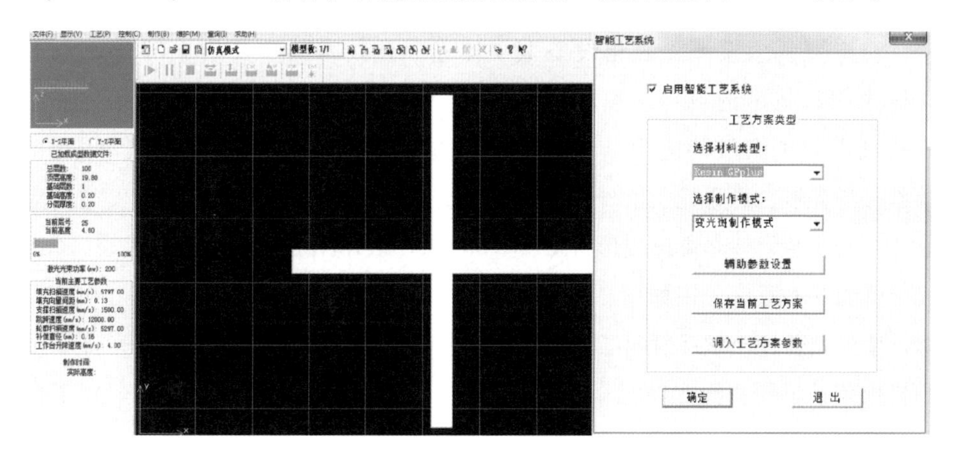

图 5－26　变光斑智能工艺系统

使用该模式制作的固化单线如图 5－27 所示。

图 5－27　使用变光斑智能工艺制作的固化单线

第 6 章 低成本光固化成形系统

6.1 概述

经济型概念模型光固化设备是立体光固化技术的重要组成部分，由于立体光固化技术的成本一度较高，因此，低成本光固化系统在教育、研发等领域得到了大量的应用。常见的低成本光固化光源有高压汞灯、可见光及红外激光器、可见光及紫外发光二极管。汞灯紫外光固化技术以西安交通大学开发的普通紫外光快速成形机 CPS(compact prototyping system)为代表。CPS 成形机的基本原理分别如图 6-1、图 6-2 所示。它采用了普通紫外灯作为光源，紫外光通过椭球反射面汇聚到光纤端点，由光纤将耦合后的紫外光传输至扫描聚焦镜，再由聚焦镜汇聚到树脂液面。在计算机的控制下，$X-Y$ 工作台带动镜头做平面扫描运动，使液态树脂固化。

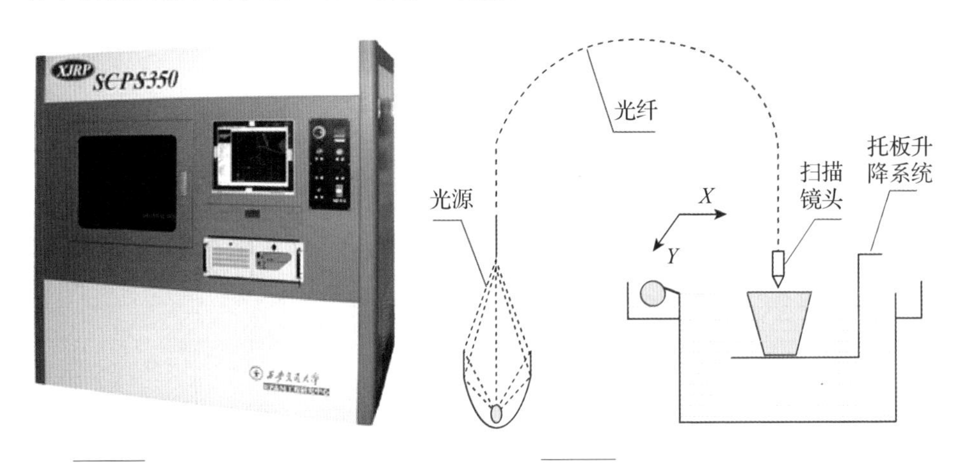

图 6-1 **CPS350 成形机外形**

图 6-2 **CPS 成形机原理图**

由于采用了汞灯光源，汞灯紫外光固化技术成本大幅降低。但CPS成形机制件精度较低，而且光纤的紫外光耦合效率过低，只有极少部分紫外光能够传输到树脂液面，液面光斑功率低，影响了扫描速度的提高。CPS成形机采用的紫外高压汞灯的输出光谱如图6-3(a)所示，其辐射波长范围相当宽(300～500nm)，除了含有紫外光外，还包括大量的可见光。辐射光谱由许多强度不同的特征峰构成，如306、323、365、413、445nm，只有与树脂的吸收峰相吻合的一小部分波长的辐射能够被树脂有效吸收，因此光辐射的利用率是相当低的。

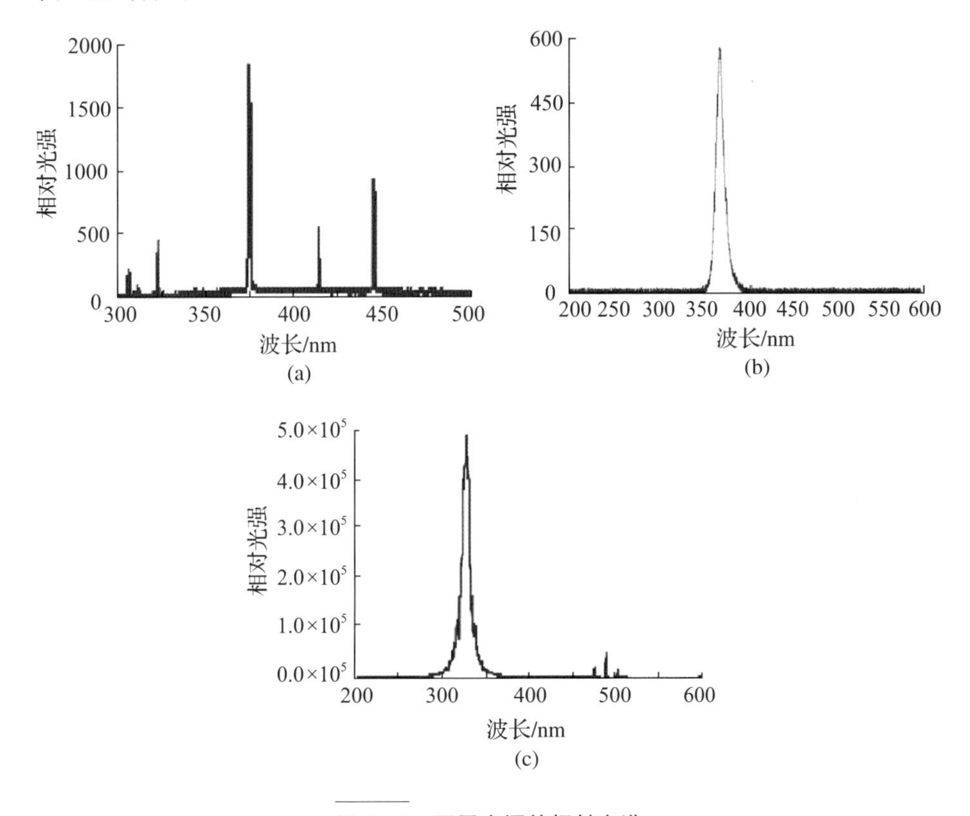

图6-3　**不同光源的辐射光谱**

(a) 汞灯辐射光谱；(b) NCSU033A型UV-LED辐射光谱；(c) 激光辐射光谱。

机械式工作台的加速度较低，固化单线两端曝光量过大，会使固化单线两端的尺寸大于中段，形成骨形误差。吴懋亮、胡晓东等研究了在CPS成形机上采用机械式光开关控制曝光，只在固化线匀速段进行扫描的方法。在CPS成形机中试用的偏转振镜光开关如图6-4所示，其挡光元件采用SGS6008-1D型偏转振镜，振镜的偏转带动挡光片运动，通过控制光束是否进入光纤，达到开启和关闭曝光的目的。机械式光开关的缺点是响应速度过慢，难以满足高速扫描过程中频繁、瞬间通断的要求，此外其结构复杂、成本高、可靠性也较低。本章节主要围绕LED紫外光立体光固化(LED light based stereo lithography系统，LED-SL)的原理及控制技术展开。

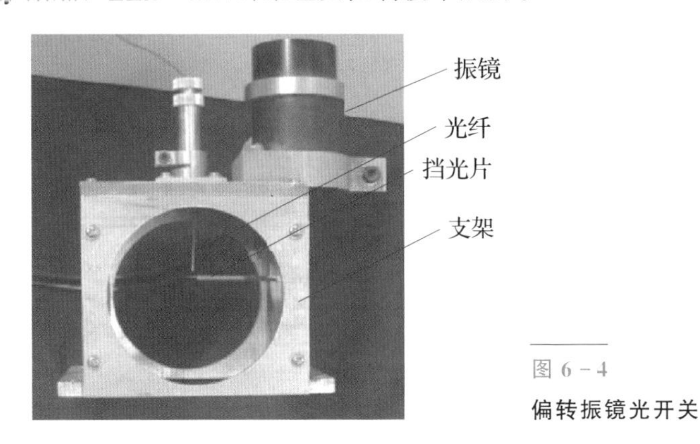

图6-4
偏转振镜光开关

6.2 光源系统

6.2.1 光源系统的构成

LED-SL系统的固化光源为日本日亚公司研制的NCSU033A P5型大功率UV-LED发光芯片，其外观和尺寸如图6-5所示。它是国际半导体领域功率较大的紫外发光二极管产品，目前已开始被应用于油墨固化(ink-curing)、牙科紫外固化(dental surgery)、光催化(photo-catalyst)、光传感(sensor light)等领域。

LED光源系统的组成如图6-6所示，由程控直流光源、UV-LED光源、聚焦镜、导线构成等构成。其中：

① 程控直流电源——基于运算放大和反馈控制原理的LED直流电源，其输出电流大小可由计算机自动控制；

② UV-LED发光芯片——固化光源，以一定的物距固定在聚焦镜片上方；

③ 聚焦镜——共轴球面聚焦镜，汇聚LED发出的发散紫外光，使其聚焦在树脂液面；

④ 导线——连接安装在成形机后方的程控直流源与聚焦镜中的LED芯片。

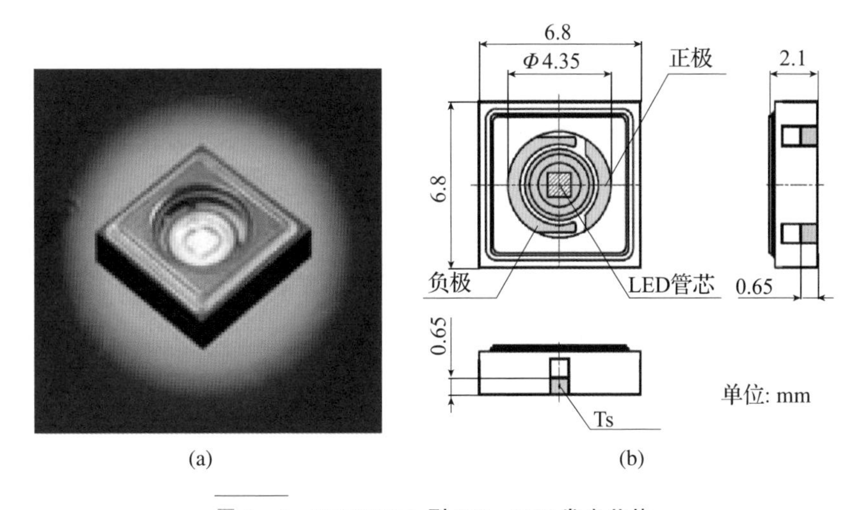

图 6-5　**NCSU033A 型 UV-LED 发光芯片**

(a) UV-LED 发光芯片外观；(b) UV-LED 发光芯片主要尺寸。

与激光成形机的激光器、动态聚焦镜、振镜系统和 CPS 成形机的汞灯光路系统(图 6-2)相比，其突出特点是结构简单。因此可靠性高，有利于降低成本，提高紫外辐射的利用率。

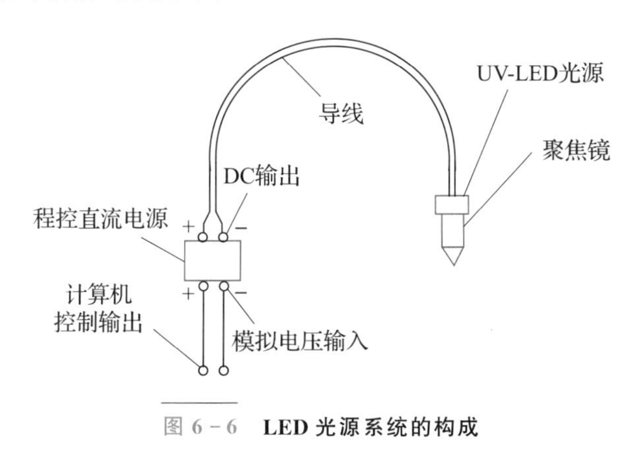

图 6-6　**LED 光源系统的构成**

6.2.2　光晕的形成与影响

图 6-7 是 LED 聚焦镜的内部结构和光学系统，其采用的是大曲率的共轴球面透镜组，共有 6 片透镜，正负透镜各三片，以进行像差的校正。其优点：可以使尽可能多的紫外光通过聚焦镜，使光源的利用率得到提高；缺点：为了校正像差而使用的过多的镜片，加剧了光线衰减，并且使得光斑周围的晕也随着加强，可能引起额外的固化效果，使得成形效果受到严重的影响。

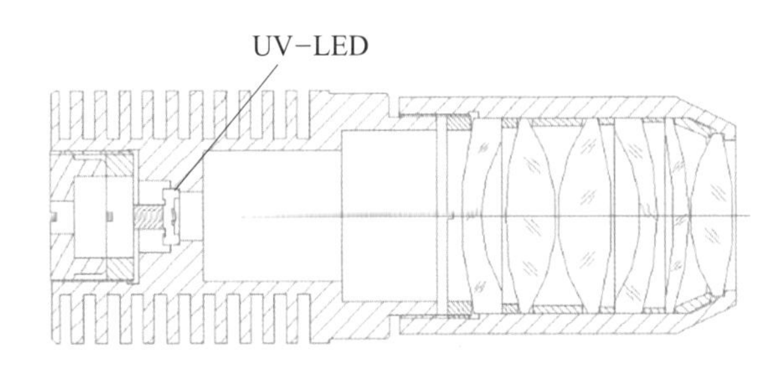

图 6-7 **LED 聚焦镜结构**

表 6-1 给出了聚焦镜透镜组各个光学球面的曲率半径，从物方一侧开始依次给这些光学曲面编号为 r_1，r_2，…，r_{12}。

LED 发出的紫外光聚焦镜的聚焦效果及光斑在 100 倍光学显微镜下的放大视图分别如图 6-8(a)、(b)所示。聚焦效果并不理想，通过透镜形成的光斑是弥散光斑，并且在光斑的周围存在三个明显的晕环。而理想的聚焦效果应该是能够有一个足够小、边界清晰、能量集中的光斑。对于实际的光学聚焦系统，光晕虽然是不可避免，但光晕功率过强，将严重影响固化精度，而且光晕功率越大，对紫外光辐射的浪费就越大。

表 6-1 聚焦镜各镜片的曲率半径

透镜曲面编号	r_1	r_2	r_3	r_4	r_5	r_6
曲率半径	47.32	21.34	23.77	-46.55	36.64	-22.86
透镜曲面编号	r_7	r_8	r_9	r_{10}	r_{11}	r_{12}
曲率半径	-16.44	-41.11	-52.25	-32.99	19.55	-32.34

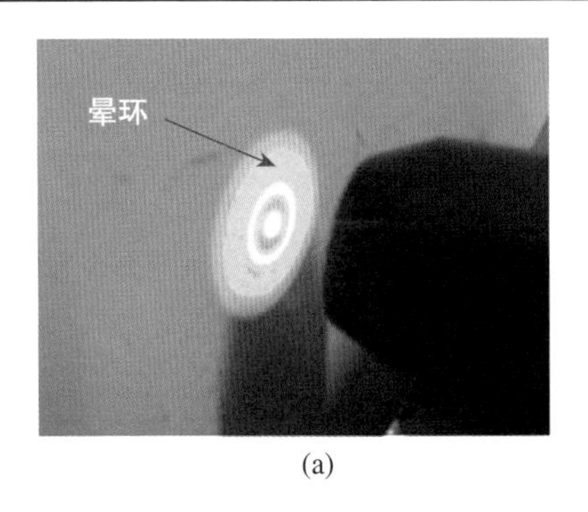

(a)

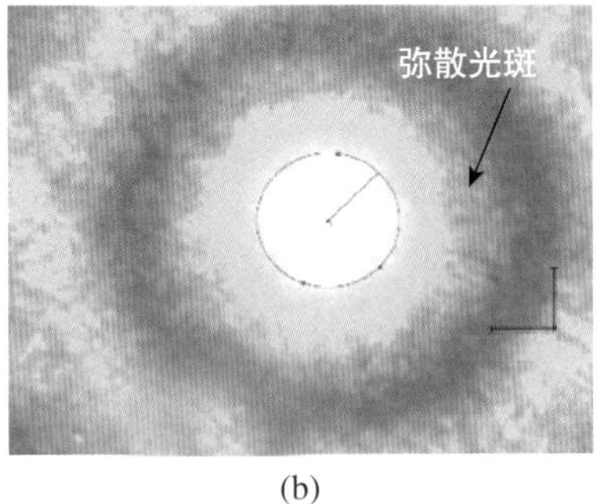

(b)

图 6-8 **LED 聚焦镜的聚焦效果**

(a) 光斑、晕和晕环；(b) 显微镜下的聚焦光斑。

使用美国相干公司(Coherent Company)生产的 PM3Q 光功率计测量晕的功率和光斑功率，测量方法如下。

方法一：如图 6-9 所示，用一个 Φ4mm 的圆形铝片放在功率计探头中心，遮挡住聚焦光斑，使光敏探头只接受光晕的照射，测得晕的功率。将铝片移去后测得光斑和晕的总功率，总功率减去晕功率即为光斑功率。

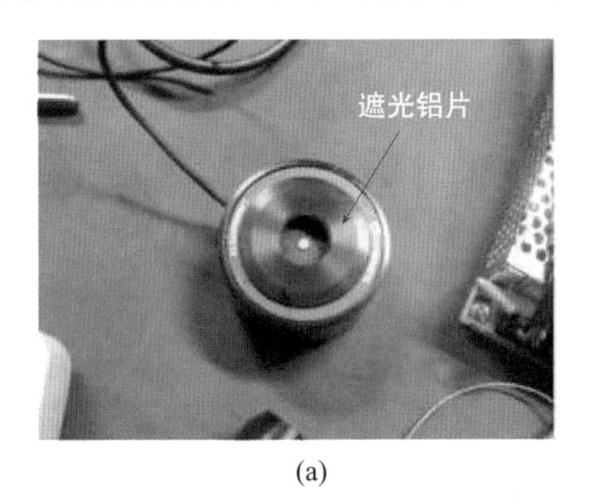

(a)

(b)

图 6-9　聚焦光晕功率的测量方法一

(a) 遮光铝片的摆放位置；(b) 晕功率的测量。

方法二：将聚焦光斑恰好移出光敏探头边沿，此时约有一半的晕照射在探头内部，如图 6-10 所示。将测得功率乘 2 即为全部晕的功率。

图 6-10　聚焦光晕功率的测量方法二

分别采用方法一和方法二测量 LED 工作电流为 500mA、400mA、300mA 时晕的功率，测量结果见表 6-2。

表 6-2 聚焦光斑的功率特性

LED 电流/mA	总功率/mW	光斑功率/mW		晕功率所占比例/%
		方法一	方法二	
500	25	14	13	44
400	21	12	10	43
300	18	7	8	61

根据表 6-2 的测量数据得知，晕的功率过高，约占总功率的一半。

图 6-11(b)为采用该镜头制作的台阶柱体试验件，制作条件见表 6-3。测量结果见表 6-4。由于晕功率过强，在制作过程中聚集光斑和晕的功率密度都超过了临界曝光量 E_c，导致制作尺寸误差过大。

表 6-3 台阶柱体样件制作条件

参 数	条 件
扫描方向	奇数层 X，偶数层 Y
层厚/mm	0.2
扫描速度/(mm/s)	120
扫描间距/mm	0.1
半径补偿/mm	0.05
树脂型号	XH-96-1(西安交通大学研制)

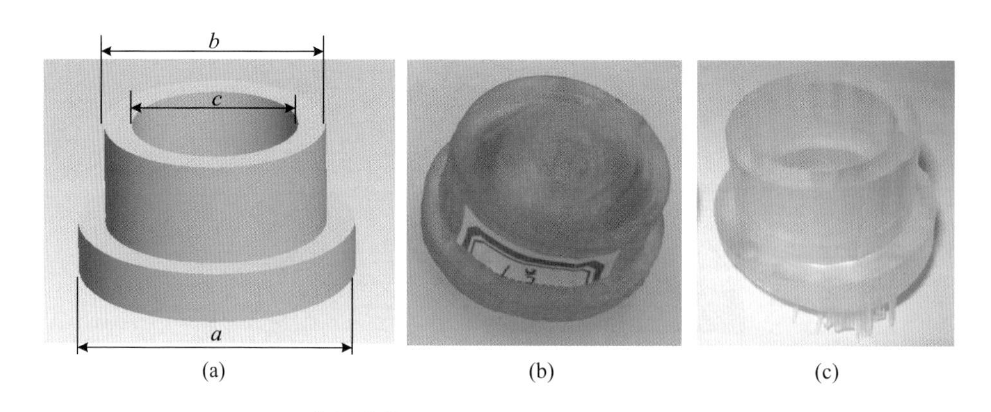

图 6-11 镜头改进前后的试制样件

(a) 测试件 CAD 模型；(b)改进前试制样件；(c)改进后试制样件。

表6-4　台阶柱体的设计尺寸与测量结果

		尺寸 *a*	尺寸 *b*	尺寸 *c*
设计尺寸		Φ50mm	Φ40mm	Φ30mm
改进前样件	尺寸	Φ62.5mm	Φ54.6mm	Φ6.8mm
	误差	25%	36.5%	77.3%
改进后样件	尺寸	Φ49.26mm	Φ39.74mm	Φ29.76mm
	误差	1.5%	0.6%	0.8%

分析出晕和晕环的形成有两个主要原因。首先是镜头内壁为台阶孔结构，台阶孔内壁对紫外光的多次反射是形成明亮晕环的主要原因；其次LED发光芯片为1mm×1mm矩形，而不是理想的点光源，由于像差的存在使得光源不能清晰成像。

UV-LED发光芯片发出的紫外光的散射角约为120°，而聚焦镜的最大孔径角为30°(图6-12)。因此有大量的光线不能直接照射到透镜表面，而是经过聚焦镜金属内壁的多次反射后才能入射到镜片上(图6-13)。这些光线可以看做是由次生发光点发出的，显然它与LED光源不在同一个物像平面内，所成的像自然也不在同一个像面内，也就是说在聚焦光斑所在的像平面内次生发光点不能成像，因而形成光晕，而聚焦镜内壁是由三个台阶孔组成的，因此形成了三个明显的晕环；由于各台阶孔的反射面积不同，造成晕的亮度差异。

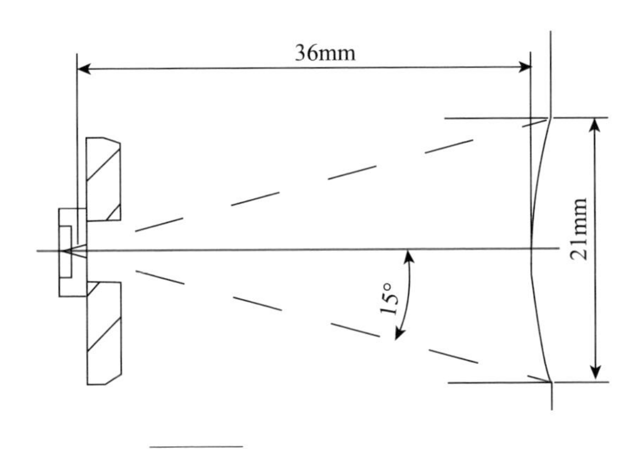

图6-12　聚焦镜的最大孔径角

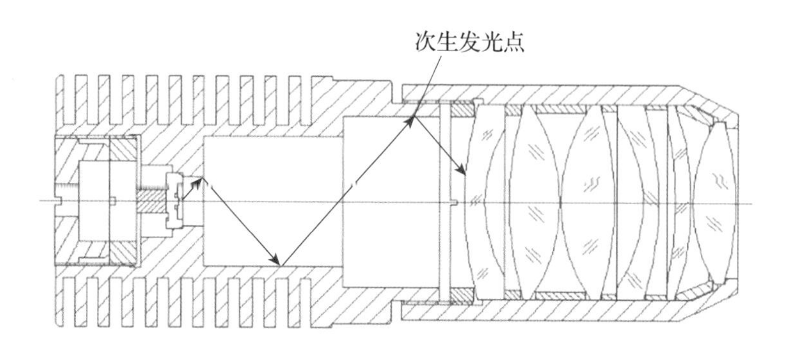

图 6-13 光线在聚焦镜内壁的反射

LED 聚焦镜对 LED 光源的聚焦过程也是一个成像过程，在球面镜成像过程中，单球面成像光路如图 6-14 所示：球面曲率半径为 r，物方和像方的折射率分别为 n 和 n'，轴上物点 A，其物距为 L，发出一条孔径角为 U 的入射光线，可计算出其像方出射光线的孔径角 U' 及像方截距 L'。

在△AEC 中，应用正弦定律，有

$$\frac{\sin I}{-L+r}=\frac{\sin(-U)}{r} \tag{6-1}$$

则

$$\sin I=\frac{(L-r)}{r}\times\sin U \tag{6-2}$$

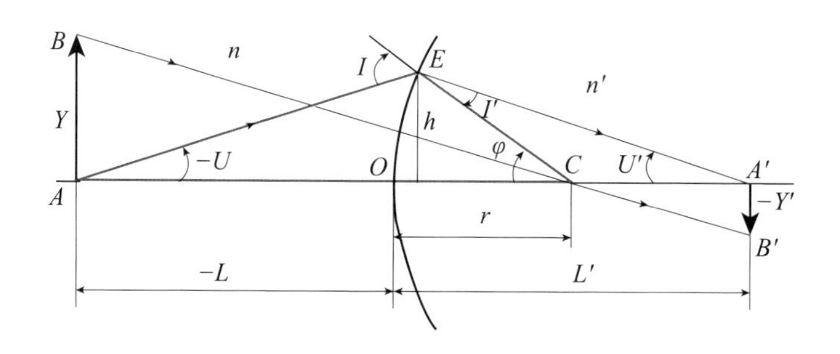

图 6-14 单球面成像原理

在光线的入射点 E 出应用折射定律，有

$$\sin I'=\frac{n}{n'}\times\sin I \tag{6-3}$$

由图 6-15 可知，$\varphi=U+I=U'+I'$，由此得像方孔径角

$$U'=U+I-I' \tag{6-4}$$

在$\triangle CEA'$中$\dfrac{\sin I'}{L'-r}=\dfrac{\sin U'}{r}$，则像方截距

$$L'=r\times\left(1+\frac{\sin I'}{\sin U'}\right) \tag{6-5}$$

由共轴球面成像系统的对称性可知，物点以孔径角 U 入射的整个圆锥面光束，都将以同样的方式成像，相交于光轴上同一像方截距 L'。如果物距 L 不变，而以不同的孔径角 U 入射的光线，根据公式(6-5)计算将得到不同的像方截距 L'(图 6-14)，也就是形成所谓的像差。

6.2.3 聚焦镜的改进

聚焦镜改进方案如图 6-15 所示：一是改变原来镜头内部的三个台阶孔结构，以降低光束在镜筒内壁的反射；二是在 LED 管芯位置设计一个圆锥形光阑孔，以约束光束、降低像差，提高透镜的聚焦效果，同时尽量减少设置光阑后紫外光能量的损失。LED 发光芯片是一个 1mm×1mm 的矩形(图 6-15)。在透镜成像过程中，距离主光轴最远的轴外点是在 LED 正方形管芯的四个顶点上，也就是说在距离主光轴约 1.414mm 处，这就增大了成像光束的最大孔径角，会造成更大的像差，被光阑孔屏蔽掉的 LED 管芯发光部分如图 6-16 所示，这一部分产生的是对聚焦光斑无益的杂散光，其占总能量的比例较少(约占 1/5)，被屏蔽掉后对总功率的影响不会太大。

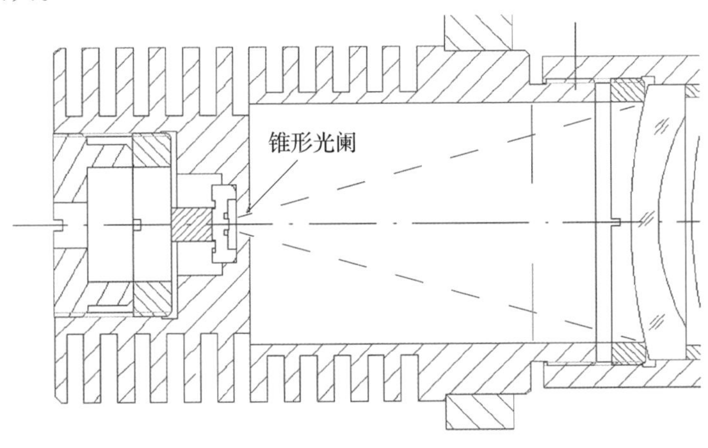

图 6-15　改进后的聚焦镜结构

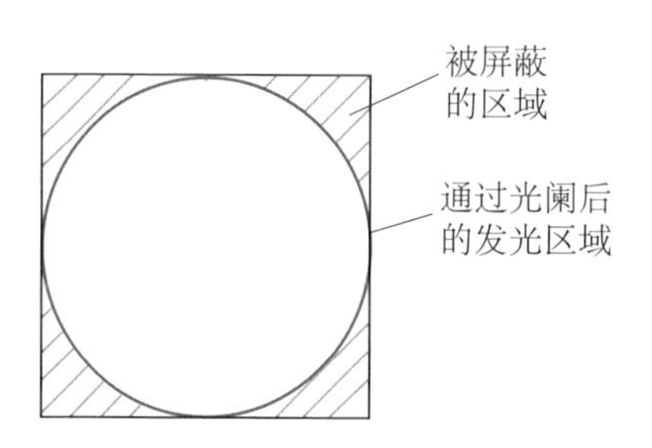

图 6-16
光线通过光阑后的实际发光区域

图 6-17 是锥形光阑结构尺寸的计算原理。已知光阑厚度 $h=2.8\text{mm}$，LED 与镜片之间形成的最大孔径角为 30°，LED 发光芯片到光阑的垂直距离为 0.6mm。据此计算出锥形光阑顶端孔径半径 r 和低端孔径 R 分别为 1.161mm 和 1.911mm。

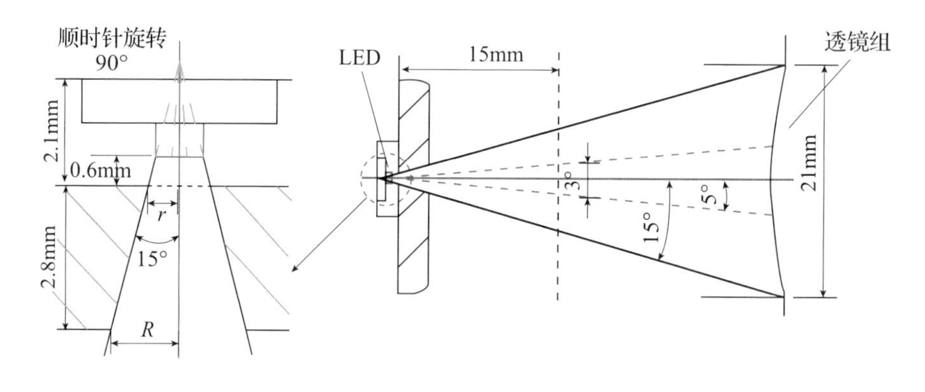

图 6-17 锥形光阑孔尺寸的计算

聚焦镜结构改进后的聚焦效果如图 6-18 所示，同改进前相比(图 6-8)，聚焦光斑的周围的三个明亮晕环消失，光晕大大减弱。

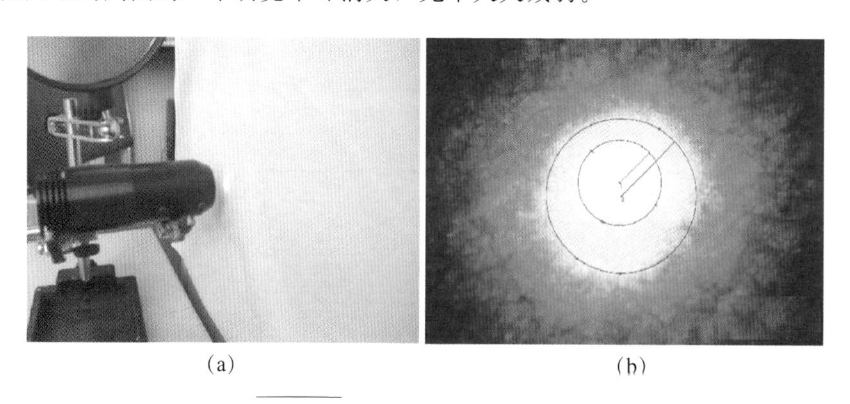

(a) (b)

图 6-18 镜头改进后的聚焦效果
(a) 聚焦效果；(b) 显微镜下的聚焦光斑。

镜头改进后试制的台阶柱体样件如图 6-17(c)所示，测量结果见表 6-4。与改进前相比，制件精度有了很大的提高。镜头改进完成后测得的光斑功率、光斑直径等相关参数见表 6-5，其光斑功率(13.3mW)与表 6-2 给出的镜头改进前的光斑功率(14mW)相比，损失率为 5%。

表 6-5　UV-LED、激光器和紫外汞灯光源的比较

参数	UV-LED	Awave-355nm 激光器	紫外汞灯
波长	365nm	355nm	300～500nm
光谱与树脂的匹配性	匹配	匹配	仅有少量光谱匹配
电压/电流	DC 3.8V/0.5A	AC 220V/3A	AC 220V/4.4A
耗电功率	1.9W	660W	970W
额定光功率	190mW	350mW	—
聚焦光束功率	13.3mW	250mW	3.5mW
发热	低	高	高
光斑直径	0.42mm	0.12mm	0.65mm
聚焦光束发散角	83°	接近 0°	81°
开启时间	＜1ms	25 min	5～15 min
寿命	10000h	5000h	3000h
成本	最低	高	较低
尺寸	小	最大	较大

6.2.4　光源系统性能评价

足够的辐射功率是选择光固化光源时要考虑的关键因素之一，因此在选择固化光源、设计光固化系统时应考虑到能够尽可能地提高辐射利用率，减少光功率损失。激光光源的准直性很好，激光器发出的激光束经过扩束后，聚焦到树脂液面，功率损失很小。因此主要比较 UV-LED 发光芯片和高压汞灯的光功率损失情况。

UV-LED 发光芯片发出的紫外光是发散的，其辐射角如图 6-19(a)所示。LED 发光芯片的发散紫外光是由聚焦镜汇聚到树脂液面的，受到聚焦镜尺寸大小的限制，理论上只有在 ±15° 辐射角范围内的紫外光能够被聚焦镜汇聚到树脂液面。试验测量的 LED 发光芯片总光功率为 117mW，而聚焦光斑的功率为 13.3mW。

对于 CPS 成形机，由于高压汞灯光源体积过大，发出的紫外光不能由聚焦镜直接聚焦，而必须采用复杂的光路系统将紫外光传输至聚焦镜，然后才能汇聚到液面。光路系统由汞灯、椭球反射镜面、光纤耦合装置、光纤、聚焦镜构成。汞灯发出的紫外光经过椭球镜面汇聚到光纤耦合装置，再由光纤进行传输。由于光纤耦合效率非常低，只有0.17%，因此只有极少一部分紫外光能够经过光纤传输到聚焦镜。聚焦镜焦点的光斑功率仅有3.5mW，可见汞灯光源的辐射利用率是非常低的。

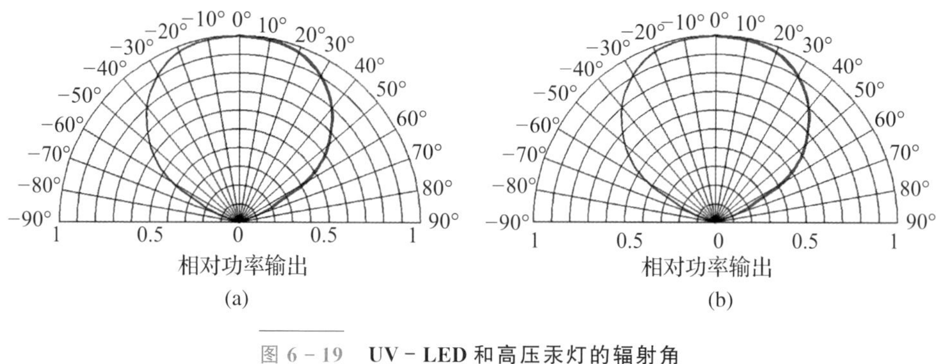

图6-19 **UV-LED和高压汞灯的辐射角**

(a) UV-LED辐射角度[55]；(b) 高压汞灯辐射角度。

LED-SL和CPS成形机的聚焦镜都采用了共轴球面光学聚焦镜，对这两者的聚焦光斑进行比较，共轴球面聚焦镜是由若干个同轴的球面透镜组成的。在分析光线传输和成像特性时，可以忽略聚焦透镜组的实际结构，将视为理想的共轴光学系统，如图6-20所示。在理想共轴球面光学系统中，计算成像放大倍数的牛顿公式和像高公式分别见式(6-6)、式(6-7)。

$$\beta = -\frac{f}{x} = -\frac{x'}{f'} = -\frac{f}{l-f} \tag{6-6}$$

$$h' = \beta \times h = -\frac{f \times h}{l-f} \tag{6-7}$$

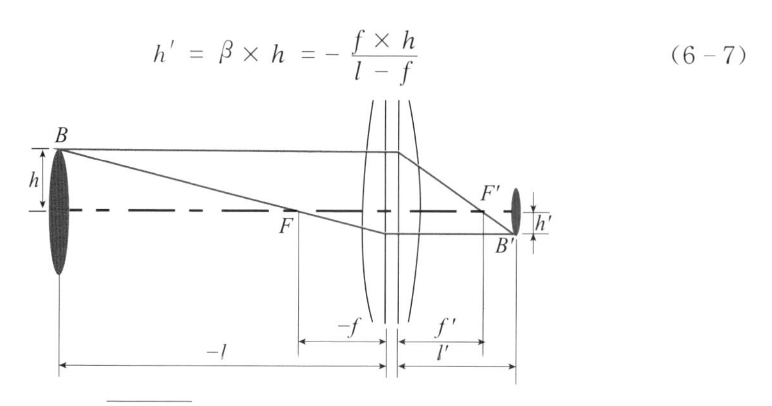

图6-20 **共轴球面光学系统的成像**

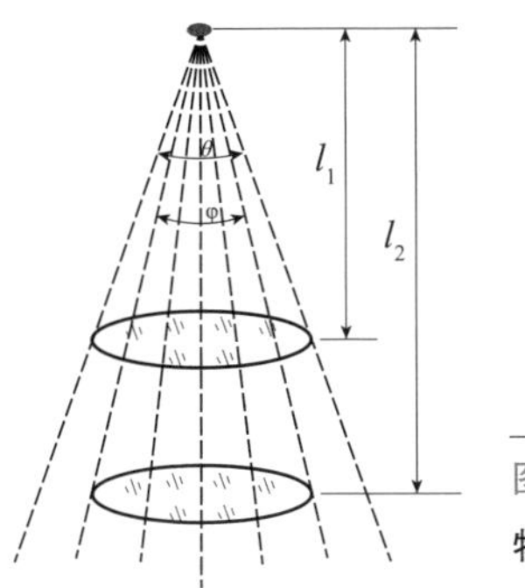

图6-21
物距对紫外光利用率的影响

从式(6-6)和式(6-7)可以看出，物距越长则像高越小。LED-SL成形机的发光光源为1mm×1mm的正方形LED管芯，CPS成形机聚焦镜内的发光光源为Φ1mm的圆形光纤端点。由于发光体的尺寸是固定的，适当地增加物距能够减小光斑直径。但从紫外光利用率的角度来看，由于LED管芯和光纤端点发出的紫外光都是发散的，物距的大小对紫外光的利用率有着明显的影响。如图6-21所示，当物距为l_1时，紫外光线的发散角θ_1等于光源中心和透镜边缘形成的夹角φ，此时几乎所有的紫外线都能通过聚焦镜。当物距继续增加时，通过聚焦镜的光线将会减少，因此紫外光的利用率将会降低。为了保证足够的焦距f(即镜头聚树脂液面的距离)和足够小的光斑尺寸，LED聚焦镜的孔径角设计为30°，此时的光斑直径为0.42mm(表6-5)，辐射利用率约为33%。

使用以色列Ophir公司的光斑分析仪测量了LED聚焦光斑的能量分布云图，测得的相对能量值见表6-6，根据相对能量值拟合的光斑能量分布曲线如图6-22所示。高斯激光光斑的能量分布曲线如图6-23所示。LED光斑的能量集中度不如高斯光束，激光光斑直径是按照光强衰减的$1/e^2$处取值的，而LED能量曲线与激光1/2光强以上的能量曲线更为接近，即LED光斑边缘光强比高斯光斑的边缘光强更高，本书假设LED光斑能量服从高斯分布进行理论推导，则实际制作的固化线宽将比理论计算值有所增加。

表6-6 光斑不同位置处的相对能量

坐标/mm	0.2	0.18	0.11	0.04	0	-0.04	-0.11	-0.18	-0.2
相对能量值	512	1536	2304	2816	3072	2816	2304	1536	512

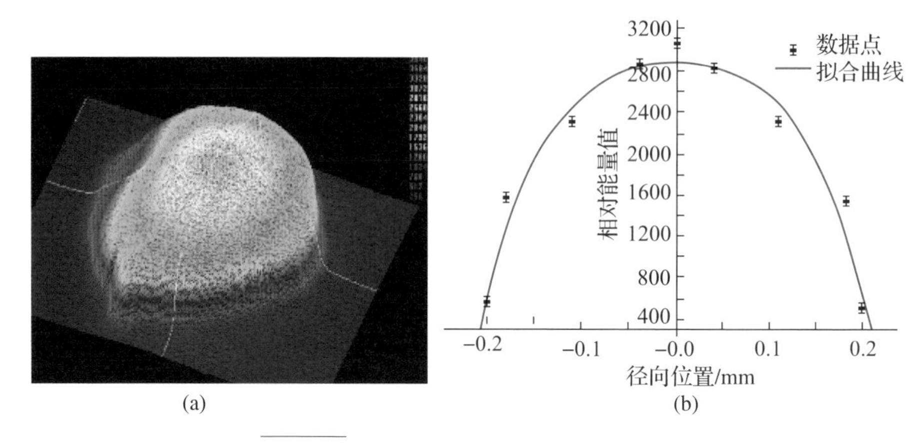

(a)　　(b)

图 6-22　**光斑能量分布云图与模拟曲线**

(a) 能量分布云图；(b)模拟曲线。

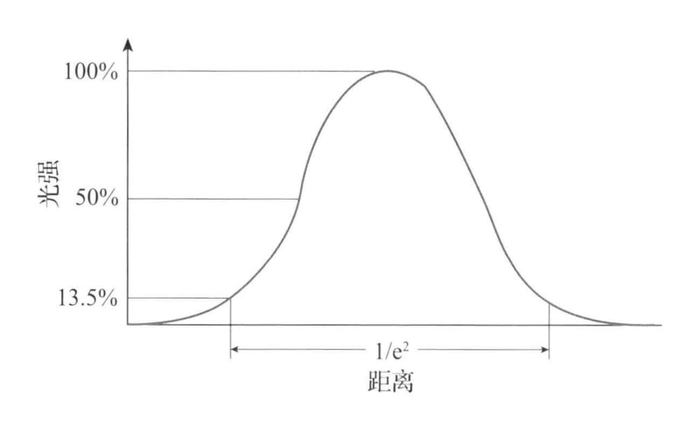

图 6-23　**激光光斑能量分布曲线**[38]

6.3　LED 光固化特性及能量控制

6.3.1　固化单线形态

分别使用 LED-SL 成形机和 CPS 成形机扫描固化单线，制作条件如表 6-6 所示。在光学显微镜下测量所制作的单线。LED-SL 成形机和 CPS 成形机分别在扫描速度为 120mm/s 和 10mm/s 时，取得最细的单线，如图6-24(a)和(b)所示。在扫描速度分别为 30mm/s 和 2mm/s 时，单线固化效果最好，其截面如图 6-25(a)和(b)所示。在图 6-25 中，β 角是指固化单线上表面和侧面的夹角，这个角和图 6－26 所示的台阶效应的 β 角实际上是同一个角。固化单线的测量结果见表 6－7。比较 LED－SL 成形机和 CPS 成形机最细单线的测量结果，可以发现 LED－SL 成形机的固化单线精度高于 CPS 成形机。图 6－7 中的单线截面的测量结果表明 LED－SL 成形机的固化单线的 β 角大于 CPS 成形机的固化单线的 β 角。

表 6－7　制作条件

参　数	单　线	斜　面
填充方向	—	奇数层 X，偶数层 Y
层　厚/mm	—	0.2
扫描速度/(mm/s)	一系列	30（LED－SL），2（CPS）
扫描间距/mm	—	0.1
半径补偿/mm	—	0.05
所用树脂	XH－96－1 型光敏树脂	

注：① 斜面的扫描速度远低于正常扫描速度（LED－SL 成形机为 500mm/s，CPS 成形机为 100 mm/s），而与制作图 6－25 所示的固化单线的速度相同，以保证构成图 6－26 所示斜面的固化单线与图 6－27 中的单线具有相同的形状；②LED－SL 成形机采用的 XH－96－1 型自由基光固化树脂，其透射深度为 0.112mm，临界曝光量 E_c 为 4.67mJ/cm^2，黏度 580 Pa·s(30℃)，密度 1.21g/cm^3(25℃)，这种树脂的优点是具有很高的光敏感性、成本较低，适合于低成本增材制造的要求，其缺点是该类树脂收缩率较大，容易产生翘曲变形。

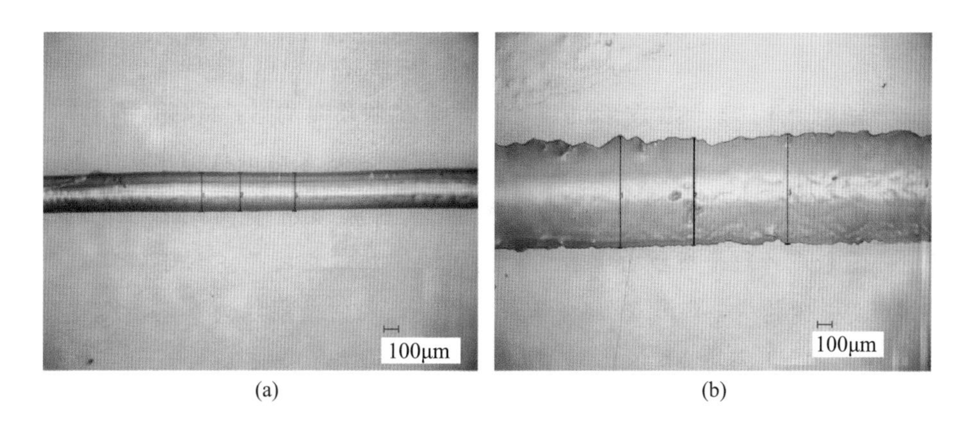

图 6－24　**LED－SL 成形机和 CPS 成形机的最细固化单线**

(a) LED－SL 成形机制作的最细单线；(b) CPS 成形机制作的最细单线。

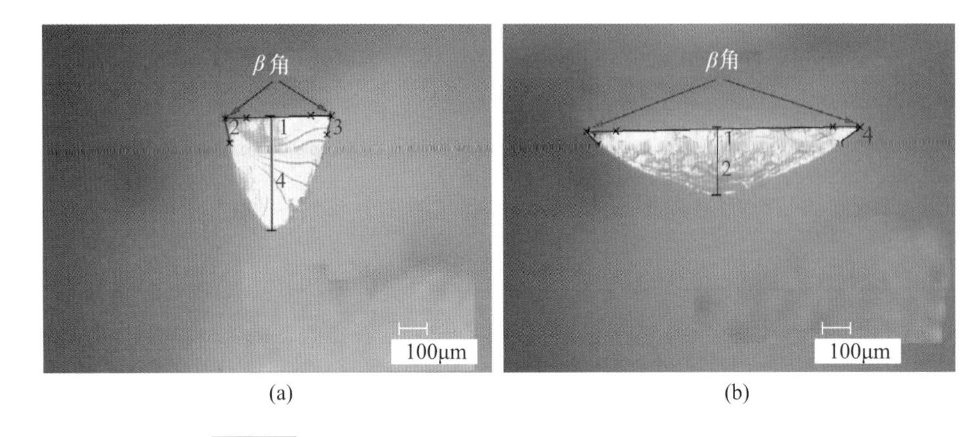

(a)　　(b)

图 6-25　**LED-SL 成形机和 CPS 成形机的固化单线截面**

(a) LED-SL 成形机的单线截面；(b) CPS 的单线截面。

表 6-8　固化单线测量结果

成形机	扫描速度 v_s/(mm/s)	固化深度 C_d/mm	固化线宽 L_w/mm	β角/(°)		评　价
				左	右	
LED-SL	30	0.377	0.360	80.7	77.5	固化效果最佳
LED-SL	120	0.118	0.260	—	—	C_d、L_w最小
CPS	2	0.231	0.938	47.4	37.5	固化效果最佳
CPS	10	0.133	0.741	—	—	C_d、L_w最小

注：β 角是在扫描速度较低的固化单线上测量的，以保证最好的固化效果。

分别使用 LED-SL 成形机和 CPS 成形机制作具有 60°倾斜角的斜面，制作条件见表 6-7，制作结果如图 6-26 所示，从图中可见由于固化单线形状不同而造成的 LED-SL 成形机和 CPS 成形机不同的台阶效应。图 6-26中的 β 角是指台阶上表面和侧面的夹角，它反映了台阶效应的严重程度。β 角越大，阶梯斜面的峰高 δ 越小，表面精度越高。斜面测量结果见表 6-9，LED-SL 成形机制作的斜面 β 角大于 CPS 成形机制作的斜面 β 角。

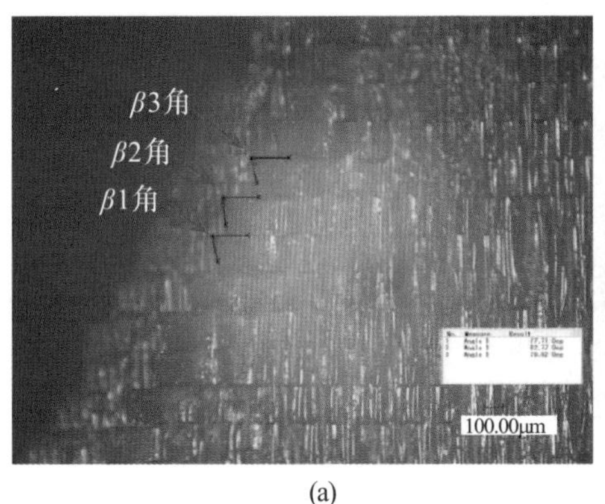

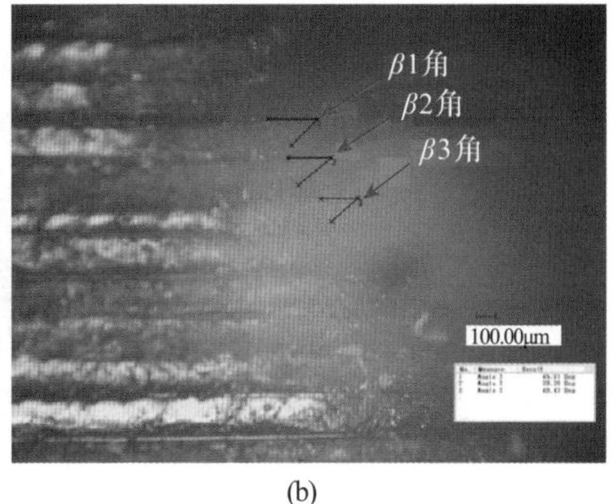

(a)　　　　　　(b)

图 6-26　**LED-SL 成形机和 CPS 成形机的斜面台阶效应**

(a) LED-SL 成形机的台阶效应；(b) CPS 的台阶效应。

表 6-9　斜面台阶效应测量结果

成形机类型	β 角 /(°)				峰高 δ /mm
	β_1	β_2	β_3	平均值	
LED-SL	77.7	82.8	76.9	79.1	0.133
CPS	45.0	39.4	40.4	41.6	0.295

根据 Beer-Lambert 定律可得，高斯激光束以匀速 V_s在树脂液面上做直线扫描时(图 6-27)，树脂内部位于 YOZ 平面内任意点的曝光量方程、固化单线截面方程，最大固化深度 C_d、最大固化线宽 L_w计算公式。

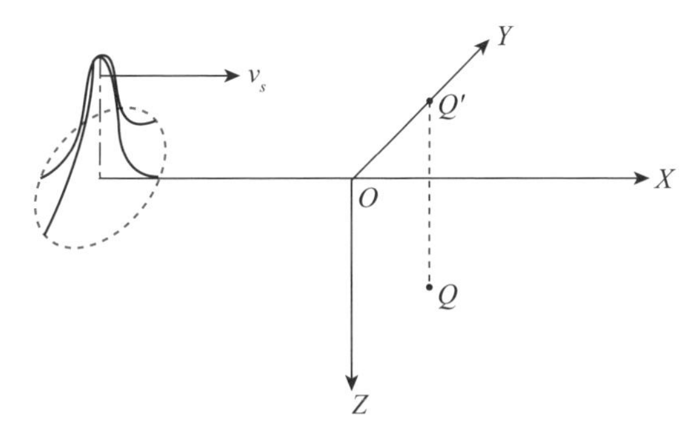

图 6-27
高斯激光束扫描

曝光量方程：

$$E(y,z)=\sqrt{\frac{2}{\pi}}\times\frac{P_L}{\omega_0 V_s}\times\exp\left(-\frac{2y^2}{\omega_0^2}\right)\times\exp\left(-\frac{z}{D_p}\right)\qquad(6-8)$$

式中　P_L——光束功率；

ω_0——聚焦光斑半径；

D_p——树脂材料常数，穿透深度。

固化单线截面外轮廓抛物线方程：

$$\frac{2y^2}{\omega_0^2}+\frac{z}{D_p}=\ln\left(\sqrt{\frac{2}{\pi}}\times\frac{P_L}{\omega_0\times v_s\times E_c}\right) \tag{6-9}$$

其中，ω_0、D_p、P_L、V_s 都是常数。

最大固化深度 C_d、最大固化线宽 L_w 的计算公式：

$$C_d=D_p\times\ln\left(\sqrt{\frac{2}{\pi}}\times\frac{P_L}{\omega_0 v_s E_c}\right)=D_p\times\ln\left(\frac{E_{max}}{E_c}\right) \tag{6-10}$$

$$L_w=\omega_0\sqrt{2\times\ln\left(\sqrt{\frac{2}{\pi}}\times\frac{P_L}{\omega_0\times v_s\times E_c}\right)}=\omega_0\sqrt{\frac{2C_d}{D_p}} \tag{6-11}$$

高斯激光光束的固化单线形状如图 6-28 所示。

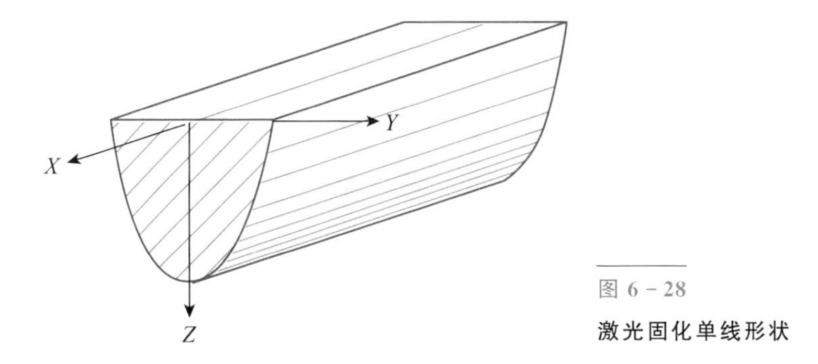

图 6-28

激光固化单线形状

由于激光束的发散角很小，所以在 Beer-Lambert 定律中，没有考虑光束发散角对树脂固化的影响。假设普通紫外光聚焦光束的能量仍然服从高斯分布，则树脂对该光束的吸收仍然服从 Beer-Lambert 定律。然而普通紫外光束的发散角很大，对固化单线形状有明显的影响，因此在对其应用 Beer-Lambert 定律时需要考虑光束发散角的影响因素。这里假设 LED-SL 成形机的聚焦光束能量服从高斯分布，推导发散光束的固化单线公式。第 2 章中已经对 LED 光斑能量分布曲线与高斯激光能量分布曲线的区别进行了比较，说明了按照高斯分布推导 LED 光斑的固化单线公式，实际制作的固化线宽将比理论计算值有所增加，但在考察发散角对固化特性的影响方面，仍然不失一般性。

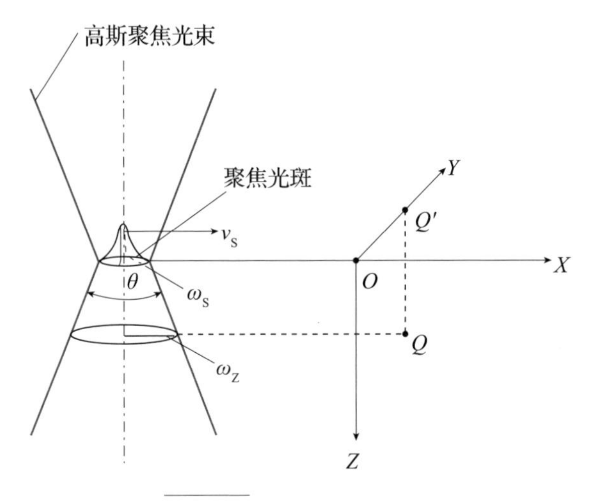

图 6 – 29　发散光束的扫描

如图 6 – 29 所示，当普通紫外光束以发散角 θ 聚焦在树脂液面时，在焦点位置光斑半径汇聚到最小值 ω_0，随着高度逐渐低于液面，光束半径逐渐增大。考察树脂内任意点 $Q(x, y, z)$处的曝光量。当偏离液面的高度值为 z 时，光束半径 ω_z增加为

$$\omega_z = \omega_0 + z \times \tan\frac{\theta}{2} \tag{6-12}$$

以 ω_z代替式(6 – 4)中的 ω_0：

$$\begin{aligned} E(y,z) &= \sqrt{\frac{2}{\pi}}\frac{P_L}{\omega_z V_s}\exp\left(-\frac{2y^2}{\omega_z^2}\right)\exp\left(-\frac{z}{D_p}\right) \\ &= \sqrt{\frac{2}{\pi}} \times \frac{P_L}{\left(\omega_0 + z \times \tan\frac{\theta}{2}\right)V_s} \times \exp\left(-\frac{2y^2}{\left(\omega_0 + z \times \tan\frac{\theta}{2}\right)^2}\right) \times \exp\left(-\frac{z}{D_p}\right) \end{aligned} \tag{6-13}$$

在固化单线外轮廓上的任意点有 $E(y, z) = E_c$，代入式(6 – 13)，得

$$E_c = \sqrt{\frac{2}{\pi}} \times \frac{P_L}{\left(\omega_0 + z \times \tan\frac{\theta}{2}\right)v_s} \times \exp\left[-\left(\frac{2y^2}{\left(\omega_0 + z \times \tan\frac{\theta}{2}\right)^2} + \frac{z}{D_p}\right)\right] \tag{6-14}$$

经过数学变换后，得

$$\exp\left(\frac{2y^2}{\left(\omega_0 + z \times \tan\frac{\theta}{2}\right)^2} + \frac{z}{D_p}\right) = \sqrt{\frac{2}{\pi}} \times \frac{P_L}{\left(\omega_0 + z \times \tan\frac{\theta}{2}\right) \times v_s \times E_c} \tag{6-15}$$

两边同时取自然对数，得

$$\frac{2y^2}{\left(\omega_0 + z \times \tan\frac{\theta}{2}\right)^2} + \frac{z}{D_p} = \ln\left(\sqrt{\frac{2}{\pi}} \times \frac{P_L}{\left(\omega_0 + z \times \tan\frac{\theta}{2}\right) \times v_s \times E_c}\right) \tag{6-16}$$

求(6－16)即是聚焦在树脂液面的普通紫外光高斯光束的固化单线截面外轮廓曲线方程，其中发散角 θ 同 ω_0、D_p、P_L、v_s 一样，都是常数。

式(6－16)中，当 $y=0$ 时，固化深度取得最大值，即 $z=C_d$。代入后得

$$C_d = D_p \times \ln\left(\sqrt{\frac{2}{\pi}} \times \frac{P_L}{\left(\omega_0 + C_d \times \tan\frac{\theta}{2}\right) \times v_s \times E_c}\right) \tag{6-17}$$

式(6－16)经过数学变换后得固化线宽 $2y$ 的计算公式：

$$2y = \left(\omega_0 + z \times \tan\frac{\theta}{2}\right) \times \sqrt{2 \times \left[\ln\left(\sqrt{\frac{2}{\pi}} \times \frac{P_L}{\left(\omega_0 + z \times \tan\frac{\theta}{2}\right) \times v_s \times E_c}\right) - \frac{z}{D_p}\right]} \tag{6-18}$$

式 (6－16)～式(6－18)以数学的形式表明了固化深度、固化线宽同光功率、聚焦光斑半径、扫描速度、发散角之间的关系。这里首先考察固化单线形状与 θ 角的关系，然后全面总结固化单线形状随着 P_L、ω_0、v_s、θ 变化的规律。

假设光束 1 和光束 2 为聚焦在树脂液面以相同的速度 v_s 进行扫描的两束普通紫外聚焦光束，其 ω_0、D_p、P_L 都相同，发散角分别为 θ_1 和 θ_2，$\theta_1 < \theta_2$，如图 6－30 所示，考察两者在固化单线形状上的差别。

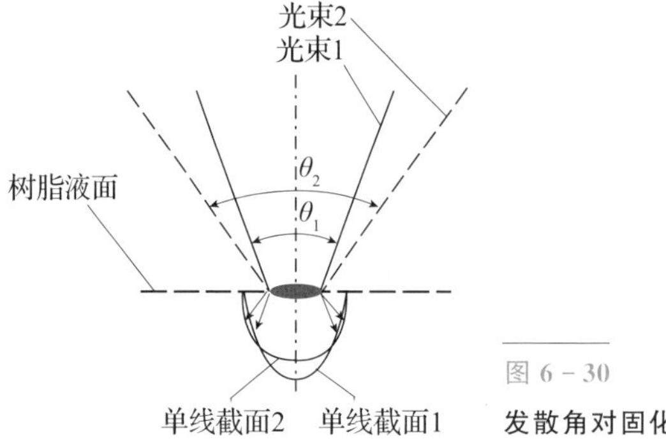

图 6－30

发散角对固化单线形状的影响

在式(6-17)两边对 θ 求导，并进行数学变换后得

$$C_d' = -\frac{D_p \times C_d}{2\times\cos^2\frac{\theta}{2}\left(\omega_0 + C_d\times\tan\frac{\theta}{2} + D_p\times\tan\frac{\theta}{2}\right)} < 0 \qquad (6-19)$$

C_d' 的值小于零，说明最大固化深度 C_d 是关于发散角 θ 的减函数，即发散角越大，则最大固化深度越小。因此光束2的 C_d 值小于光束1。

在式(6-12)中，当 $z=0$ 时，固化线宽为

$$2y_{max} = \omega_0 \times \sqrt{2\times\ln\left(\frac{2}{\pi}\ \frac{P_L}{\omega_0\times v_s\times E_c}\right)}$$

说明在液面上，光束1和光束2的固化线宽相同。

在式(6-18)中，当 $z>0$ 时，固化线宽 $2y$ 的大小要受到根式内外的 $z\tan\frac{\theta}{2}$ 的影响，当 θ 的值增加时，根式外的 $z\tan\frac{\theta}{2}$ 值增加使得 $2y$ 值变大，根式内的 $z\tan\frac{\theta}{2}$ 值增加使得式(6-18)的 $2y$ 值变小。当 z 较小时，根式外的值改变对 $2y$ 值的影响大于根式内的值改变对 $2y$ 值的影响，因此光束2的固化线宽将大于光束1的固化线宽。随着 z 的进一步增加，当 $\ln\left(\sqrt{\frac{2}{\pi}}\times\frac{P_L}{(\omega_0+z\tan)\times v_s\times E_c}\right)-\frac{z}{D_p}$ 的值接近于零时，即趋近于光束2固化单线的底部时，根式内的 $z\tan\frac{\theta}{2}$ 值改变对 $2y$ 值的影响将超过根式外的 $z\tan\frac{\theta}{2}$ 值改变对 $2y$ 值的影响，使光束2的固化线宽小于光束1的固化线宽。

描述固化单线形状的主要几何参数包括最大固化深度 C_d、最大线宽 L_w、β 角。它们受 P_L、ω_0、v_s、θ 影响后的变化规律见表6-9。

激光束光斑半径小，因此虽然发散角很小，固化单线的夹角 β 仍然较大，而且线宽很细。对于采用Ciba-Gcigy XB 5081-1树脂的激光成形机，当固化深度为0.127mm时，预期固化线宽为0.135mm。LED-SL成形机制作的固化单线的截面如图6-25(a)所示，β 角的大小接近激光固化单线的 β 角。CPS成形机制作的固化单线截面形状如图6-28(b)所示，β 角较小。LED-SL成形机和CPS成形机最小的 C_d 和 L_w 值见表6-7。激光、

LED－SL成形机、CPS 成形机固化单线形状的比较结果见表 6－10。LED－SL成形机的固化单线精度比 CPS 成形机的固化单线精度明显提高，固化单线评价如表 6－11 所示。

表 6－10　β 角、C_d 和 L_w 的变化规律

影响因素		固化单线形状参数		
		C_d	L_w	β 角
P_L	增加	增加	增加	增加
	减小	减小	减小	减小
ω_0	增加	减小	增加	减小
	减小	增加	减小	增加
v_s	增加	减小	减小	减小
	减小	增加	增加	增加
θ	增加	减小	不变	增加
	减小	增加	不变	减小

表 6－11　不同光源成形机的固化单线评价

成形机	L_w	β 角
激光成形机	很细	大
LED－SL 成形机	较细	较大
CPS 成形机	很宽	小

注：三种成形机固化单线的 C_d 值差别不大，因此主要评价其 L_w 值和 β 角。

本章节在此比较激光、LED－SL 成形机、CPS 成形机的固化单线形状对其零件表面的台阶效应的不同影响所造成的表面精度上的差异。

聚焦光斑沿着零件当前层的轮廓线进行扫描，形成了层轮廓，层轮廓逐层叠加构成了零件的侧面，因此固化单线的形状与零件的侧面精度密切相关。如图 6－31 所示的分层厚度为 L，斜面倾斜角为 α，固化线上表面与侧面的夹角为 β。当聚焦光束沿着层轮廓线扫描时，层轮廓表面是由抛物线的 AB 段沿轮廓方向移动而形成的抛物面。

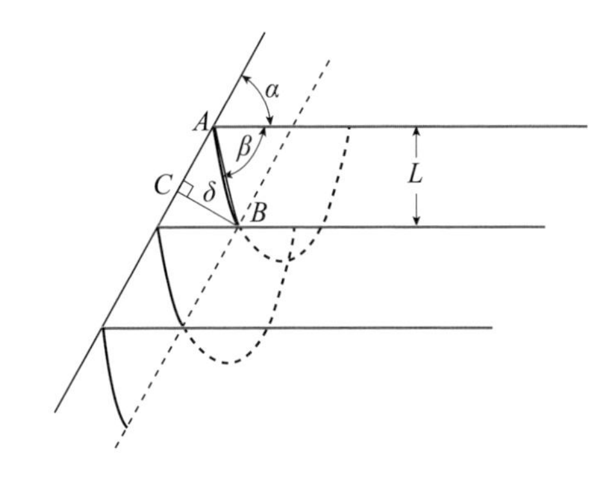

图 6-31
固化单线形状对台阶效应的影响

从图 6-31 中可求得峰高 δ 与 L、α、β 的关系：

$$\delta = A \times B \times \sin(\alpha + \beta) = \frac{L}{\sin\beta} \times \sin(\alpha + \beta)$$
$$= L \times (\sin\alpha\cot\beta + \cos\alpha) \quad (6-20)$$

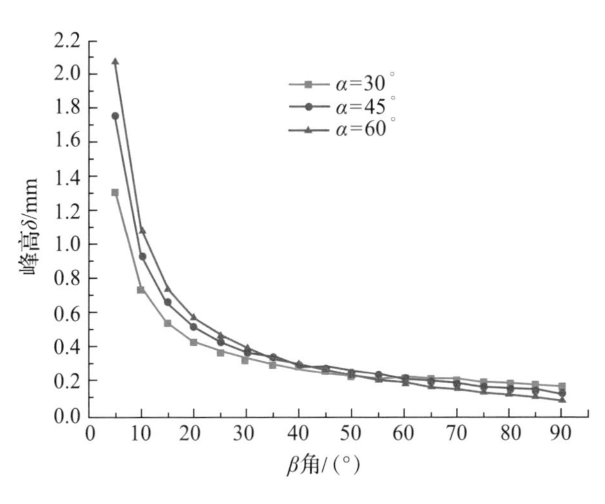

图 6-32　**β 角与峰高 δ 的关系**

图 6-32 为根据式(6-20)绘制的斜面倾斜角 α 在 30°、45°、60°时斜面台阶峰高 δ 与 β 角的关系曲线。从图中可见，β 角越大，δ 值越小，台阶效应对表面精度的影响也越小。激光固化单线的 β 角大，因此 δ 值小，表面精度高；LED-SL 成形机固化单线形状与激光固化单线接近，β 角较大(图 6-25(a))，因此 δ 值也比较小，表面精度较高；CPS 成形机固化单线的 β 角小(图 6-25(b))，因此 δ 值大，表面精度较低。以 LED-SL 成形机和 CPS 成形机分别制作的斜面为例(图 6-26(a)和(b))，前者的 β 角平均值为 79.1°，而后者的 β 角平均值为 41.6°，根据式(6-14)，峰高 δ 分别为 0.133mm 和 0.295mm(表 6-8)。

6.3.2 能量控制的设备原理

LED 光源具有极快的响应速度。NCSU033A 型 UV－LED 成形机的响应速度特性曲线如图 6－33 所示，从图中可见，其开通时间约为 28.6ns、关断时间约为 25.2ns，响应速度极快，没有滞后效应。

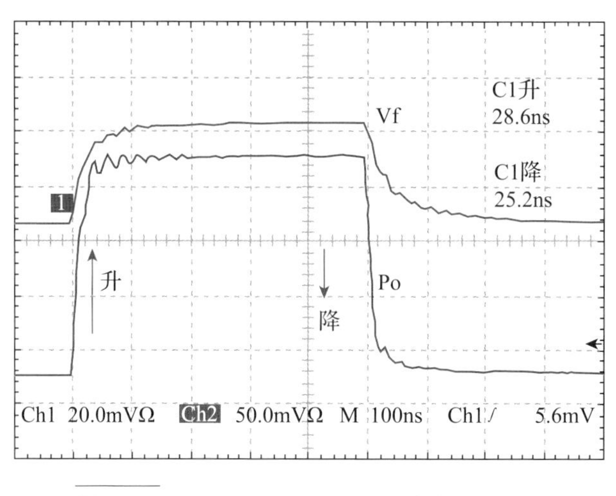

图 6－33 NCSU033A UV－LED 响应速度曲线

LED 的光功率与其工作电流的关系曲线如图 6－34 所示。从图中可见，LED 的光功率与其工作电流的大小保持正比关系。如能开发出高性能的程控 LED 电源，通过计算机控制该电源，即可实现 LED 的光开关及光功率大小的动态调节。同机械式光开关相比，显然采用程控电源控制 LED 电流的方式将具有响应快速、可靠性高的优点，而且解决了机械式光开关无法实现的光功率调节的问题。因此选择开发 LED 程控电源的光功率调制方式。

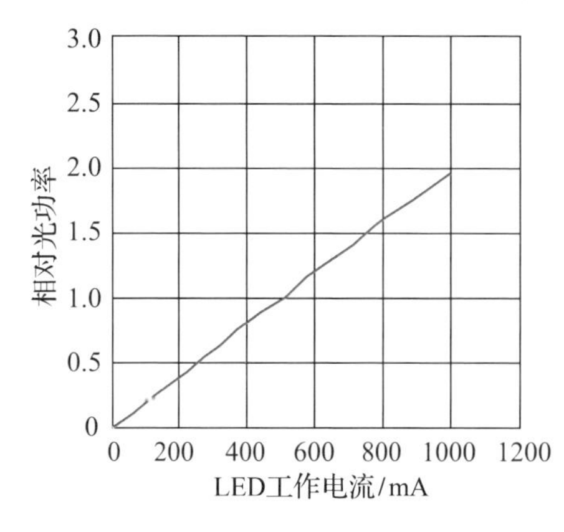

图 6－34 UV－LED 光功率与工作电流的关系

利用LED光源的上述优点，开发了基于运算放大和闭环反馈控制原理的LED程控直流电源(如图6-35所示)。该电源的输出电流 I_{LED} 与从计算机输入的模拟电压 U_{ana} 的值成正比。通过计算机控制模拟电压信号 U_{ana}，即可实现UV-LED的实时通断以及光功率的动态调节。

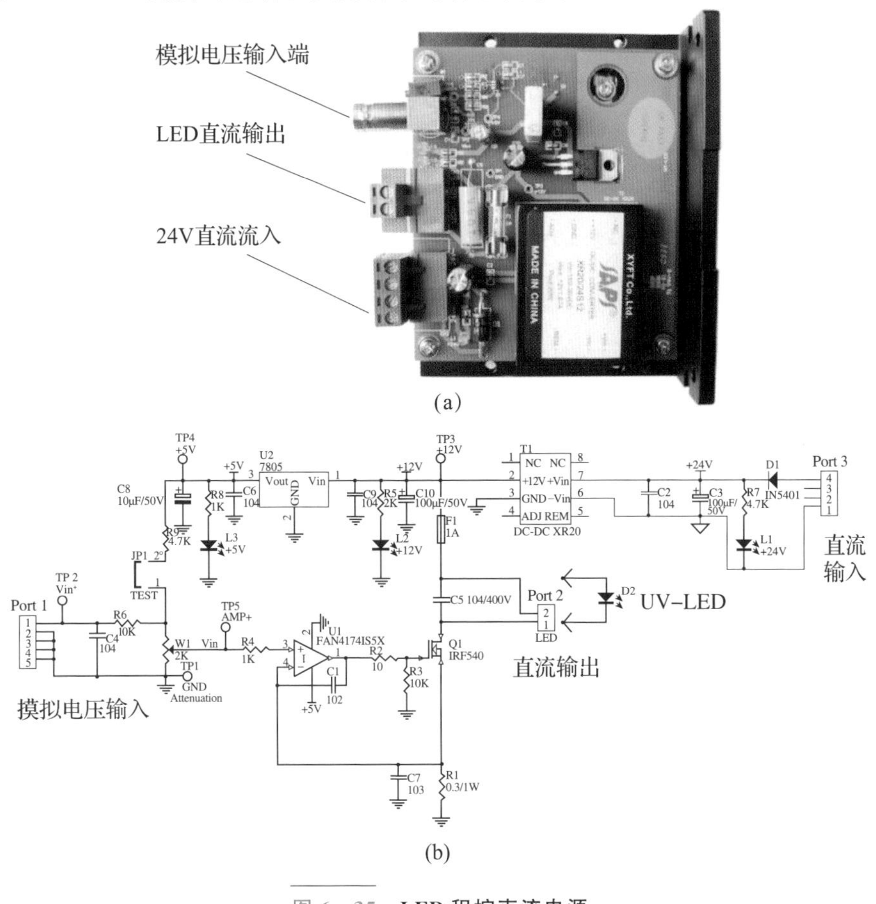

图6-35 **LED程控直流电源**

(a)程控电源；(b)电路原理图。

LED-SL成形机的系统采用GE400-SV-LASER型运动控制卡，该卡的CN10激光控制端口发出0～5V模拟电压信号来对LED电源发出控制指令。根据电源设计要求，当模拟电压为5V时，电流保持在0.5A(额定电流)；当模拟电压在0～5V之间变化时，电流随之在0～0.5A之间变化，且与模拟电压成正比；当模拟电压为0时，LED被关闭。

CN10端口具有直接指令输出和自动匹配两种工作模式。当工作在直接指令输出模式时，其可以根据计算机指令直接输出0～5V的模拟电压信号，控制 LED 的通断和 LED 工作电流的大小。当工作在自动匹配模式时，该端口输出的模拟电压值与控制轴的运动速度成正比，利用该模式即可实现光功率与扫描速度的自动匹配。运动控制卡、LED 程控电源、LED 芯片三者的连接原理如图 6－36 所示。

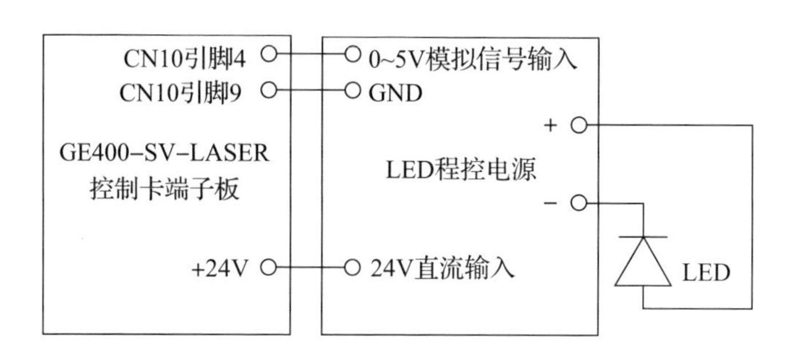

图 6－36　运动控制卡、LED 程控电源、LED 芯片的连接

为了检测 LED 工作电流的控制精度，将 CN10 端口设置在直接指令输出模式，用万用表测量 LED 程控电源模拟信号输入端的电压值 U_{ana} 与 LED 工作电流 I_{LED} 之间的关系，根据测量数据，运动控制卡对 LED 电流的控制精度偏差小于 5%，达到了设计要求。依据测量结果绘制的 $I_{LED}-U_{ana}$ 关系曲线如图 6－37 所示。

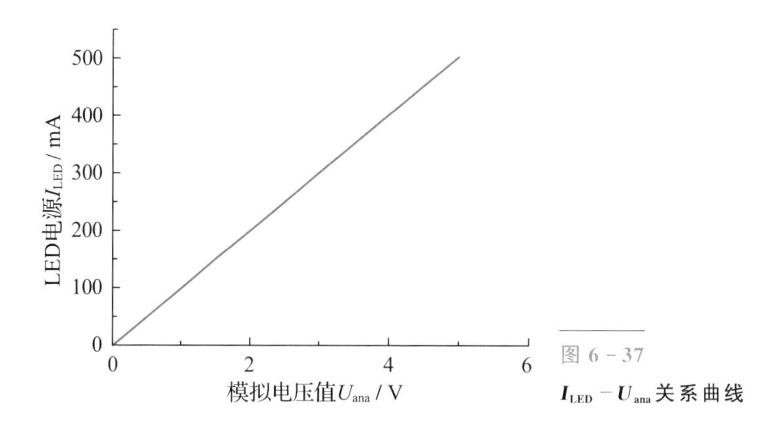

图 6－37　$I_{LED}-U_{ana}$ 关系曲线

由于 LED 芯片本身的响应速度是纳秒级的，因此 LED 工作电流对计算机指令的响应速度主要取决于电源的性能。使用美国 Tektronix 公司 TDS200 数字式示波器测量的 LED 电源对计算机发出的模拟电压信号的响应波形图如图 6－38 所示。从图中可见，当计算机发出的模拟电压发生改变后，LED 的工作电流立即发生变化，变化到位时间约在 1ms 以内，能够满足使用要求。

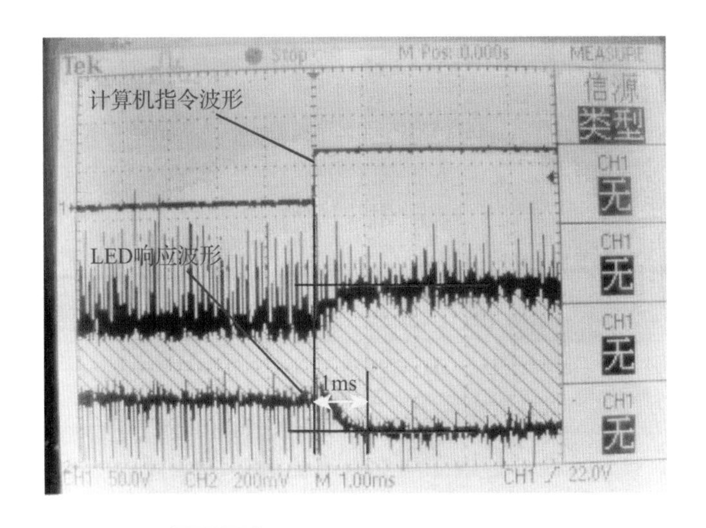

图6-38　**LED程控电源的响应速度**

6.3.3　运动状态对树脂固化形状的影响

1. 扫描固化单线

以传统曝光方式制作固化单线，在这种方式下，在固化单线起点LED通电，曝光开始，到达固化线终点后LED断电，曝光终止，曝光过程中光束功率保持不变。制作条件见表6-12，制作结果如图6-39(a)、(b)所示，测量结果见表6-13。根据测量结果，固化单线末端的线宽和厚度比中间段大许多，这说明骨形误差对单线固化精度造成了严重的影响。此外，从图中可见，固化线末端的俯视图和侧视图的形状是不同的，这是由于俯视图反映了固化线宽的变化，而侧视图反映了固化深度的变化。

表6-12　制作条件

参　数	固化单线	矩形长条	空心长方体
扫描方向	X	Y（沿长条的长度方向）	奇数层 X，偶数层 Y
层厚/mm	—	0.2	0.2
扫描速度/(mm/s)	100	500	500
加速度/(mm/s^2)	4000	4000	4000
扫描间距/mm	—	0.1	0.1
半径补偿/mm	—	0.05	0.05

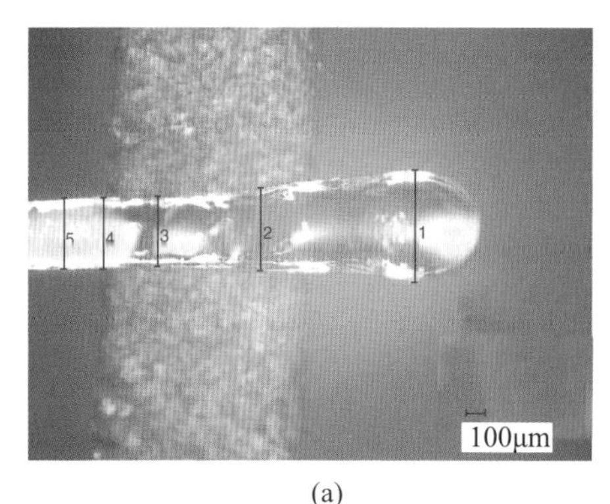

(a)

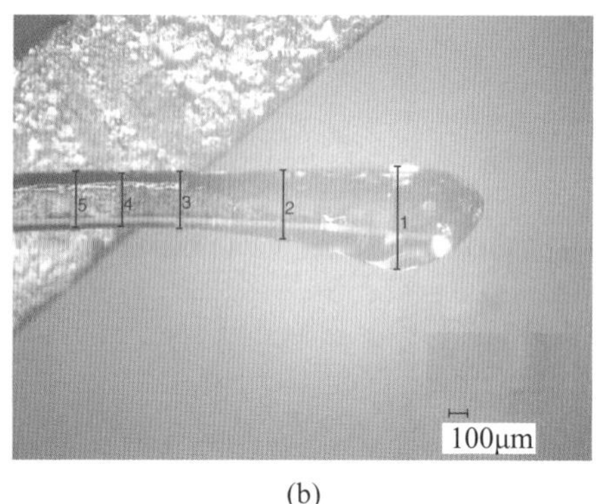

(b)

图 6-39　传统曝光方式制作的固化单线

（a）固化单线俯视图；（b）固化单线侧视图。

表 6-13　不同能量控制方式的固化单线尺寸

能量控制方式	中段尺寸/μm	末端尺寸/μm	精　度
传统曝光方式	374（线宽）	590（线宽）	低
	285（厚度）	536（厚度）	
匀速段曝光	306（线宽）	301（线宽）	高
	231（厚度）	219（厚度）	
功率匹配	302（线宽）	282（线宽）	高
	208（厚度）	197（厚度）	

2. 制作矩形长条

以传统曝光方式制作矩形长条，长条的形状如图 6-40 所示。长条的设计尺寸为150mm×10mm×10mm。制作条件见表 6-12，制作结果如图 6-41 所示，测量结果与制作耗时见表 6-14。

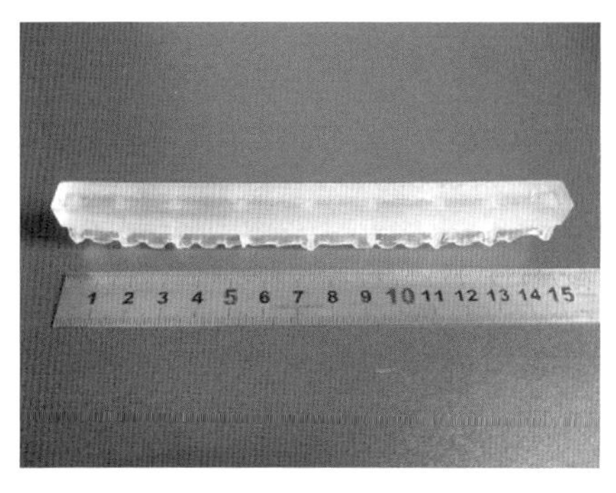

图 6-40　矩形长条的形状

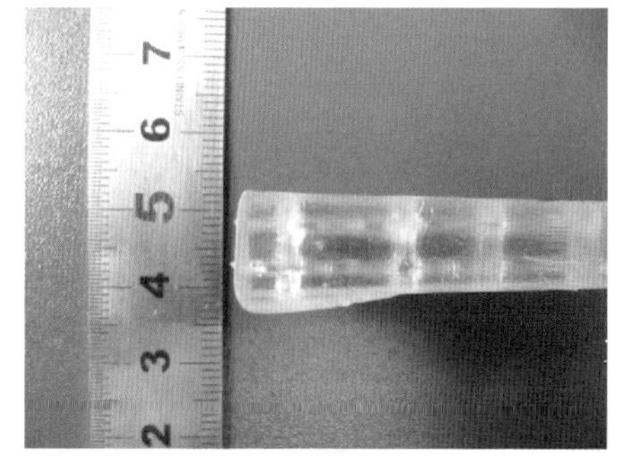

图 6-41　传统曝光方式制作的矩形长条

表 6-14 不同能量控制方式制作的长条尺寸与耗时

能量控制方式	中段宽度/mm	末端宽度/mm	长度/mm	制作时间/h	精度	效率
传统曝光方式	9.75	12.32	149.94	1.28	骨形误差明显	高
匀速段曝光一	9.79	9.77	158.0	1.90	末端有凹坑，长度尺寸异常	低
匀速段曝光二	9.82	9.81	157.94	1.90	长度尺寸异常	低
功率匹配	9.99	9.97	149.0	1.28	精度高	高

6.3.4 匀速曝光及功能匹配工艺

1. 匀速曝光

匀速段曝光工艺的基本原理是在扫描固化单线时，将镜头的运动路径延伸，并通过 LED 电源的通断控制曝光，使加速区和减速区位于固化区域之外。如图 6-42 所示，固化线的起点 A 和终点 D 被分别延伸至 A_1 和 D_1。在加速段 A_1A 和减速段 DD_1，LED 电源断开；在匀速运动阶段 AD，LED 通电，进行扫描。在这种扫描方式下的固化单线截面形状方程和 C_d、L_w 的计算公式分别见式(6-21)～式(6-23)。v_s-t 和 v_s-x 曲线如图 6-43 所示。

$$z = D_p \times \left[\ln\left(\sqrt{\frac{2}{\pi}} \times \frac{P_{max}}{\omega_0 E_c v_{max}}\right) - \frac{2}{\omega_0^2} \times y^2\right] \tag{6-21}$$

$$C_d = D_p \times \ln\left(\sqrt{\frac{2}{\pi}} \frac{P_{max}}{\omega_0 E_c v_{max}}\right) \tag{6-22}$$

$$L_w = \omega_0 \times \sqrt{2 \times \ln\left(\sqrt{\frac{2}{\pi}} \times \frac{P_{max}}{\omega_0 E_c v_{max}}\right)} \tag{6-23}$$

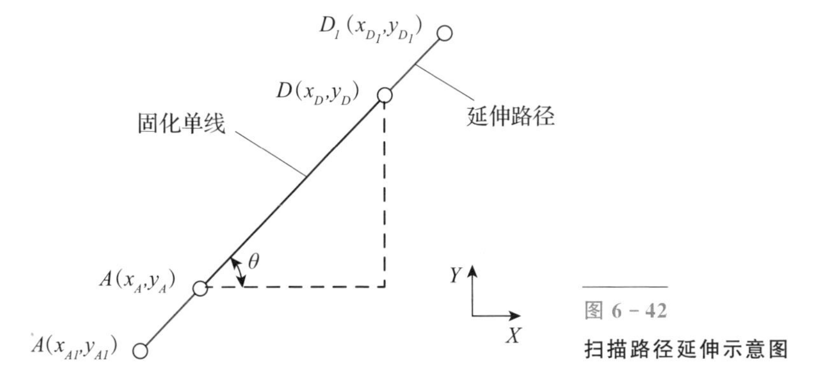

图 6-42 扫描路径延伸示意图

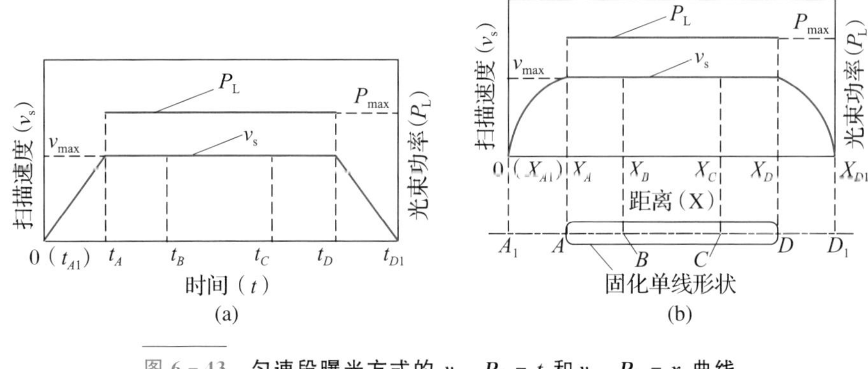

图 6-43　匀速段曝光方式的 v_s，P_L-t 和 v_s，P_L-x 曲线

(a) v_s，P_L-t 曲线；(b) v_s，P_L-x 曲线。

固化单线扫描路径延伸算法的关键是根据扫描速度和加速度大小计算所需的路径延伸距离(图 6-42)，获取扫描路径与 x 轴夹角的余弦值和正弦值，沿着固化单线的扫描方向将路径向外延伸，获取新的运动起始点坐标值。路径延伸算法流程如图 6-44 所示。当加速度为 4000mm/s^2 时，不同扫描速度所需的路径延伸距离见表 6-15。

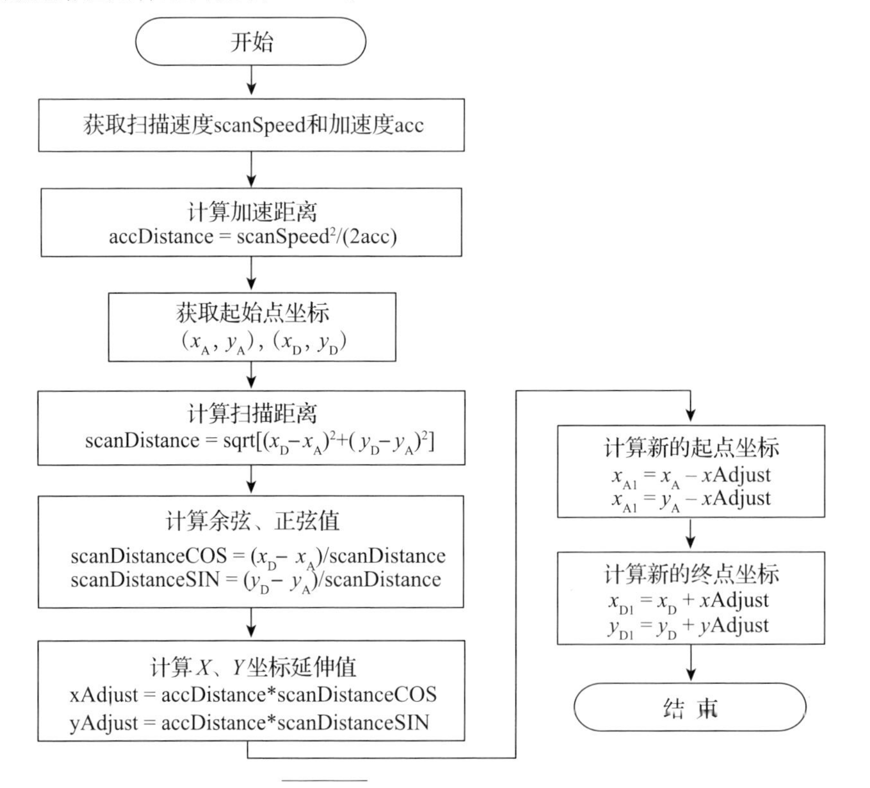

图 6-44　扫描路径延伸算法

表 6-15　不同扫描速度的路径延伸距离

速度/(mm/s)	加速时间/s	加速距离/mm
100	25	1.25
300	75	11.25
500	125	31.25
1000	250	125

算法流程如图 6-45 所示。

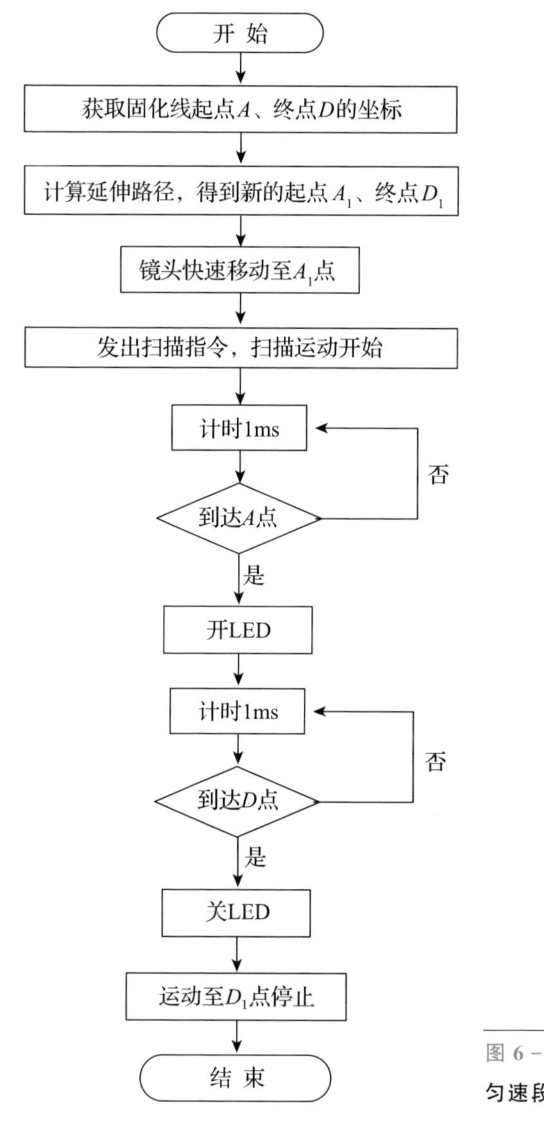

图 6-45

匀速段曝光算法一流程图

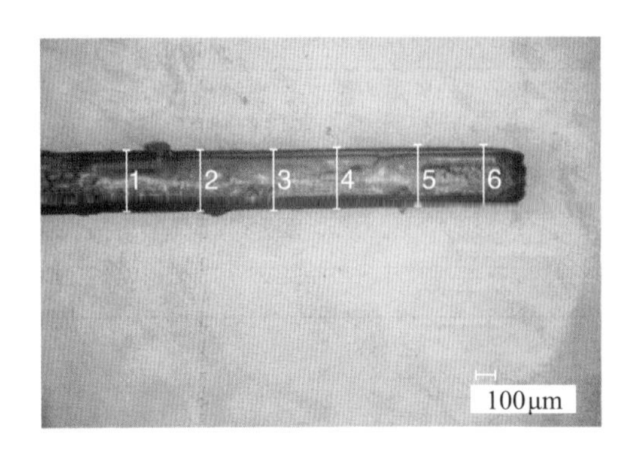

图 6-46
匀速段曝光算法制作的固化单线

采用匀速段曝光算法扫描固化单线，制作条件见表 6-12，制作结果如图 6-46所示，测量结果见表 6-13。同用传统方式制作的固化单线相比(图 6-12)，采用该算法使骨形误差消除，末端精度明显提高。仍然以采用匀速段曝光算法制作 150mm×10mm×10mm 的矩形长条。制作条件见表 6-12，制作结果如图 6-47 所示。从图中可见，长条的两端出现一个明显的凹坑。这是因为 LED 光源系统响应速度快，滞后约为 1ms，而 $X-Y$ 工作台响应速度较慢。计算机在运动控制卡扫描运动规划位置到位(即获得扫描完成反馈信号)，而实际扫描运动尚未结束的情况下发出了 LED 关闭指令，导致 LED 提前关闭。凹坑与长条端点的距离为 6.28mm，而此时的扫描速度为 500mm/s。据此推算扫描运动相对于计算机指令的响应滞后为 13ms，相对于 LED 开关的响应滞后约为 12ms(图 6-48(a))。长条尺寸测量结果见表6-14。根据测量结果，长条在长度方向的误差过大，分析其原因首先可能是 LED 光源与扫描工作台在响应速度上的差异，导致在路径延伸阶段，LED 仍然通电；其次是扫描系统在高速运动情况下反馈的坐标值具有较大误差。

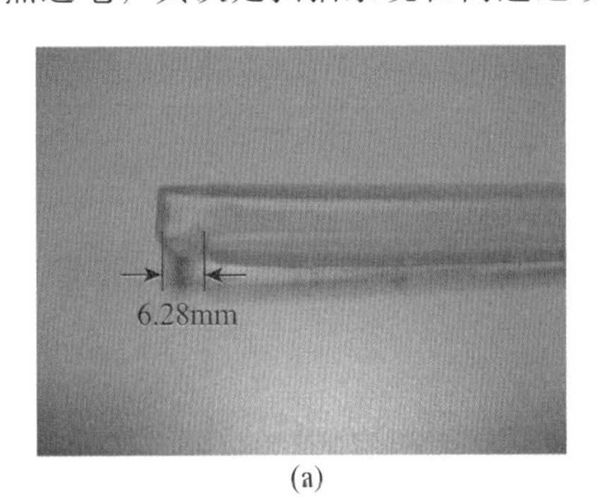

(a)

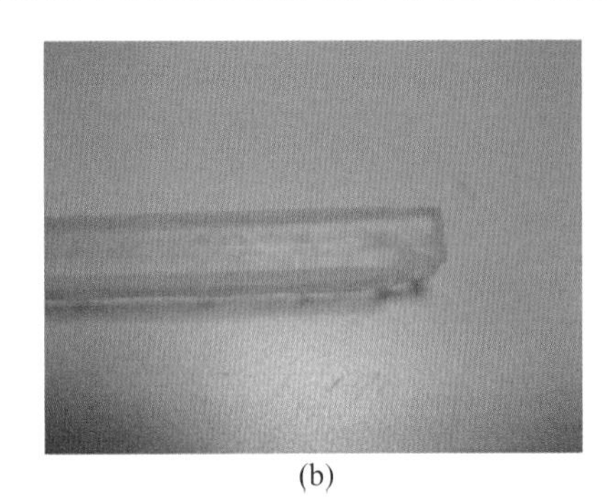

(b)

图 6-47　匀速段曝光算法制作的矩形长条

(a) 长条起始端；(b) 长条末端。

为了消除 LED 光源与扫描工作台在响应速度上的差异，在规划位置到达 D_1 点后(图 6-42)，延时 12ms 再关闭 LED。修正后的系统响应特性如图 6-48(b)所示，采用该算法制作的矩形长条如图 6-49 所示，测量尺寸与制作耗时见表 6-14。从图 6-49 中可见，由于工作台响应滞后于 LED 造成的凹坑已经消除，从测量数据可以看出，长条两端和中段的宽度尺寸是一致的，但长条的长度尺寸与修正前算法制作的长条的长度尺寸一样，都异常增大。证明匀速段曝光方式可以消除骨形误差，但却会沿着扫描方向造成新的尺寸偏差。由于已经排除了工作台与光源响应速度不一致的影响因素，说明造成长度尺寸偏差的原因是扫描系统在高速运动情况下反馈的坐标值的偏差引起的。如果制件时扫描方向采用 $Y-Y$ 模式，即每层都沿 Y 轴扫描，则这种尺寸偏差通过考察其规律性，通过调节伺服系统的脉冲当量值是可以消除的。但为了保证制件精度，成形机通常采用 $X-Y$ 扫描模式，即奇数层沿 X 轴方向、偶数层沿 Y 轴方向进行扫描，由于 X、Y 坐标偏差会引起层间叠加错位的现象(如图 6-50 所示)，这种错位很难通过简单的脉冲当量调整消除。

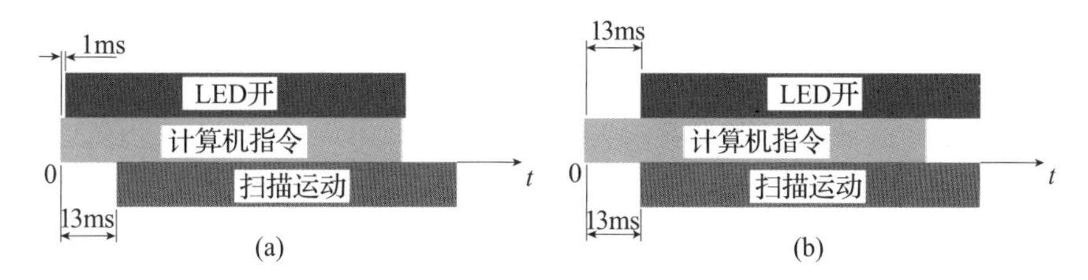

图 6-48　算法修正前后的 LED 光源与扫描工作台的响应特性

(a) 匀速段曝光的响应特性；(b) 修正后匀速段曝光算法的响应特性。

此外，由于采用匀速段曝光方法制作零件时必须延伸扫描路径，成形机的 $X-Y$ 扫描范围会减小。如表 6-16 所示，在加速度为 4000mm/s^2，扫描速度为 500mm/s 时，所需的路径延伸距离为 31mm，对于 350mm×350mm 的工作台，扫描范围减小为 288mm×288mm。

表 6-16　不同扫描速度的路径延伸距离

速度/(mm/s)	加速时间/s	加速距离/mm
100	25	1.25
300	75	11.25
500	125	31.25
1000	250	125

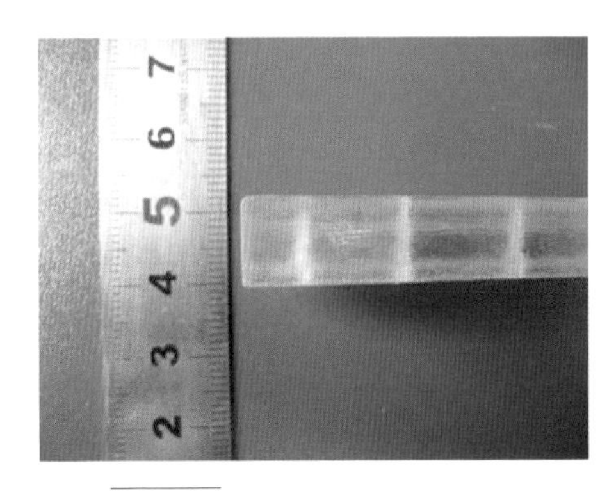

图 6-49　修正后的匀速段曝光算法制作的矩形长条

图 6-50　匀速段曝光引起的层间错位

2. 功率匹配

功率匹配能量控制方式的基本原理如图 6-51 所示。在固化单线扫描的加速和减速阶段，LED 的工作电流随着扫描速度的变化而不断调整，以保证光束功率始终与扫描速度成正比。在这种情况下，P_L、v_s 始终保持不变。根据式(6-6)、式(6-7)，固化单线加速和减速扫描阶段的最大固化深度 C_d 和最大线宽 L_w 值与匀速扫描阶段保持一致。式(6-16)、式(6-17)仍然可以用来计算功率匹配方式的 C_d 和 L_w 值。

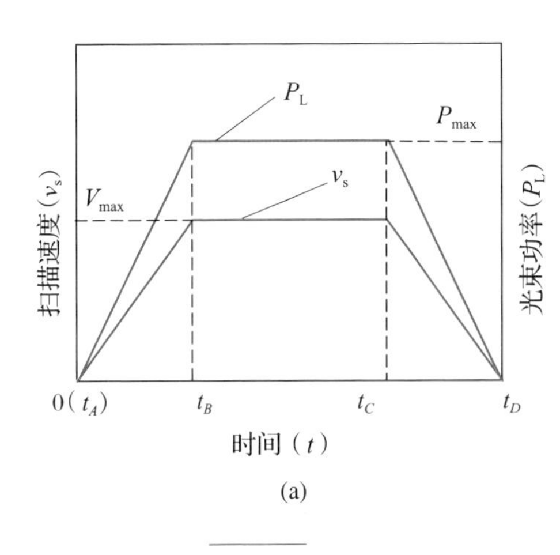

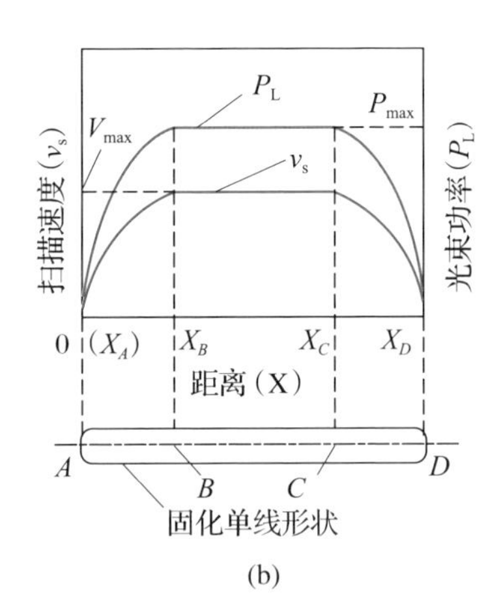

图 6-51　功率匹配方式的 v_s，P_L-t 和 v_s，P_L-x 曲线

(a) v_s，P_L-t 曲线；(b) v_s，P_L-x 曲线。

考察随着扫描距离 x 的增加，光束功率 P_L 的变化规律。如果假设固化单线的 C_d 和 L_w 值在不同的运动阶段始终保持一致，则有

$$\begin{cases}\ln\left(\dfrac{P_L}{\omega_0 E_c\sqrt{\pi a x}}\right)=\ln\left(\sqrt{\dfrac{2}{\pi}}\dfrac{P_{max}}{\omega_0 E_c v_{max}}\right)\ (0<x<x_B)\\ P_L=P_{max},(x_B\leqslant x\leqslant x_C)\\ \ln\left[\dfrac{P_L}{\omega_0\times E_c\times\sqrt{\pi a(l-x)}}\right]=\ln\left(\sqrt{\dfrac{2}{\pi}}\times\dfrac{P_{max}}{\omega_0 E_c v_{max}}\right)\ (x_C<x<l)\end{cases} \tag{6-18}$$

经过代数运算后，得到如式(6-19)所示的 P_L和 x 的关系式。P_L-x 曲线如图 6-48(b)所示。

$$P_L=\begin{cases}\dfrac{P_{max}}{v_{max}}\times\sqrt{2ax}(0<x<x_B)\\ P_{max}(x_B\leqslant x\leqslant x_C)\\ \dfrac{P_{max}}{v_{max}}\times\sqrt{2a(l-x)}(x_C<x<l)\end{cases} \tag{6-19}$$

如果固化单线的长度 l 小于 $\dfrac{v_{max}^2}{a}$，扫描运动只有加速和减速阶段，则 P_L 关于 x 的关系式变为

$$P_L=\begin{cases}\dfrac{P_{max}}{v_{max}}\times\sqrt{2ax}\ \left(0<x\leqslant\dfrac{l}{2}\right)\\ \dfrac{P_{max}}{v_{max}}\times\sqrt{2a(l-x)}\ \left(\dfrac{l}{2}<x<l\right)\end{cases} \tag{6-20}$$

本章节设计了两种功率匹配扫描算法方案，方案一的基本思路是将光功率划分为 5 个等级，开始加速时，光功率每隔一定时间间隔增加 1 个等级。具体的做法是根据加速度和速度大小计算出加速时间 accTime，从扫描起点开始时固高卡 CN10 端口输出的模拟电压设定为 0V，每隔 accTime/5 的时间间隔，将模拟电压增加 1V，至加速完成时模拟电压增加为 5V，转换为全功率输出。具体算法设计方案见图 6-52。方案一的缺点是无法获知到达固化线终点的确切时刻，因此只能在加速阶段进行功率匹配，而无法在减速阶段准确降低光功率等级，进行功率匹配。

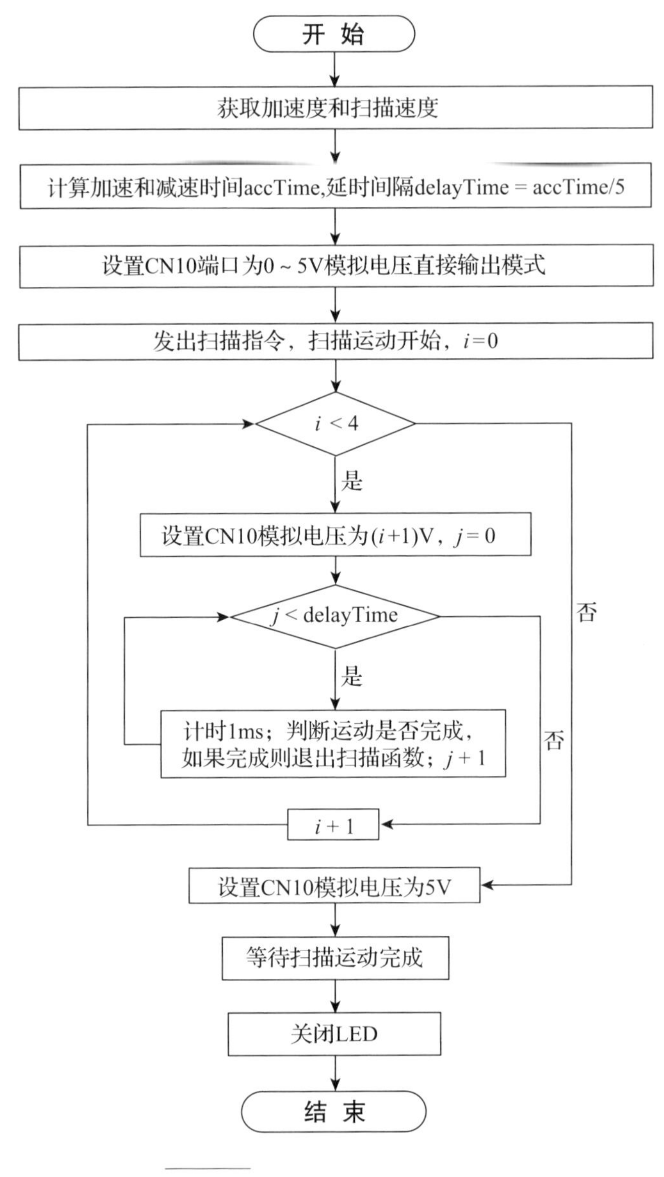

图 6-52　功率匹配算法一流程图

方案二的基本思路是采用固高卡的自动能量跟随模式进行功率匹配，这种模式下 CN10 端口输出的模拟电压值可以自动根据扫描速度大小进行调整，而且不存在工作台的响应滞后问题，而且在加速和减速阶段都能进行功率匹配，因此本文采用方案二进行实验研究。具体算法方案如图 6-53 所示。

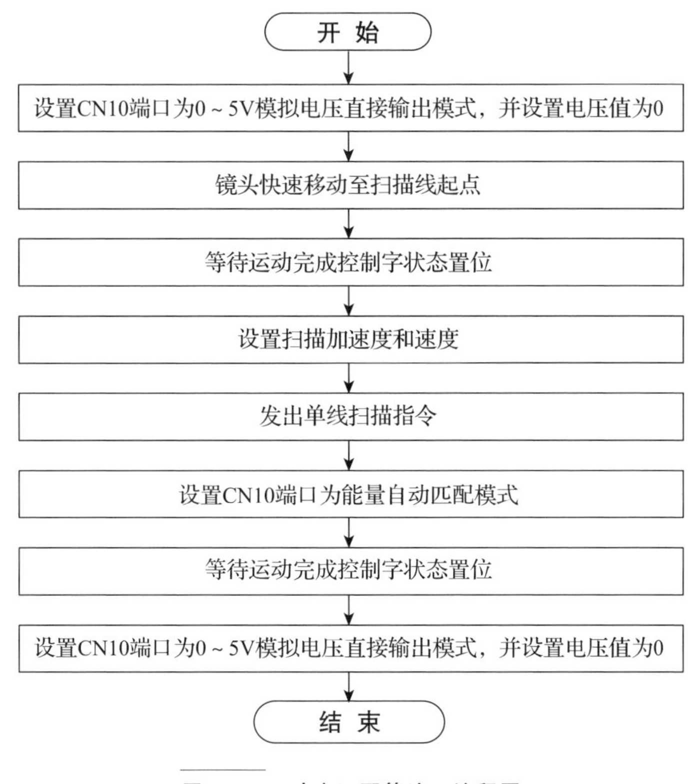

图 6-53　功率匹配算法二流程图

采用功率匹配算法方案二扫描固化单线，制作条件见表 6-12，制作结果如图 6-54 所示。测量结果见表 6-13。从测量结果可以看出，固化单线两端和中段的尺寸保持一致，骨形误差消除，同传统制作方式相比，精度明显提高。

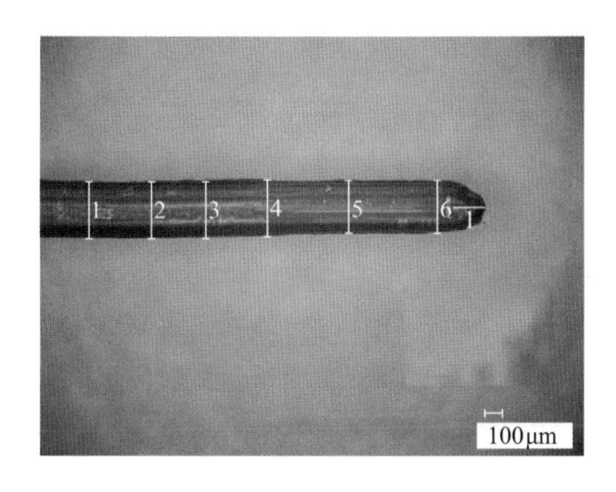

图 6-54　功率匹配算法二制作的固化单线

仍然以功率匹配算法方案二制作 150mm × 10mm × 10mm 的矩形长条。制作条件见表 6 - 12，制作结果如图 6 - 55 所示。

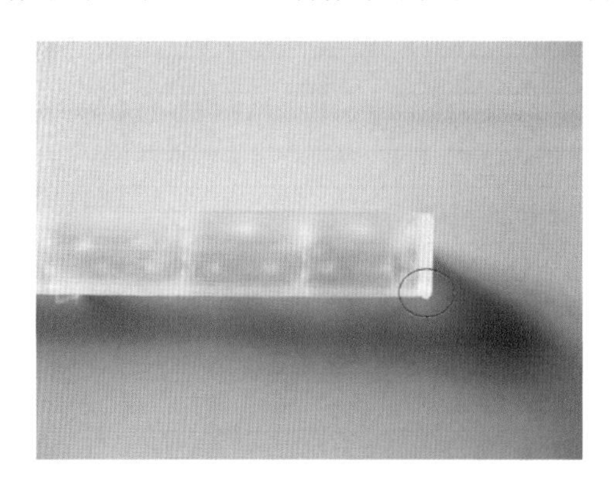

图 6 - 55
功率匹配算法二制作的矩形长条

从图 6 - 55 中可见，在扫描的切入点位置，存在一个多余固化的微小突棱，经测量其高度约为 0.3mm。其形成原因是当镜头从停泊位置远距离移动到制作区域时，由于工作台响应速度的滞后，当镜头尚未运动到扫描起始点，光源已经提前打开，于是在切入点附近形成多余固化区域。图 6 - 56 为突棱形成的示意图。

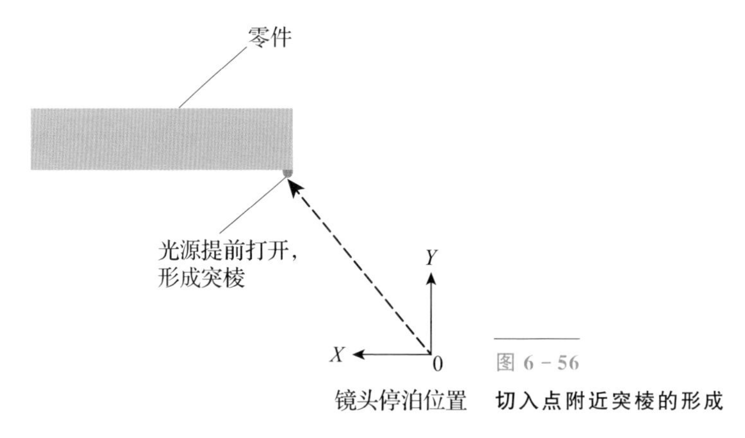

图 6 - 56
切入点附近突棱的形成

为了消除突棱，需要在镜头完成远距离移动，发出扫描指令后，延时若干毫秒再打开 LED 光源。计算理论上的延时时间应为 12ms，考虑到工作台远距离移动到切入点，机械系统的阻尼、振动等影响较大，将延时时间设置为 30ms。采用修正后的算法制作的矩形长条如图 6 - 57 所示，测量结果见表 6 - 14。采用该算法制作的矩形长条，不仅消除了骨形误差，具有很高的尺寸精度，而且消除了切入点位置的微小突棱。因此，LED - SL 成形机最终采用了该算法。

图 6-57
修正后的功率匹配算法制作的矩形长条

6.4 工艺参数和性能评价

合理的工艺参数是保证零件精度，提高制作效率的关键因素。与激光固化单线相比，LED 聚焦光束的发散角较大，会使得固化线宽 L_w 增加、固化厚度 C_d 变浅，从而导致分层厚度与填充线间距之间的关系与激光光固化有所差异。因此 LED-SL 成形机的工艺参数设置不能完全照搬经典光固化理论，需要此其基础上进行适当的修正。本节主要涉及填充线间距 H_{s2}、分层厚度的优化，并随之确定了合理的扫描速度。

6.4.1 工艺优化实验

1. 填充线间距

经典光固化理论的单线的逐层累积过程如图 6-58 所示。为了保证固化强度，填充单线间距需小于固化单线的线宽 L_w，使得相邻的固化单线相互重叠。零件的分层厚度应小于单线的最大固化厚度 C_d，保证上下相邻的两层之间能够紧密黏结。

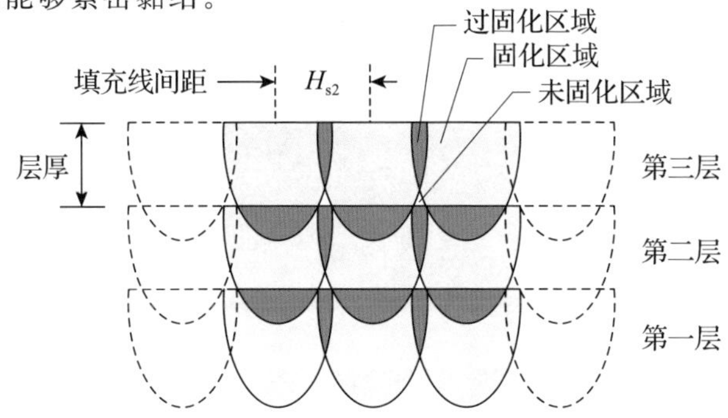

图 6-58
固化单线的逐层黏结

在激光光固化中，填充线间距 H_{s2} 略小于光斑直径，即可保证零件的充分固化。如西安交通大学研制的 LPS 系列成形机，其光斑直径为 0.12mm，H_{s2} 值取为 0.1mm。但 LED 聚焦光斑直径较大，为 0.42mm，而且功率密度远低于激光光斑，如果选择一个略小于光斑直径的 H_{s2} 值，则不能保证树脂的充分固化，而且过大的 H_{s2} 值也会降低零件的制作精度。换言之，必须选择较小的 H_{s2} 值，以增加往复照射次数。此外 LED 聚焦光斑四周存在光晕，在制作固化单线时，由于光晕对树脂的曝光量低于临界曝光量 E_C，因此晕不会导致树脂固化。但逐层固化零件的过程中，光晕对树脂表面反复照射，造成重复曝光，累积的曝光量仍然可以大于 E_C，使树脂固化。

分别以 0.4、0.3、0.2mm 的填充线间距 H_{s2} 制作 50mm×50mm×30mm 的长方体零件，不扫描外轮廓，其余制作条件与表 6-19 中 user-part 模型的制作条件相同。在显微镜下观察其固化形态(该层扫描方向为 X)的差异，如图 6-59所示。比较结果见表 6-17。从图 6-59 中可见，H_{s2} 越小于，重复曝光固化越明显。实验结果表明，重复曝光对于提高成形精度是有利的，填充线间距的设定值不应大于 0.2mm。

图 6-59 不同填充线间距的固化黏结效果

(a) 填充线间距 0.4mm；(b)填充线间距 0.3mm；(c)填充线间距 0.2mm。

LED－SL 成形机的系统在扫描固化单线时，最大扫描速度为 120mm，否则单线不能固化。但在实际制件时，由于 H_{s2} 值小，往复照射次数多，扫描速度设置为 500mm/s 时也能使零件充分固化。

表 6－17　不同填充线间距的固化效果

填充间距 H_{s2}/mm	固化黏结效果
0.4	层间黏结不充分，表面、侧面都比较粗糙
0.3	层间黏结较好，表面、侧面粗糙度降低
0.2	层间充分黏结，表面、侧面平整

2. 分层厚度

以不同扫描间距制作单层和多层的试验件，观察单层层厚的变化，以及多层试验件的层间黏结情况，以确定合理的分层厚度参数。在不同扫描间距下的单层固化效果和多层黏结情况如图 6－60～图 6－64 所示，其制作条件除了填充间距外，其余参数与表 6－20 中 user－part 模型的制作条件相同。从图中可见，随着填充间距 H_{s2} 的逐渐减小，单层层厚逐渐趋于均匀，H_{s2} 为 0.2mm 时单层形态及多层黏结状态最佳，H_{s2} 为 0.1mm 的多层试验件颜色偏深，有过固化倾向(图 6－64(b))。层厚测量结果见表 6－18，根据测量结果绘制的填充线间距 H_s 与层厚的关系曲线如图 6－65 所示。从图中可见，随着 H_{s2} 的逐渐减小，固化层厚呈指数增长。

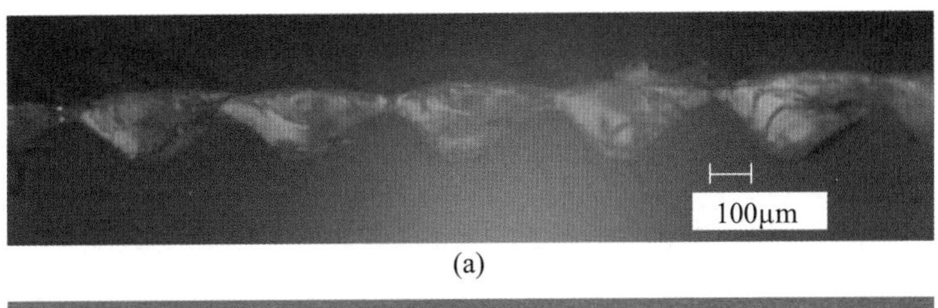

(a)

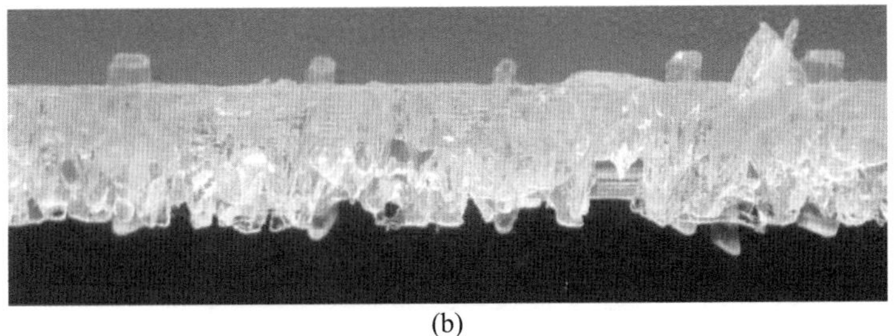

(b)

图 6－60　**填充线间距 0.45mm 的单层与多层形态**

(a) 单层形态；(b) 多层黏结形态。

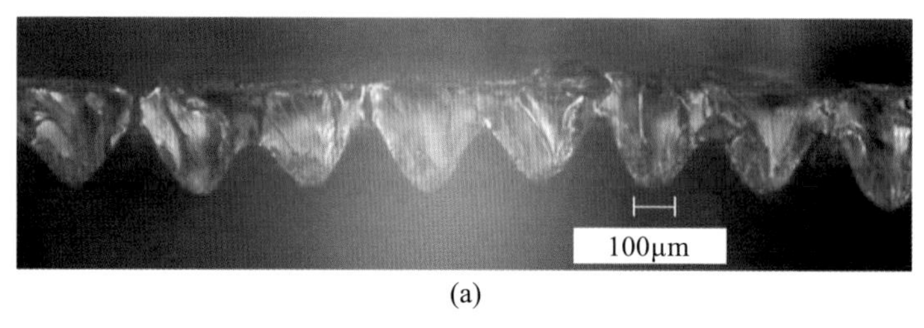

(a)

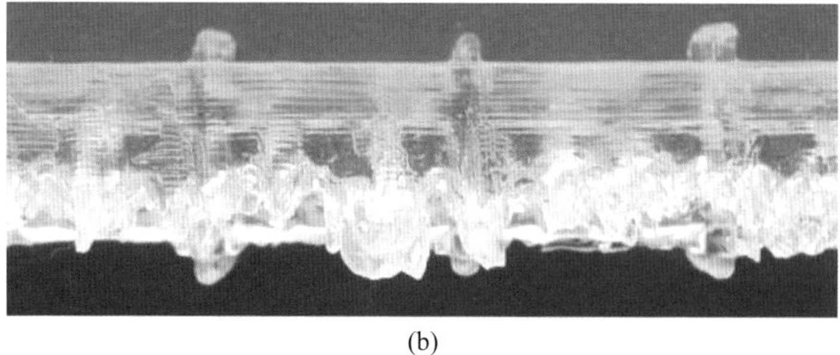

(b)

图 6-61　**填充线间距 0.40mm 的单层与多层形态**

（a）单层形态；（b）多层黏结形态。

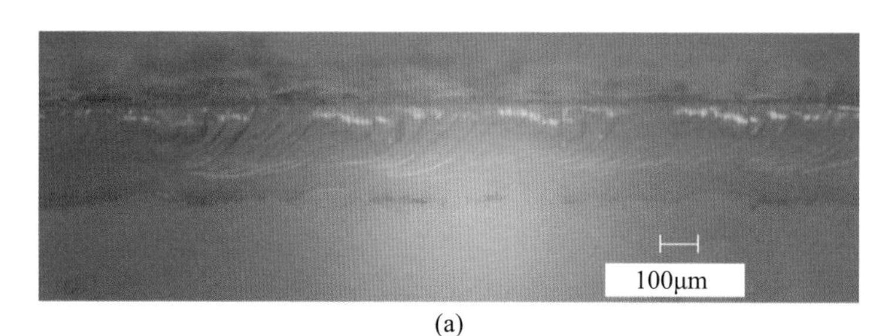

(a)

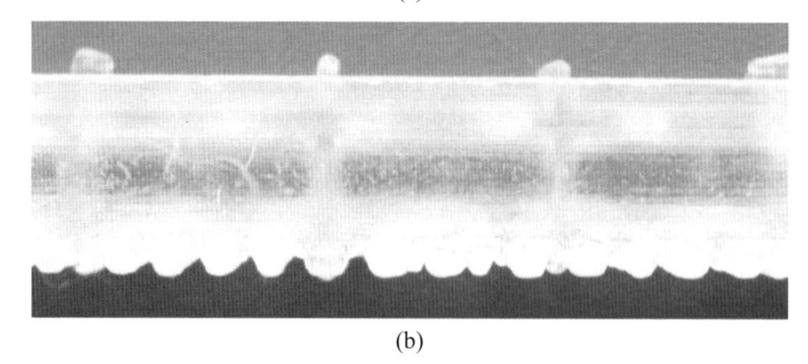

(b)

图 6-62　**填充线间距 0.3mm 的单层与多层形态**

（a）单层形态；（b）多层黏结形态。

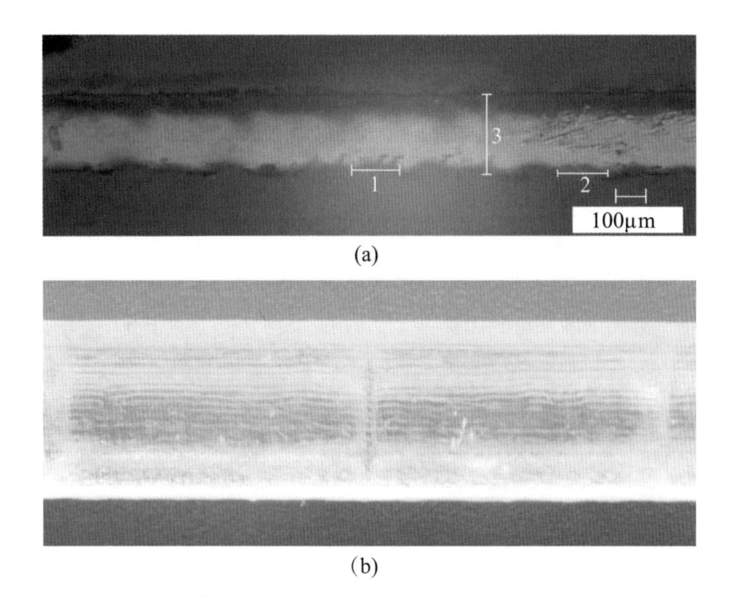

(a)

(b)

图 6－63　**填充线间距 0.2mm 的单层与多层形态**

（a）单层形态；（b）多层黏结形态。

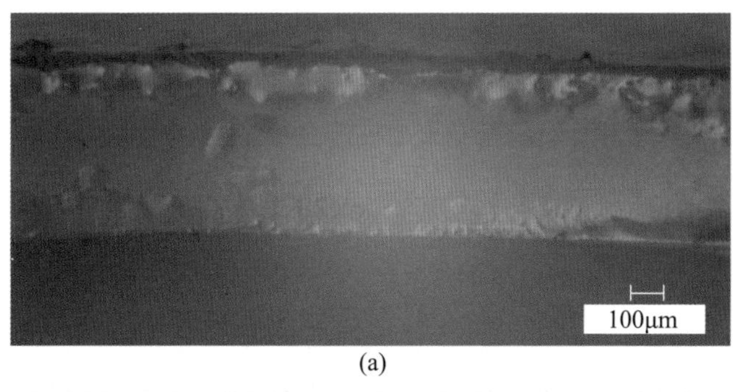

(a)

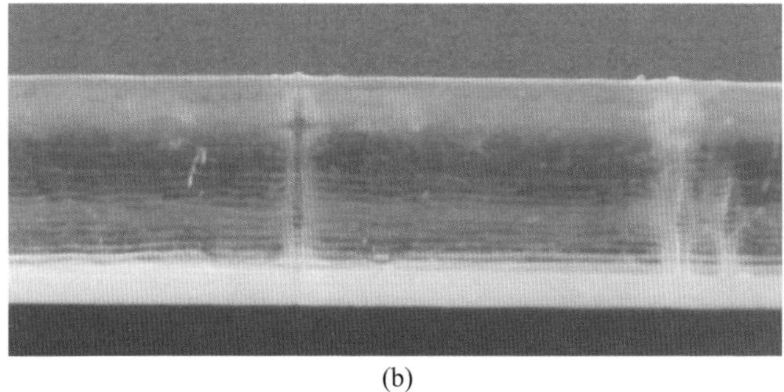

(b)

图 6－64　**填充线间距 0.1mm 的单层与多层形态**

（a）单层形态；（b）多层黏结形态。

表 6-18　不同填充线间距的固化层厚

扫描间距/mm	固化厚度/μm			
	第 1 次测量	第 2 次测量	第 3 次测量	均　值
0.1	332.64	336.46	329.85	332.98
0.2	203.97	204.93	204.67	204.52
0.3	164.90	167.27	164.76	165.64
0.4	162.99	167.79	157.27	162.68
0.45	129.64	135.35	121.05	128.68

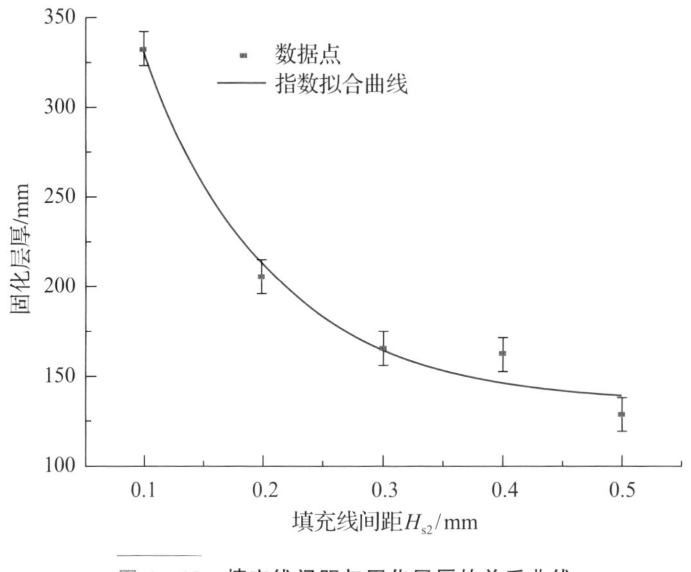

图 6-65　填充线间距与固化层厚的关系曲线

3. 优化结果

表 6-19 是依据工艺优化实验结果，总结出的 LED-SL 成形机工艺参数的设置方案。我们采用优化后的工艺参数，可成功制作一系列的模型样件，表明优化后的工艺参数方案是合理的。

表 6-19　优化工艺参数表

分层厚度 0.2mm		
扫描速度/(mm/s)	500～800	
填充线间距/mm	范围	推荐值
	0.05～0.4	0.1～0.2
涂　铺	可以省去涂铺工序，等待时间不低于 10s	
光斑补偿直径/mm	0.1	

续表

分层厚度 0.1mm		
扫描速度/(mm/s)	800～1000	
填充线间距/mm	范围	推荐值
	0.05～0.4	0.1～0.15
涂铺	涂铺方式	涂铺速度/(mm/s)
	单刃刮刀往返涂铺	40～60
光斑补偿直径/mm	0.1	

6.4.2 LED-SL 成形机性能评价

1. 精度评价

为了评估 LED-SL 成形机的制作精度，这里制作了五个 user-part 测试件，制作条件见表 6-20。每个测试件测量 63 个尺寸，其中 *X*、*Y* 方向各 25 个，*Z* 向 13 个(图 6-66)。制作结果如图 6-67 所示，单个测试件的制作时间约为 7.2h。

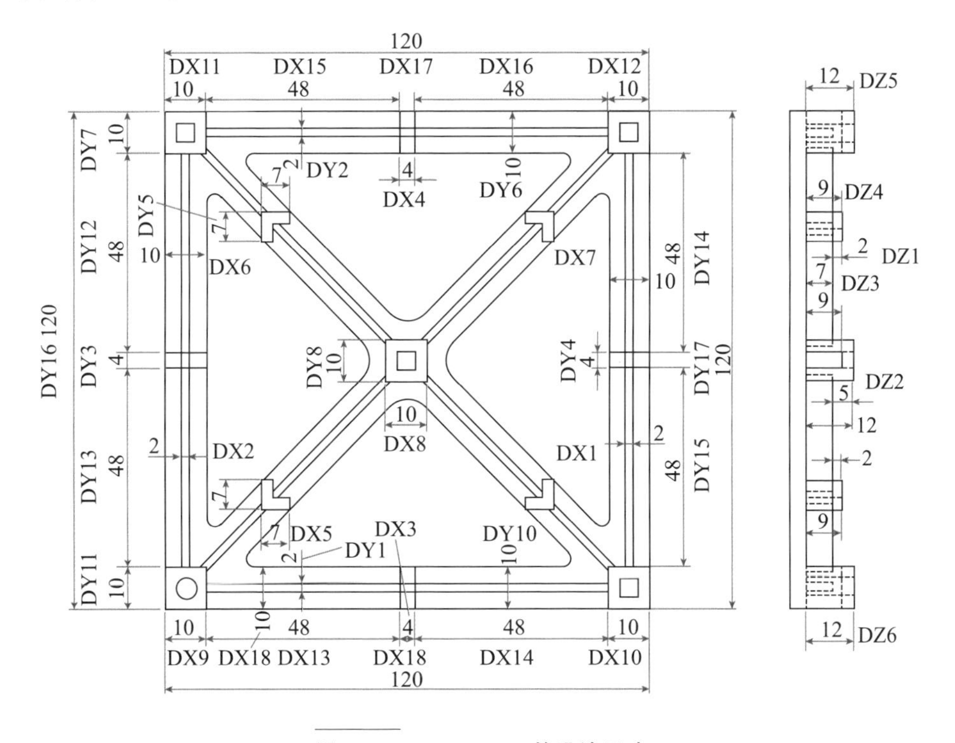

图 6-66　user-part 的设计尺寸

表 6 - 20 制作条件

参数	user - part 和模型样件	矩形单层 1	矩形单层 2
能量控制方式	功率匹配	功率匹配	功率匹配
扫描方向	奇数层 X，偶数层 Y	Y(沿矩形长度方向)	Y(沿矩形长度方向)
层厚/mm	0.2	0.2	0.2
扫描速度/(mm/s)	500	500	500
加速度/(mm/s)	4000	4000	40000
填充间距/mm	0.1	0.1	0.1
半径补偿/mm	0.05	0.05	0.05

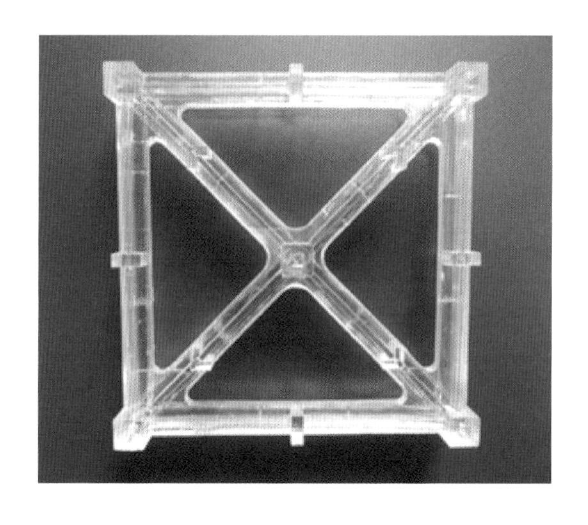

图 6 - 67
user - part 样件

通过比较设计尺寸和各样件的测量尺寸可得出尺寸误差值。对各模型的尺寸误差数据进行统计分析，并绘制出误差分布图(EDF)（图 6 - 68(a)）和累积误差分布图(CED)（图 6 - 68(b)）。根据统计分析结果，user - part 模型的尺寸偏差基本服从正态分布。分布中心为 0.028mm(总偏差平均值)，均方根误差 σ 值为 0.076mm，6σ 值为 0.456mm(σ 值表示了误差分布范围的大小)。$\varepsilon(90)$值为 0.12mm，表示 90%的尺寸偏差范围在 ±0.12mm 以内。97.4%的尺寸偏差在 ±0.2mm 以内。因此，可以评定 LED - SL 成形机的制作精度为 0.2mm。

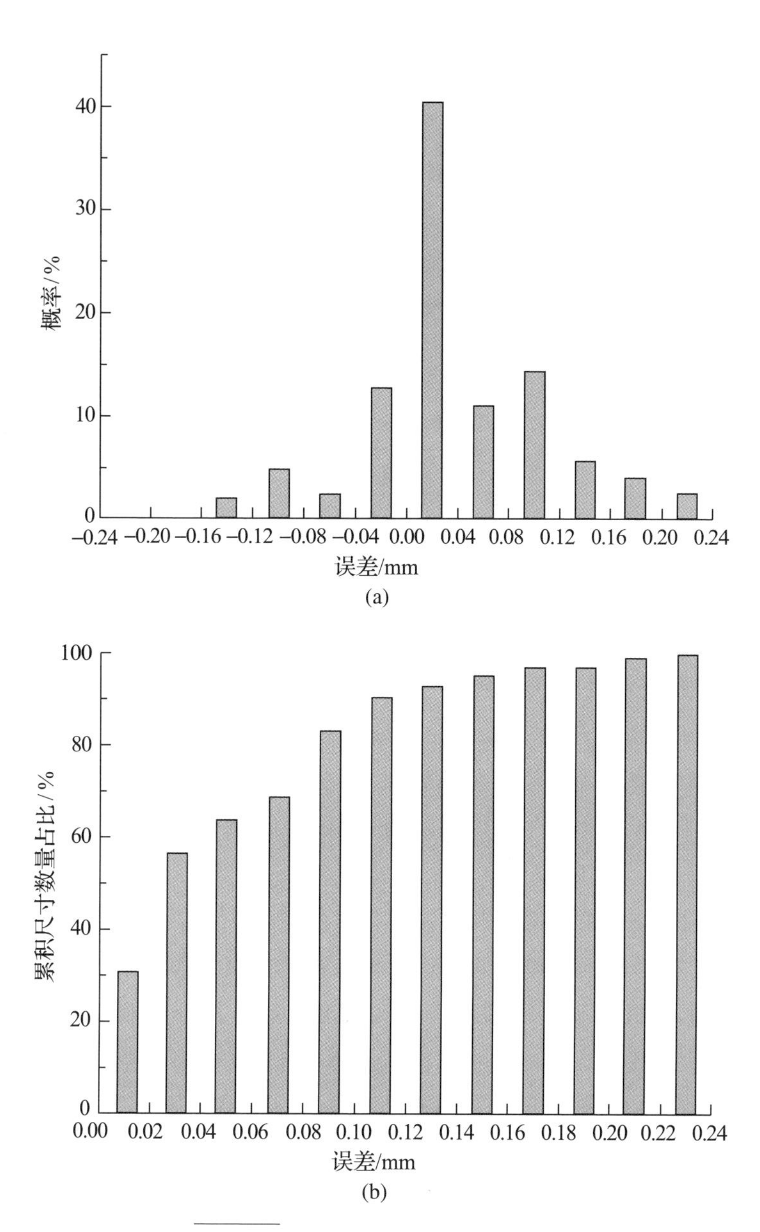

图 6-68　LED-SL 的成形误差分布

(a)误差分布图；(b)累积误差分布图。

2. 效率评价

根据式(6-11)和式(6-12)，成形机扫描速度的快慢和光束功率大小密切相关。扫描速度越快，则所需的光功率越高。由于 LED-SL 成形机系统的聚焦光束功率较高，因此 LED-SL 设备的扫描速度最高可达 500mm/s，这样的速度已经可以满足一般客户的需求。

除了扫描速度对制作效率的影响以外，$X-Y$ 工作台的加速度也对成形效率有明显的影响。分别以 4000mm/s^2 和 40000mm/s^2 的加速度扫描 150mm×10mm 的矩形单层(制作条件见表 6-20)，两个单层的不同制作耗时见表6-21。加速度提高后，制作耗时减少 15.1%。可见，为了提高成形效率，在改进光源、提高扫描速度的同时，还应尽可能地提高扫描工作台的加速性能。

表 6-21 不同加速度扫描矩形单层的耗时

	制作耗时/s	耗时减少幅度/%
矩形单层 1	53	—
矩形单层 2	45	15.1

3. 实用性

LED-SL 技术提供了一种高精度、高效、低成本的光固化快速成形方法。它可以用于制作产品或工艺品的概念模型。LED-SL 成形机制作的阀体、叶轮、大雁塔、海豚模型分别如图 6-69(a)~(d)所示。这些模型的制作体现了 LED-SL 技术的实用性。每个模型的质量、尺寸和制作时间见表6-22。

根据 LED-SL 成形机的制作速度，树脂消耗成本，光源损耗成本，计算出 LED-SL 成形机的单位时间制作成本和单位质量制作成本，并和激光成形机、CPS 成形机进行了比较(表 6-23)。LED-SL 成形机制作精度和效率比 CPS 成形机显著提高，成本进一步降低。尽管 LED-SL 成形机的精度和效率比激光成形机仍相对低一些，但低成本和 LED 光源低能耗的优势相当显著，更符合概念型成形设备降低成本的要求和绿色制造的发展趋势。

表 6-22 模型测量结果和制作时间

模型	尺寸/mm	质量/g	制作时间/h
阀体	55×55×80	68	11.1
叶轮	76×76×60	51	8.2
大雁塔	50×50×113	45	8.4
海豚	140×82×88	47	9.9

图6-69　**LED-SL制作的模型**

(a) 阀体；(b) 叶轮；(c) 大雁塔；(d) 海豚。

表6-23　激光、LED-SL打印机性能、价格的比较

设备	SL7000 (3D Systems公司)	激光立体光固化 (西安交通大学)	LED-SL350 (西安交通大学)
设备价格	79.9万美元	120万元	20万元
单位时间制作成本/(元/h)	400	100	4.4
单位质量制作成本/(元/g)	32	8	0.6
制作精度/mm	0.05	0.1	0.2mm
扫描速度/(mm/s)	3500～10000	3500～8000	500

ADDITIVE MANUFACTURING, AM, 3D PRINTING
ADDITIVE MANUFACTURING, AM, 3D PRINTING
ADDITIVE MANUFACTURING, AM, 3D PRINTING

第 7 章
面曝光光固化连续成形系统

7.1 面曝光连续面成形技术原理

目前面曝光光固化成形技术（简称面成形技术）主要分为自由液面成形和约束液面成形两类。自由液面成形所使用的面光源位于光敏树脂液面的上方，而约束液面成形所使用的面光源大多置于光敏树脂液面的下方，两者最大的区别在于成形过程。

自由液面成形对成形表面不存在限制，需要使用刮板等装置来辅助下一层树脂的铺平，以避免成形时液面不平整，影响精度。而采用约束液面成形的方式，下一层树脂填充到成形平台与约束表面之间形成一定厚度的间隙，由于受到约束表面与成形平台的共同限制，成形表面无需额外刮平机构就能保持平整。但约束液面成形存在固化后制件表面与约束表面黏结的问题，需要关闭光源等待制件与约束表面完成剥离后再进行制作。

通过比较以上两种成形方式的工作原理与主要特点，考虑到约束液面成形技术在获得较高成形质量的同时有助于成形过程中光敏树脂的及时补充，并且无需加入额外的运动机构，可有效简化实验平台结构，因此实验平台的搭建采用约束液面成形的方式。搭建的实验平台成形原理示意图如图 7－1 所示，固化后树脂随着成形平台的移动逐层叠加，形成制件。

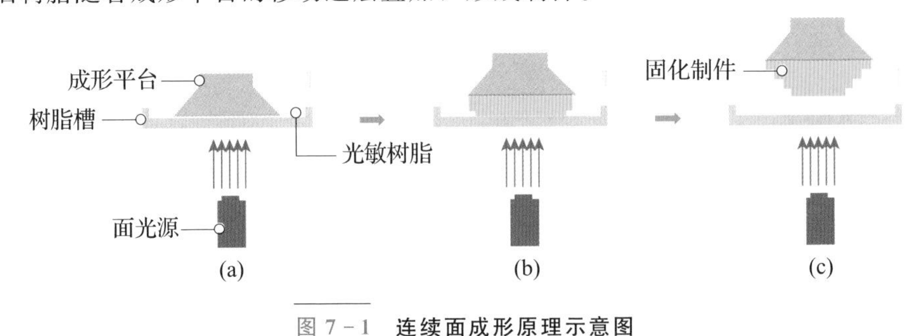

图 7－1　连续面成形原理示意图

(a)成形开始；(b)制件叠加成形；(c)制件成形完成。

为了实现连续成形，实验平台中的光源系统在成形过程中应始终保持开启，透过树脂槽底部后连续固化成形区域树脂，同时，制件固化后和树脂槽能够与底部迅速剥离，能够随成形平台连续运动，让四周的树脂及时补充到成形区域。搭建的实验平台的具体工作流程如图 7-2 所示，实验平台主要包括光源系统、平台运动机构以及其他相关功能机构。

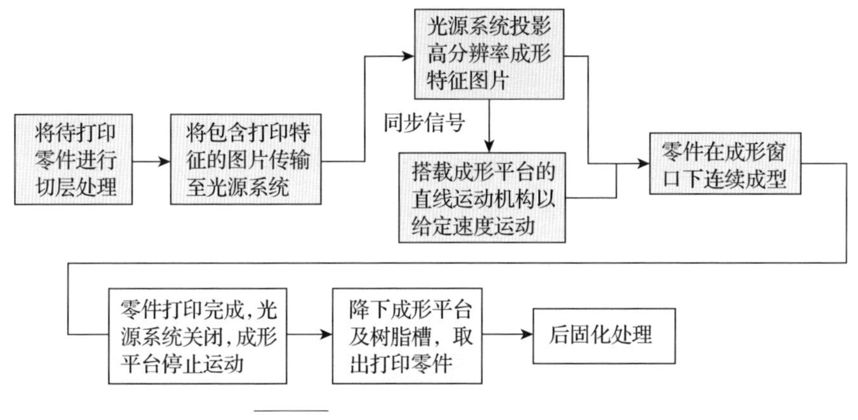

图 7-2　**连续面成形具体工作流程**

本节的主要工作是搭建实验平台，具体包括了光源系统的选型与测试、实现 Z 向运动的平台升降结构设计、盛放打印所需光敏树脂的树脂槽以及设备外部框架等其他功能结构设计与光源系统的控制与传输，实验平台结构示意图如图 7-3 所示。

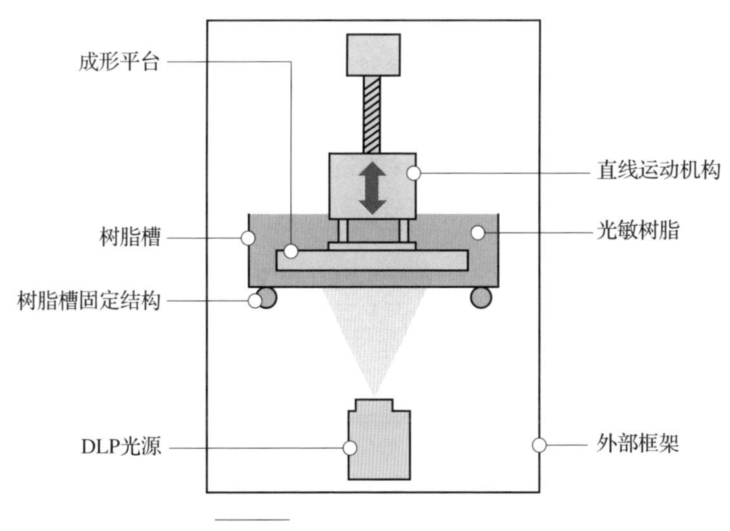

图 7-3　**实验平台结构示意图**

7.2 实验平台升降机构设计

1. 直线运动机构选型

在打印过程中，运动机构带动成形平台做直线升降运动，运动机构的性能将直接影响制件的成形。

对于连续面成形，运动机构在成形过程中的运动是连续的，制件的最大成形高度取决于运动机构的有效行程，但制件的 Z 向精度无须通过成形平台的往复运动控制，这有效避免了由于重复定位带来的累积误差，运动结构的定位精度仅对平台打印完成后回复初始位置有所影响。同时，成形过程中运动结构仅受成形平台重力、打印制件重力、液体浮力以及成形过程中制件与树脂槽底部的分离力的影响，总负载不超过 5kg。

成形过程中使用的直线运动结构应满足以下要求。

(1)有效行程大于 300mm，能够打印鞋垫等功能制件。

(2)考虑树脂透射深度，运动结构的重复定位精度需小于 0.05mm，保证在重复不少于 10 次的实验时，累积定位误差也不超过树脂的透射深度。

(3)可满足 180～1800mm/h 的打印效率。

(4)根据打印制件体积计算，制件的最大质量不超过 1kg，同时成形平台采用不锈钢材质，体积约为 $1.5\times10^{-4}\,m^3$，质量约为 1.5kg，考虑制件最大成形速度为 0.5mm/s 时的冲击能量也较低，因此电机的负载大于 5kg 即可。

(5)可稳定运行，运行过程中无明显振动。

综合考虑以上要求，最终选取 SMC 公司的 LEFSH25S6A - 400 - R2S21 电动执行器，其主要参数如表 7 - 1 所示。

表 7 - 1 执行运动机构主要参数

项目	参数
有效行程	400mm
重复定位精度	±0.01mm
最大负载	20kg
运行速度	0.05～180mm/s

2. 成形平台设计

成形平台在打印过程中用于固化制件的承载，长时间浸泡在光敏树脂原料中。因此对于成形平台来说需要：①便于定位；②化学性质稳定，不与原料发生反应；③与固化制件结合良好，能够实现成形；④便于调平，以保证平台与光源投影平面间的平行度。

考虑以上因素，最终采用经过表面处理的不锈钢材料制作成形平台，它的化学性质稳定，可使用带磁性吸附的水平仪调平。最终设计制作的平台升降机构如图 7 - 4 所示。

图 7 - 4
平台升降机构

7.3 实验平台其他功能结构设计

1. 外部框架选型

在实验平台的搭建过程中，可能需要对现有结构进行不断的调整，因而实验平台的外部框架采用更便于拆卸的铝型材。在保持实验平台外部框架灵活性的同时，为了令实验平台具有良好的稳定性，根据 GBT 5237—2008《铝合金建筑型材》，选用截面为 30mm×30mm 的铝型材。

2. 树脂槽及其固定结构

由于采用约束液面成形的方式，成形过程中投影图像会穿过盛放光敏树脂容器的底部，因此树脂槽在具有良好化学稳定性的同时，对紫外光也能够有高透过性。考虑以上因素，使用有机玻璃制作树脂槽，与传统的石英玻璃相比，有机玻璃不仅透光性能良好，达到95%，而且更不易被破坏。树脂槽底部贴有经过处理的防黏膜，用于减小成形过程中制件与树脂槽底部的分离力。

为了防止打印过程中树脂槽出现位置移动，需要对树脂槽进行固定，因此根据树脂槽大小，设计相应的树脂槽固定结构，该结构主要需具有以下功能。

(1)树脂槽竖直方向的定位，使树脂槽底部成形区域始终位于光源焦距位置。

(2)树脂槽水平面内的定位，使光源投影始终位于树脂槽成形区域。

(3)调平树脂槽。

固定结构采用铝合金材质，下方使用4根具有一定刚性的弹簧用于树脂槽的调平，在树脂槽放置到指定位置后可用螺纹连接，与该结构固定，防止打印过程中树脂槽出现位置移动。

最终搭建的实验平台如图7-5所示。

图7-5
搭建的实验平台

7.4　成形精度影响因素分析

光固化反应是典型的光化学反应，包括两个主要反应过程：①激发过程，分子吸收光能从基态到激发态；②激发态分子经化学反应生成新产物，或经能量转移或电子转移生成活性物（自由基或阳离子）后，发生化学反应生成新产物，如图 7－6 所示。

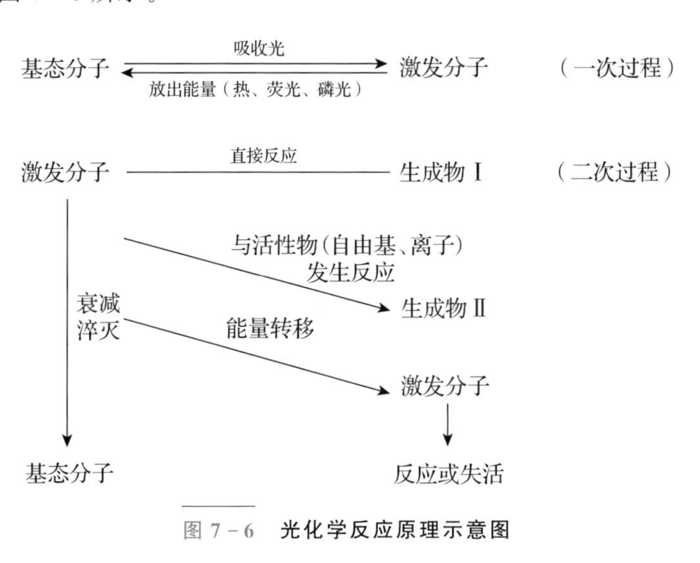

图 7－6　**光化学反应原理示意图**

光固化增材制造使用自由基体系和阳离子体系的光敏树脂，利用其在对应波段的紫外光激发下由液态转化为固态的特性，通过将二维切层叠加，生成三维制件。区别于传统的 SL 工艺制件成形过程中的间断，连续面成形工艺在成形过程中不存在光源关闭等待下一层树脂补充铺平这一步骤，树脂在整个过程中都收到光源的照射。树脂接收光照的同时，随成形平台沿 Z 向连续移动，制件成形过程连续。这样的差异导致两者的相关工艺存在明显差别，因此连续面成形过程中的工艺参数优化无法直接参考 SL 工艺的研究结果，需要在对连续面成形工艺过程进行具体研究后，根据分析结果具体筛选影响制件成形精度的主要因素，再通过工艺实验对参数进行优化。

对于本书中所搭建的实验平台，由于存在液体高度差，四周的树脂会在压力差的作用下向成形区域流动，树脂的补充过程如图 7－7 所示。

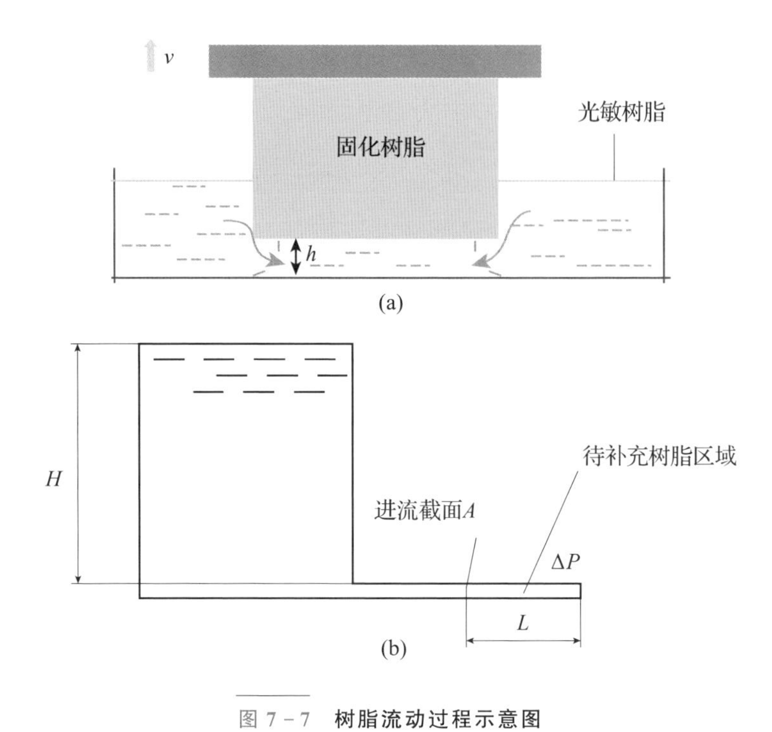

图 7-7 **树脂流动过程示意图**

(a)打印过程中树脂流动过程示意图；(b)树脂流动过程物理模型。

在树脂从远离成形区域位置逐渐向成形区域中心流动的过程中，由于树脂黏度较大，流动速度缓慢，同时树脂与成形平台以及约束表面间都存在液固接触的现象，为了简化分析，将流动过程视为非圆形截面管道内的层流流动过程。为了保证成形质量，连续成形过程中的光敏树脂在完全填充至成形区域前，应保持液体状态，但在该层树脂随成形平台向远离光源照射位置的方向移动的过程中，在树脂充分填充成形区域后、移动至不再接收光照能量前，该层树脂应完成固化。在这样的前提下可知，若成形过程中的曝光强度设置偏小，则树脂无法实现固化；若曝光强度设置过大，树脂所吸收的曝光量在四周树脂尚未完全填补成形区域的空隙时已累积超过临界曝光量 E_c，树脂发生固化，无法继续向成形区域中心位置填补，形成的制件存在中空部分，大量形貌特征缺失。

根据之前对树脂流平过程的分析，可以发现树脂的流平速度受到流动过程中损失的压力下降 ΔP、待流平区域大小以及树脂本身流动特性的影响，而与树脂上下表面接触到的固体界面的粗糙度无关。

因为将树脂从四周流平到中心成形位置的过程视作管内流动过程，且为非圆管的层流流动，因此需要计算该过程的等效水力直径，有

$$D = \frac{4 \times A}{p} = \frac{4 \times h \times b}{2 \times b} = 2h \tag{7-1}$$

式中　A——树脂流经的截面积（mm^2）；

p——流体接触的固体周边长度（mm）；

h——树脂流经区域厚度（mm）；

b——树脂流经区域宽度（mm）。

根据管内流动公式，考虑流动过程的对称性，计算管内流动过程中的平均流动速度：

$$v_{AV} = \frac{\Delta P \times D^2}{32 \times \mu \times L} = \frac{\Delta P \times (2h)^2}{32 \times \mu \times \frac{a}{2}} = \frac{\Delta P \times h^2}{4 \times \mu \times a} \tag{7-2}$$

式中　a——树脂实际流经距离（mm）；

ΔP——管内流动的压力差（Pa）；

μ——树脂黏度（Pa·s）。

根据平均速度 v_{AV}，可求得在成形平台以速度 v 匀速下降时的树脂的流动距离为

$$\begin{aligned} l &= \int_0^t v_{AV} \mathrm{d}t = \int_0^t \frac{\Delta P h^2}{4\mu a} \mathrm{d}t \\ &= \int_0^t \frac{\Delta P (vt)^2}{4\mu a} \mathrm{d}t = \frac{\Delta P v^2}{4\mu a} \times \int_0^t t^2 \mathrm{d}t \\ &= \frac{\Delta P \times v^2 \times t^3}{12 \times \mu \times a} \end{aligned} \tag{7-3}$$

考虑管内树脂可通过四周补充，因此可假设 $l = a/4$，在此假设下，可得出树脂完全补充至一定面积区域的流平时间 t 与树脂黏度、树脂深度、打印速度等参数间存在以下关系：

$$t = \sqrt[3]{\frac{3 \times \mu \times a^2}{\Delta P \times v^2}} \tag{7-4}$$

根据 Beer－Lambert 定理，有

$$E(z)=E\times e^{-\frac{z}{D_p}} \tag{7-5}$$

式(7－5)说明随着树脂与光源间距离的不断增大，该层树脂所能接收到的能量在逐渐减小。如图 7－8 所示，考虑树脂的填充时间，为保证最终成形件无表面缺陷，对于树脂完全填充成形区域前接收的能量 E_{flow} 以及该层移动至不再接收照射能量前的总能量 E_{end} 需要满足以下的边界条件。

(1)树脂在完成成形区域的填充前保持液态状态，即此时所吸收的能量小于等于树脂的临界曝光量，$E_{flow}\leqslant E_c$。

(2)在该层远离光源照射区域不再吸收能量继续固化前，该层树脂完成固化，因而有 $E_{end}>E_c$。

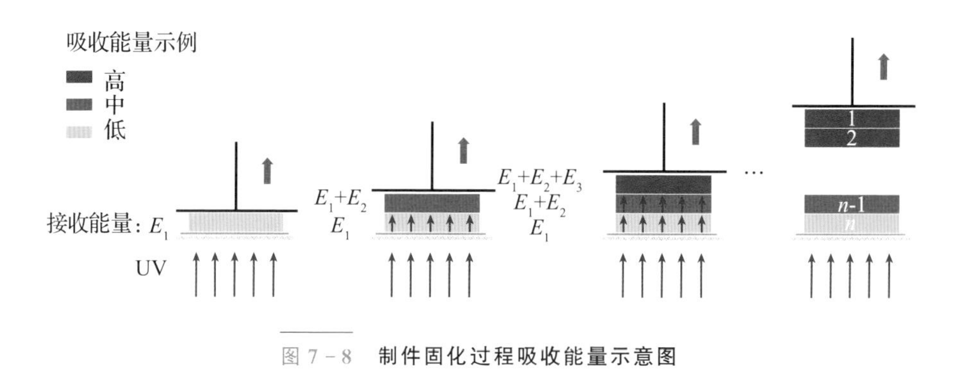

图 7－8　制件固化过程吸收能量示意图

根据以上分析可知，为了保证光固化连续成形的制件精度，需要严格控制成形过程中的曝光强度与打印速度。因此，本章将通过设计工艺实验，研究曝光强度、打印速度与制件成形精度间的具体关系。

7.5 工艺参数对连续成形制件精度的影响

根据对连续面成形过程的分析可知，在连续成形过程中，曝光强度与打印速度是影响制件成形精度的主要工艺参数，因此本节针对曝光强度与打印速度设计工艺实验，研究这两项参数对制件成形精度的影响。

7.5.1　树脂的固化性能测试

为了具体研究曝光强度、打印速度等工艺参数对制件成形精度的影响，需要实际测量树脂固化特性，根据树脂特性选择实验中工艺参数的取值范围。

目前市场上缺乏专业面向光固化连续面成形的商业化光敏树脂，因此在连续面成形工艺参数的研究中，使用课题组自主调配的光敏树脂。该光敏树脂采用自由基与阳离子共同作用的混杂体系，主要成分包括环氧丙烯酸、自由基光引发剂 2-甲基-1-(4-甲硫基苯基)-2-吗啉-1-丙酮(907)、1，6-己二醇二丙烯酸酯、环氧树脂、阳离子光引发剂硫鎓盐等。为获得树脂的相关固化特性，参考段玉岗教授使用的光敏树脂临界曝光量和透射深度的测试方式。

依照 Beer-Lambert 定理，与光源的距离为 z 处的树脂对光源投影的曝光量 E 的吸收满足式(7-5)，即 $E(z)=E\cdot e^{-\frac{z}{D_p}}$，为实现该层树脂的固化，则 $E\cdot e^{-\frac{z}{D_p}}\geqslant E_c$。因此根据临界固化条件，可得出固化厚度 C_d 与曝光量 E 之间存在如下关系：

$$C_d = D_p \times \ln\frac{E}{E_c} = D_p \times \ln E - D_p \times \ln E_c \tag{7-6}$$

由式(7-6)可知，通过将曝光量的自然对数值 $\ln E$ 作为自变量，与固化厚度 C_d 进行线性拟合，拟合得出直线的斜率即为透射深度 D_p，该直线与水平轴交点处的值为 $\ln E_c$。将待测试的光敏树脂置于相同的曝光强度下，由于实验过程中树脂保持静止，总曝光量可按照 $E=I\times t$ 计算，因此可通过改变照射时间改变树脂接收总能量。

计算相同实验条件下测试件的平均固化厚度，根据前面所述，对总曝光量取自然对数，以 $\ln E$ 为自变量、固化厚度 C_d 为因变量进行线性拟合，最终得到的曝光量—固化厚度关系图如图 7-9 所示。

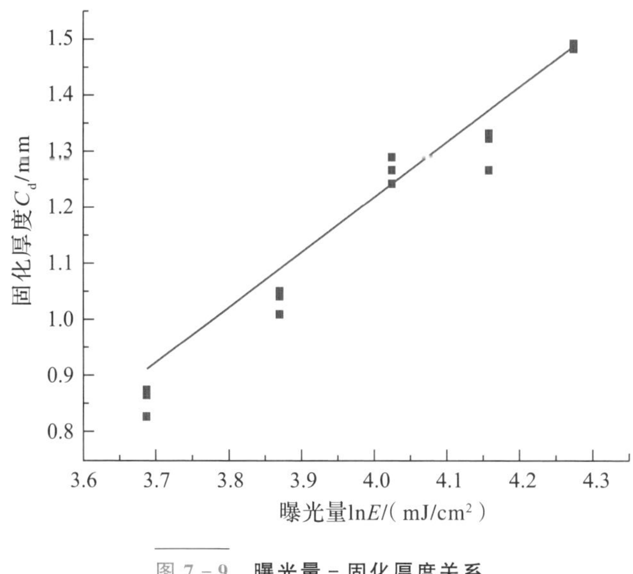

图 7-9 **曝光量-固化厚度关系**

根据拟合结果，实验中所使用光敏树脂的透射深度 D_p = 0.979mm，临界曝光量 E_c = 15.739mJ/cm² 。树脂的黏度使用黏度测试仪 NDJ-5S 测量，如图 7-10 所示，在 23℃ 的室温下树脂黏度 为 770.7Pa·s 。

图 7-10
树脂黏度测试仪 NDJ-5S

7.5.2 打印速度对成形精度的影响

在传统 DLP 工艺成形制件的过程中，成形平台完成单层固化后运动一个分层厚度，保证每次流入成形区域的树脂厚度固定，固化厚度与理论分层厚度相等；但是对于连续面成形工艺，成形平台连续运动的同时光源也一直进行相关特征的投影，光敏树脂接收的紫外光能量在该过程中不断累积，树脂随着吸收能量的增加逐渐固化，直至该层树脂移动出光源主要辐照范围，这导致随着打印速度的改变，树脂的固化厚度也会存在明显差异，如图 7-11 所示，打印速度将直接影响制件的成形精度。

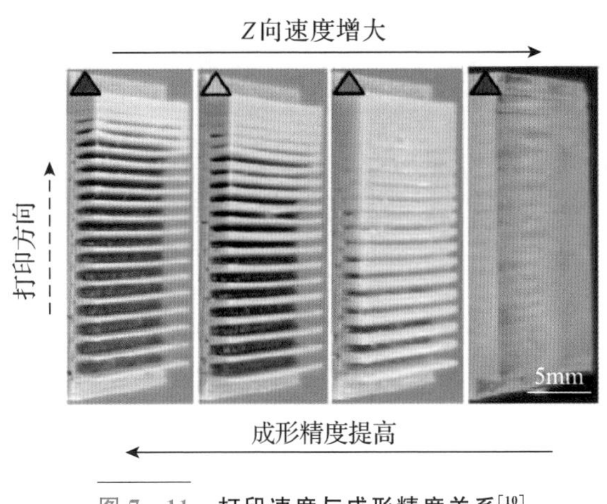

图 7-11　**打印速度与成形精度关系**[10]

在以上分析的基础上，为了研究在实际的成形过程中打印速度与树脂固化厚度之间的具体关系，利用已知固化特性的树脂制作 H 型悬臂件。其悬臂部分能够良好反映在不受限制的情况下采用不同打印速度制件的固化厚度，可用于测试不同打印速度设置下树脂的实际固化厚度与设计厚度间的关系。实验中用于测量的 H 型制件的具体尺寸如图 7-12 所示。

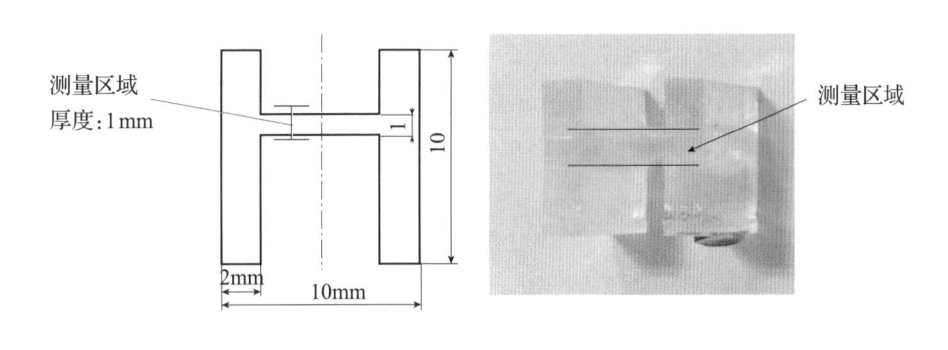

图 7-12　**固化厚度测试件**

为了较为准确地分析打印速度对制件固化厚度的影响，设置五个组别的实验，各分组实验环境相同，均采用曝光强度相同、打印速度改变的实验模式。实验具体包括五组不同曝光强度（10～18mW/cm^2），各组中打印速度均按照 0.02mm/s 的间隔从 0.09mm/s 增长至 0.17mm/s。使用千分尺测量 H 制件的固化厚度，测量精度为 0.001mm。计算相同参数下各测试件悬臂中心位置的平均固化厚度，按照组别依次绘制打印速度 - 固化厚度关系图，如图 7 - 13 所示。

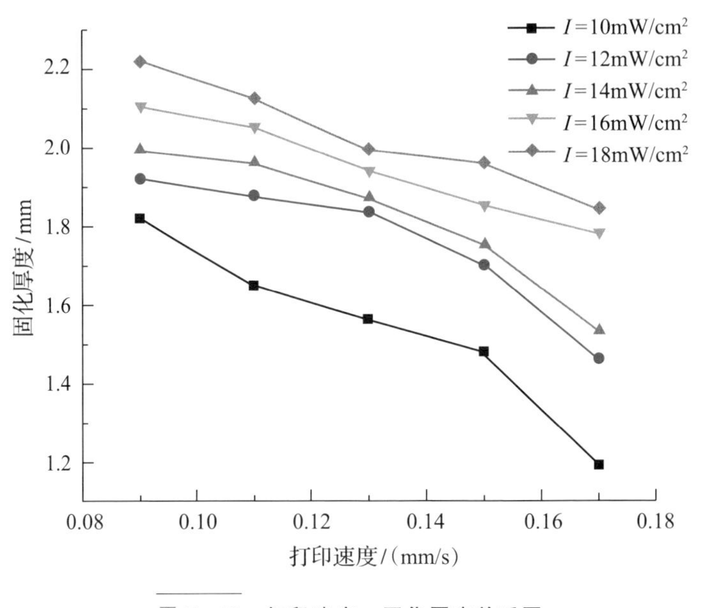

图 7 - 13 打印速度 - 固化厚度关系图

观察图 7 - 13，可知制件的固化厚度随着打印速度改变，呈现一种近似线性的关系。对不同打印速度下固化厚度与曝光强度的关系进行线性拟合，可得到随着打印速度由 0.09mm/s 增大至 0.17mm/s，曝光强度 - 固化厚度曲线的斜率分别为 0.0161、0.011、0.0096、0.0083、0.0092，整体呈现一种下降趋势，即随着打印速度加快，相同曝光强度下光敏树脂固化厚度的增长率呈一个逐渐减小的趋势。

为了进一步研究成形过程中打印速度与制件固化厚度的关系，根据 $C_d = D_p \ln E - D_p \ln E_c$，假设成形中单位厚度树脂所接收的能量 $E' = I/v$，即光敏树脂接收能量总和与打印速度成反比，则在 E' 相同的条件下，光敏树脂单位厚度所接收的能量相同。根据前期防黏结控制的研究结果，测量 $E' = 60\text{mJ/cm}^2$ 时六组不同打印速度下 H 型制件悬臂中心位置处的固化厚度。

根据测量结果计算不同打印速度下制件的平均固化厚度，按照不同打印速度下制件固化厚度的变化绘制图 7 - 14。

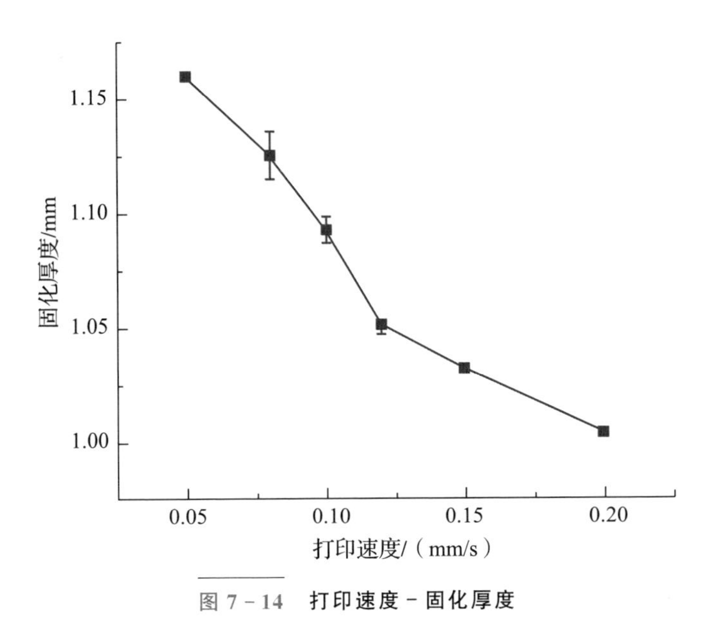

图 7 - 14　打印速度 - 固化厚度

从图 7 - 14 中可以看出，随着速度的增加，光敏树脂吸收相同曝光量后固化厚度逐渐减小，这意味着随着速度的增加，固化指定成形厚度所需的能量随之增加。因此在实际的固化过程中，需要引入与打印速度相关的比例系数 C_v，用于相应增大固化时所使用光源的曝光强度来获得与设计尺寸一致的固化厚度。

7.5.3　曝光强度对成形精度的影响

光固化反应中只有当光敏树脂吸收的曝光量超过临界值，即满足 $E \geqslant E_c$ 时才能发生固化，因此曝光强度的设置将直接影响制件的固化。

若曝光强度太低，固化所需时间长，则制件固化程度低。在成形平台快速移动过程中，制件吸收到的曝光量低，导致光敏树脂未能发生固化或固化程度低，制件边缘存在大量缺陷，成形制件尺寸小于原设计尺寸，出现分层甚至部分边缘缺失的现象；若曝光强度过大，制件吸收曝光量增加，则会导致制件与树脂槽底部防黏膜之间的分离力骤增，导致打印失败。

根据前期大量实验，可以得出曝光强度是影响制件 XY 平面精度的主要工艺参数，为了研究不同曝光强度与 XY 平面内成形精度的具体关系，以及成形不同截面形状时制件的精度变化，分别采用 0.15mm/s、0.17mm/s 以及 0.19mm/s 的打印速度，打印截面形状为长方体、回字形、圆柱、圆环的制件。根据前面的研究，成形过程中的曝光强度范围设置为 6～18mW/cm²，按照打印速度进行相应调整。制件具体尺寸如图 7-15 所示。

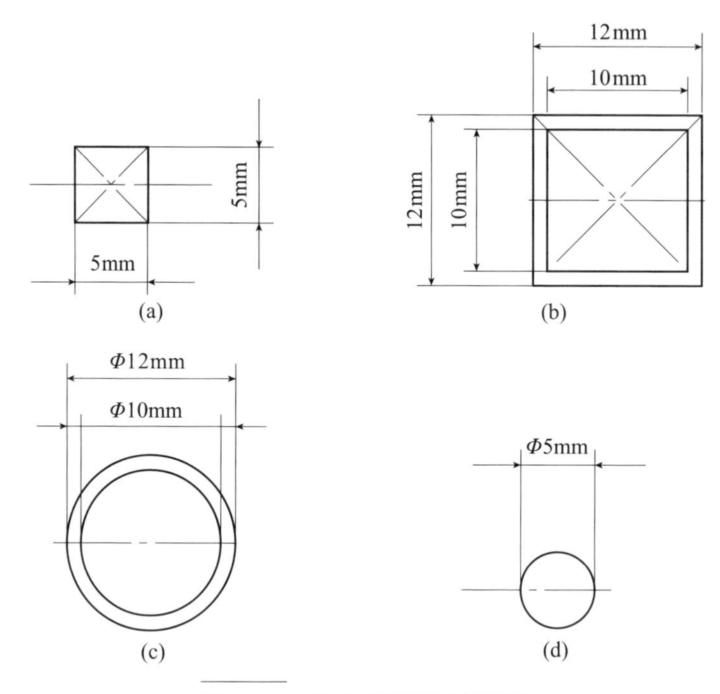

图 7-15 ***X-Y*** **平面精度测试件**

a)方柱截面尺寸；(b)方框截面尺寸；(c)圆环截面尺寸；(d)圆柱截面尺寸。

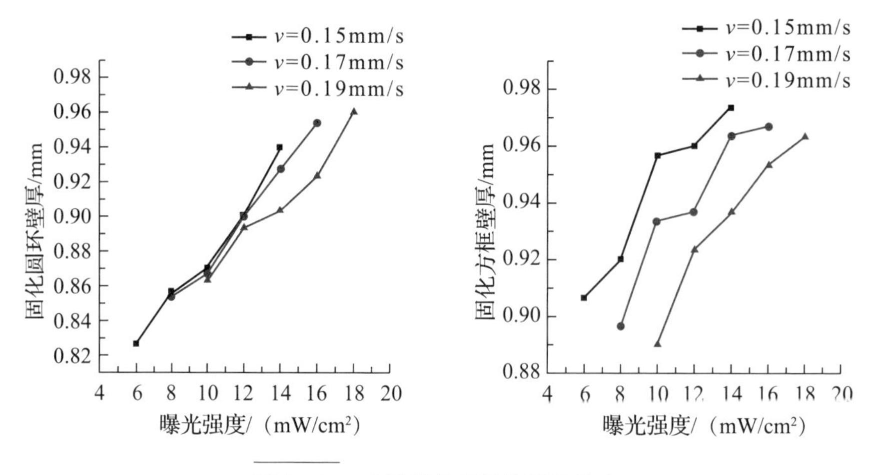

图 7-16 **中空固化制件的测量尺寸**

将测得的不同截面形状的制件的具体尺寸按照打印速度的不同分为三组，绘制曝光强度 - 成形尺寸关系图，如图 7 - 16、图 7 - 17 所示。从图 7 - 16、图 7 - 17 观察得出，随着曝光强度的增加，不同截面形状制件尺寸都有明显增加，更接近设计尺寸，但相同的打印速度、曝光强度下，不同截面形状制件变化趋势之间仍存在明显差异，为了较为准确地研究不同截面形状对成形精度的影响，将计算所得的各制件的精度误差百分比按照截面形状分组，以曝光强度为自变量，绘制曝光强度—成形制件尺寸误差关系图，如图 7 - 17、图 7 - 18 所示。

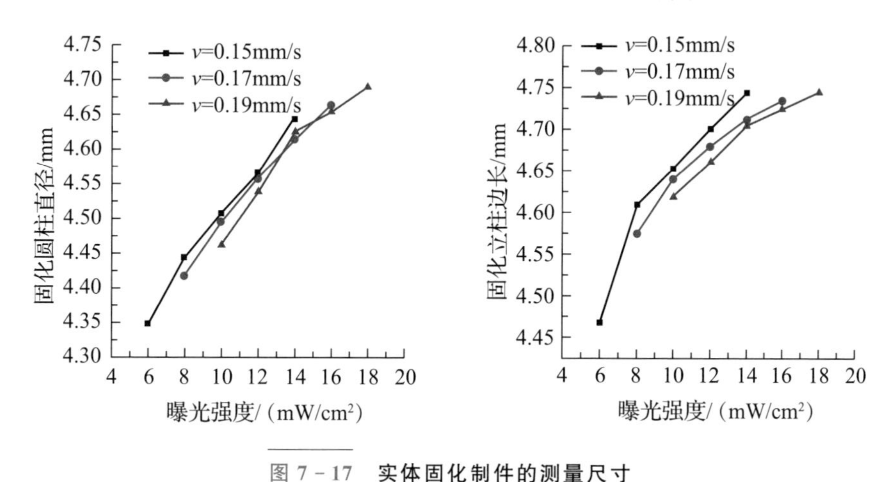

图 7 - 17　实体固化制件的测量尺寸

观察图 7 - 18、图 7 - 19，由图中点线图的趋势可知，对于不同截面形状的制件，其固化后的尺寸误差都随着曝光强度的增大而逐渐减小，在曝光强度的设置值达到 14～18mW/cm² 时，各打印速度下制件的尺寸误差均降至 7%左右。

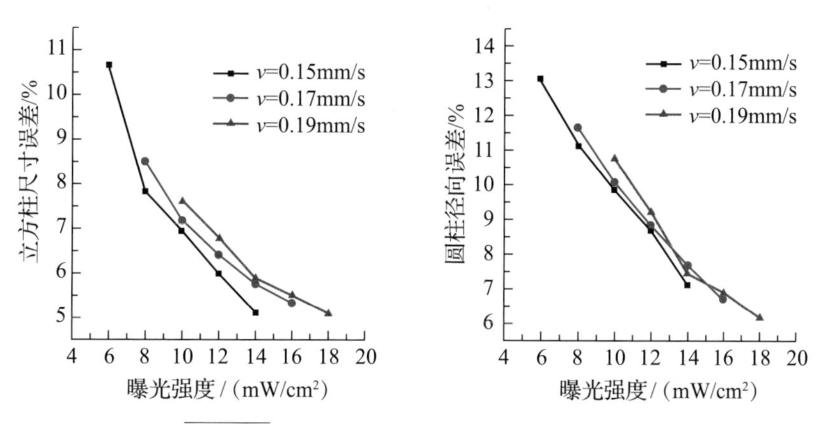

图 7 - 18　实体制件曝光强度 - 尺寸误差关系

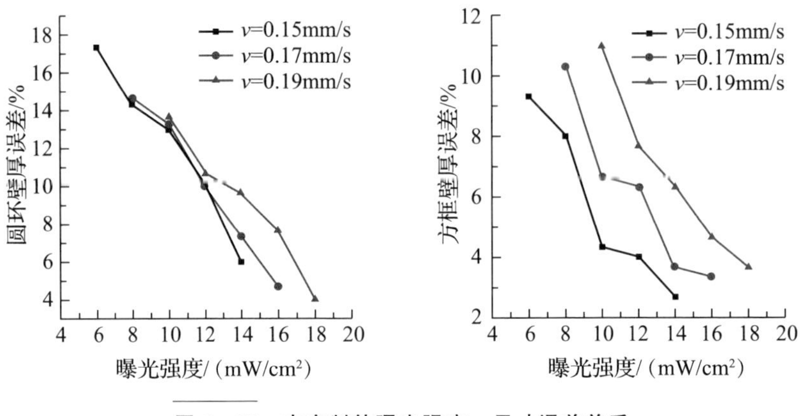

图 7-19 中空制件曝光强度-尺寸误差关系

在此基础上，根据曝光强度绘制相同速度下不同截面形状制件的尺寸误差随曝光强度改变的趋势，如图 7-20 所示。

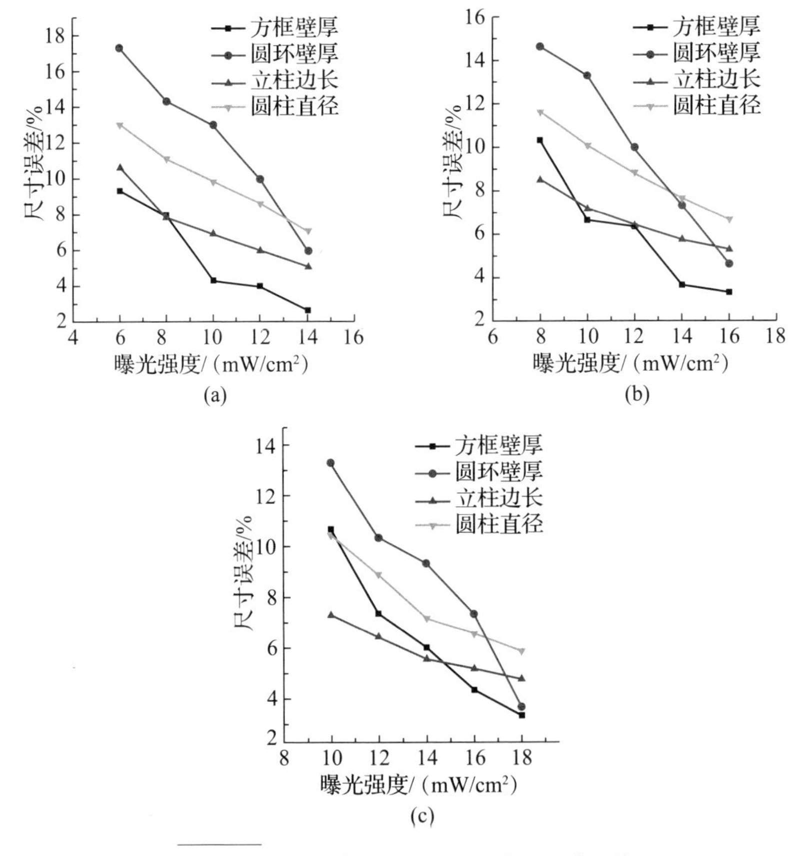

图 7-20 不同截面形状曝光强度-尺寸误差

(a)打印速度 $v=0.15$mm/s；(b)打印速度 $v=0.17$mm/s；(c)打印速度 $v=0.19$mm/s。

对于实体制件立柱以及圆柱制件，在实验测试的打印速度范围内，制件随曝光强度变化的趋势较中空制件平缓，制件尺寸误差变化范围在 5%以内；但对于中空制件圆环及方框制件，随着曝光强度的增大，尺寸误差从高于 10%迅速降低至 5%以下，变化趋势陡峭。该结果说明，与实体制件相比，中空制件的尺寸误差更易受成形过程曝光强度的影响。通过对连续成形过程分析发现，与实体制件不同，中空制件成形过程中树脂补充的流经区域小，整体固化程度相近，因此在提高曝光强度后，制件的固化程度整体得到提高，相较于低曝光强度时，中空制件在 *XY* 平面内的尺寸误差大幅度减小。中空制件固化示意图如图 7 - 21 所示。

图 7 - 21
中空制件固化示意图

根据实验结果，不同截面形状制件的收缩都会随曝光强度的增大而逐渐减小，在增大曝光强度的设置值至 14～18mW/cm^2 时，各截面形状制件的尺寸误差均降至 5%上下，由此可推断，在一定范围内增大曝光强度能有效降低制件固化后实际尺寸与设计尺寸之间的误差。但若继续增大曝光强度，随着曝光量的增大，制件与树脂槽底部的防黏膜之间的分离力也会急剧增大，导致打印失败。因此对于实验中所使用的树脂材料，为了进一步减小制件在 *XY* 平面内实际成形尺寸与设计尺寸之间的误差，需要对制件在 *XY* 平面内的尺寸进行补偿。

7.6　连续成形制件精度控制

通过对打印速度、曝光强度以及后固化时间等工艺参数的相关实验研究，本节在结合树脂特性的基础上，分析工艺参数与制件成形精度的具体关系。

根据前面的分析，在连续打印过程中，制件随着成形平台向远离光源的位置移动，光敏树脂不断补充至树脂槽底部的成形区域。但是由于紫外光具有穿透性，制件尽管离开了成形区域，仍然能够吸收能量实现进一步固化，如图 7-22 所示。

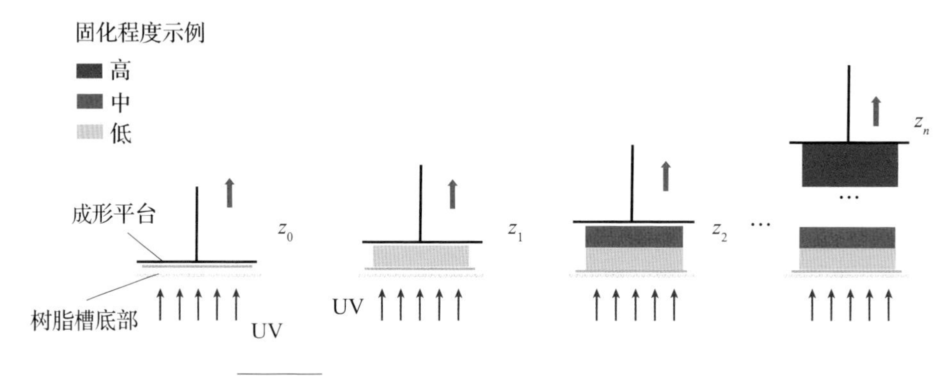

图 7-22 **成形过程中树脂 Z 向固化程度示意图**

光敏树脂接收的总能量 E 实质为光源投影的曝光强度在时间上的累积，对于不随时间变化的曝光强度 I，吸收总能量 $E = I \times t$；而当树脂所接收曝光强度随着时间而改变时，吸收总能量 E 为 $I(t)$ 在时间上的积分，即 $E = \int I(t)\mathrm{d}t$。根据 Beer-Lambert 定理，对于随成形平台移动，与约束表面初始距离为 0 的树脂，在成形平台移动一个分层厚度 h 时，接收的总能量为

$$\begin{aligned} E(0) &= E \cdot \mathrm{e}^{-\frac{z}{D_\mathrm{p}}} \\ &= \int I \times \mathrm{e}^{-\frac{z}{D_\mathrm{p}}} \mathrm{d}t \\ &= \int_0^{\frac{h}{v}} I \times \mathrm{e}^{\frac{-vt}{D_\mathrm{p}}} \mathrm{d}t \\ &= I \times \mathrm{e}^{-\frac{vt}{D_\mathrm{p}}} \times \left(-\frac{D_\mathrm{p}}{v}\right) \bigg|_0^{\frac{h}{v}} \\ &= -\frac{D_\mathrm{p}}{v} \times I \times \mathrm{e}^{-\frac{vt}{D_\mathrm{p}}} \bigg|_0^{\frac{h}{v}} \\ &= \frac{D_\mathrm{p} \times I}{v}\left(1 - \mathrm{e}^{-\frac{h}{D_\mathrm{p}}}\right) \end{aligned} \tag{7-7}$$

根据式(7-7)可推导得出，对于距离约束表面 z_1 处的树脂，可视作树脂由 z_1/v 时才开始接收光照。因此从该处树脂开始接收光照，到移动至光源投射范围外 z_2 处，树脂累积接收到的能量应为

$$
\begin{aligned}
E(z_1) &= \int_{t_1}^{t_2} I \times e^{\frac{-vt}{D_p}} \mathrm{d}t \\
&= -\frac{D_p}{v} \times I \times e^{-\frac{vt}{D_p}} \Big|_{t_1}^{t_2} \\
&= \frac{D_p \times I}{v}\left(e^{-\frac{vt_1}{D_p}} - e^{-\frac{vt_2}{D_p}}\right)
\end{aligned}
\tag{7-8}
$$

在式(7-8)中，$t_2 = \frac{z_2}{v}$，$t_2 - t_1 \leqslant \frac{h}{v}$。因此存在 $E(z_1) = E_c$，令 z_1处的树脂处于刚好固化的临界状态，此时成形平台移动一个层厚的实际固化厚度为 z_1。为了使实际固化厚度与理论固化厚度相等，即 $z_1 = h$，则 z_1处所吸收的总能量为

$$
E(z_1) = \frac{D_p \times I}{v}\left(e^{-\frac{h}{D_p}} - e^{-\frac{2h}{D_p}}\right) \tag{7-9}
$$

树脂在成形过程中能量吸收过程如图 7-23 所示，在分层厚度 h 固定，且树脂的透射深度 D_p 和临界曝光量 E_c 已知的情况下，通过对以下等式求解：

$$
E_c = E(z_1) = \frac{D_p \times I}{v}\left(e^{-\frac{h}{D_p}} - e^{-\frac{2h}{D_p}}\right) \tag{7-10}
$$

可得出满足实际固化厚度等于理论固化厚度时，曝光强度与打印速度间的比值 I/v。而根据 8.2.2 中对采用 $I/v = 60\mathrm{mJ/cm^2}$ 的工艺参数打印制件的固化厚度的测量，可知随着打印速度 v 的增大，相同 I/v 打印制件打印的厚度在逐渐减小，因此根据前期大量实验，引入基于打印速度 v 的比例系数 $C_v = 1.06$。

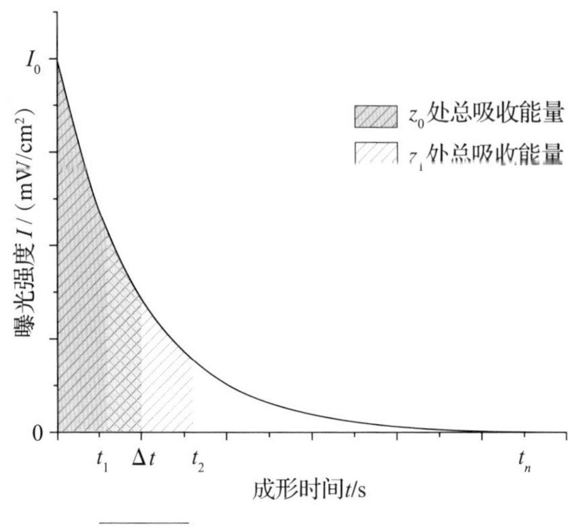

图 7－23　不同位置处树脂接收能量

对于一定速度 v 下对应的曝光强度 I，存在以下关系：

$$I = C_v^{\frac{v}{0.05}-1} \times I_0 \tag{8-11}$$

其中，I_0 为根据式(7－10)计算得到的打印速度为 v 时对应的曝光强度。根据式(7－10)、式(7－11)，确定四组曝光强度、打印速度优化组合，测量以这几组工艺参数打印的 H 制件的固化厚度，并计算制件实际尺寸与设计值之间的绝对误差。根据测量的制件固化厚度以及与设计尺寸间的误差，绘制图 7－24。

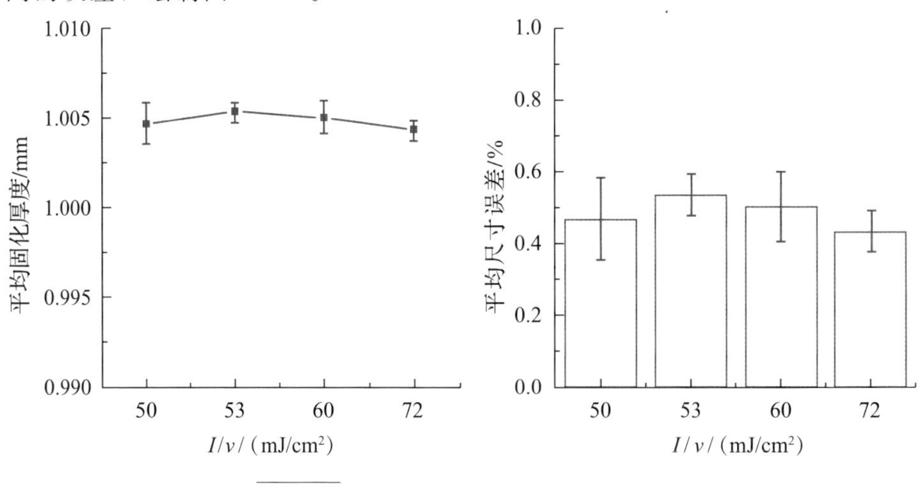

图 7－24　优化后的固化厚度与尺寸误差

从图 7-23 中可以看出，采用优化的曝光强度与打印速度打印出的制件的 Z 向精度的尺寸误差已经减小至 0.6%以下，可以良好匹配制件的理论分层厚度，达到较高的 Z 向分辨率，从而保证了制件细节特征的完整。

在针对提高制件 Z 向精度而对曝光强度与打印速度进行优化后，根据前面对制件 XY 平面精度的分析，需要通过补偿以减小制件在截面内的精度误差。为了确定制件的补偿规律，使用经过优化的打印参数制作不同截面形状的零件，如图 7-25 所示。通过测量各打印参数下制件的实际尺寸，计算制件在该参数下与理论尺寸间的误差，获取补偿制件 XY 平面精度的具体参数。

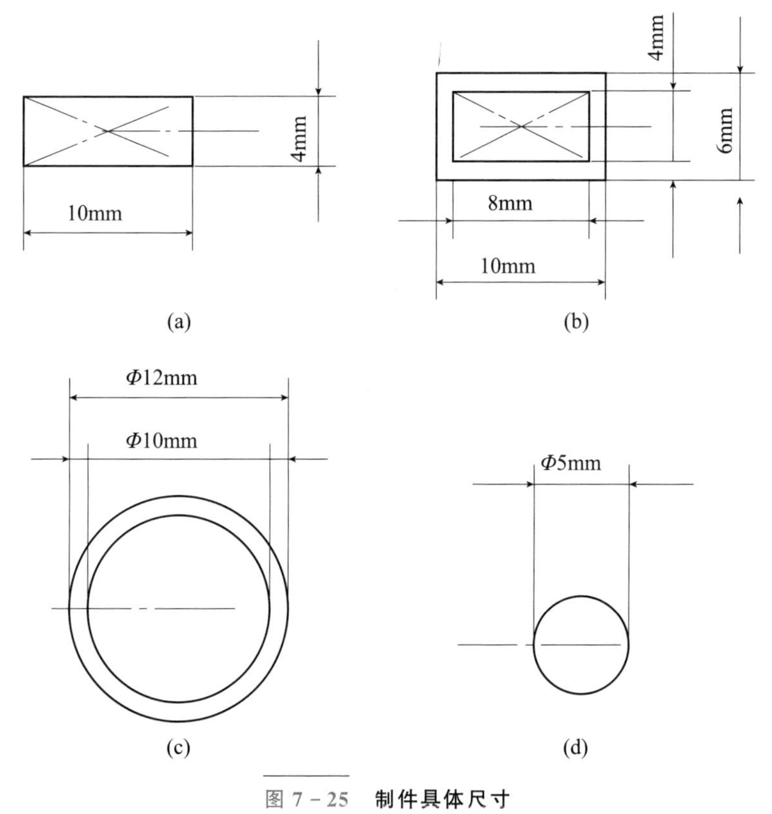

图 7-25　**制件具体尺寸**

(a)方柱截面尺寸；(b)方框截面尺寸；(c)圆环截面尺寸；(d)圆柱截面尺寸。

从图 7-26、图 7-27 可以看出，采用基于 Z 向精度优化的打印参数打印制件时，与前期研究结果相同，随着曝光强度的增大，制件的截面尺寸也在逐渐增加，更贴近设计尺寸。根据测量结果计算了不同截面形状尺寸精度的误差百分比，并按照光强/速度－尺寸误差关系绘制图 7－28。根据图 7－29，进一步证实了中空制件(圆环制件、方框制件)相较于实体制件对打印速度与曝光强度更敏感这一结论，随着打印参数的改变，中空制件的制作尺寸迅速变化，该误差产生的原因是中空结构内侧树脂会累积扩散的光照能量，需要选择较高能量减小该部分能量造成的影响。

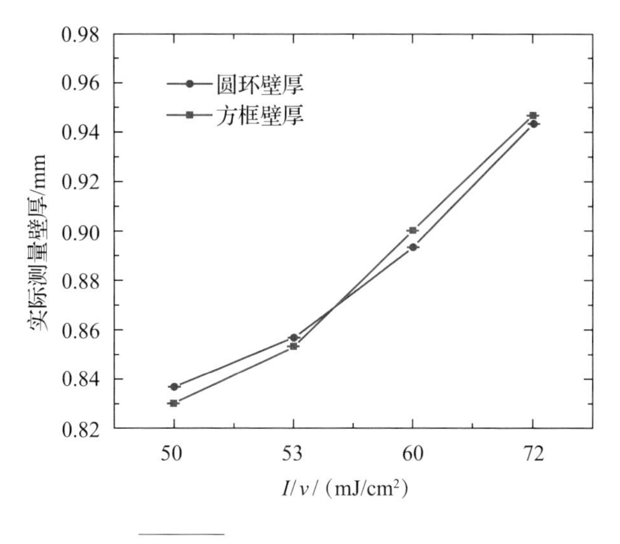

图 7－26　中空制件实际测量尺寸

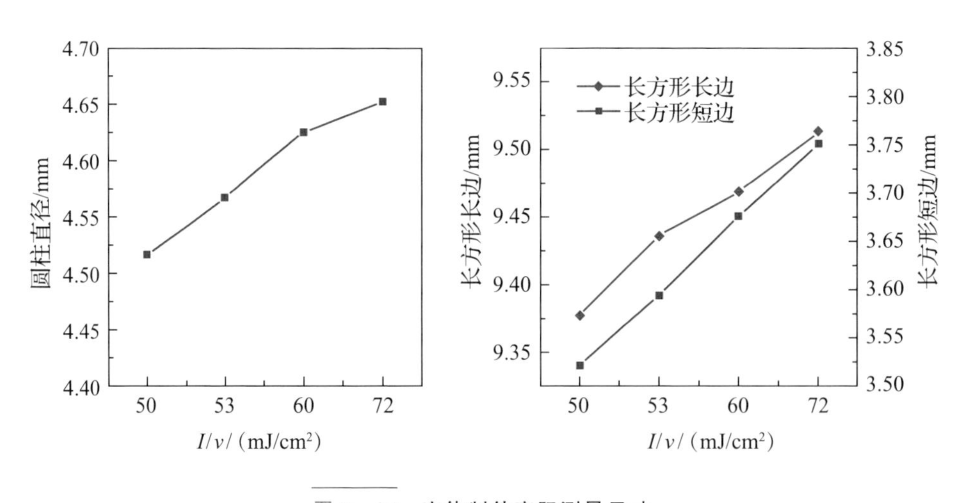

图 7－27　实体制件实际测量尺寸

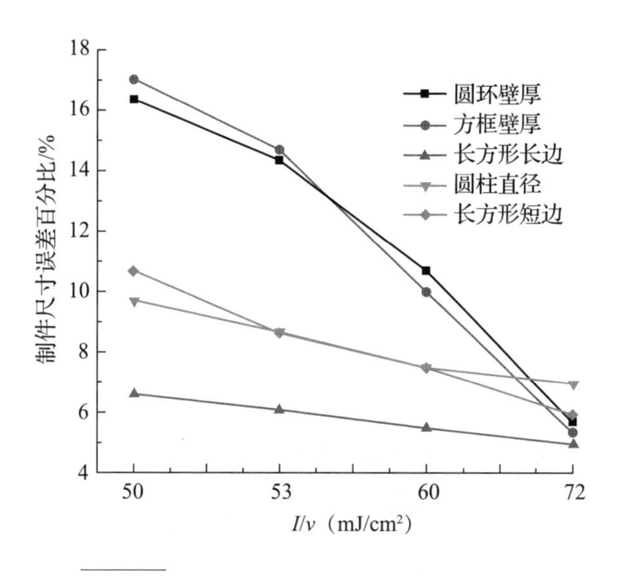

图 7-28　不同截面形状制件尺寸误差百分比

通过分析连续面成形过程可知，在制件打印过程中，因为光源一直保持开启，光敏树脂随着平台上升由四周向成形区域补充时也一直在接收紫外线能量，因此制件截面内中心区域与四周接收的能量大小有所差异，而基于 Z 向精度优化的打印参数与为了保证制件的实际固化厚度与理论值一致，并未将四周边缘位置的树脂固化过程考虑在内。制件截面内实际固化情况如图 7-29 所示。

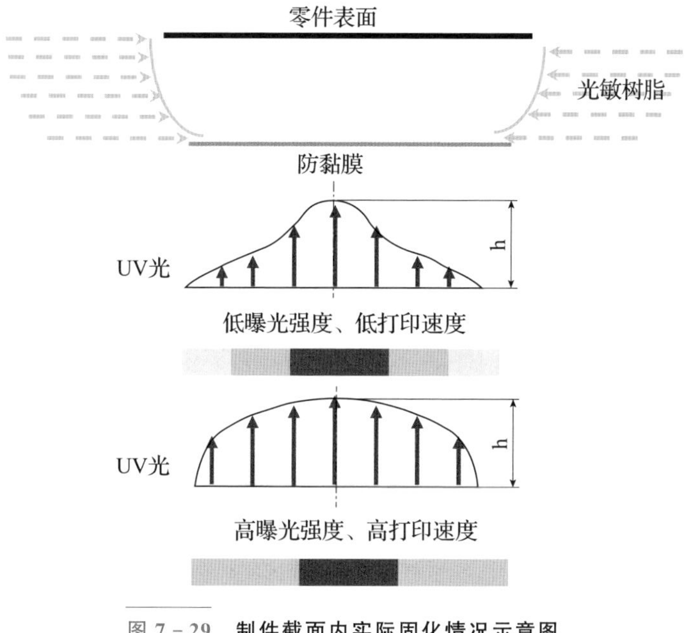

图 7-29　制件截面内实际固化情况示意图

因此，为了补偿因为曝光量在树脂补充过程中的差异导致的偏小制件尺寸，采用较大曝光强度的打印参数组合，根据采集到的实验数据，在基于 Z 向精度优化的工艺参数中，选取曝光强度为 $18mW/cm^2$、打印速度为 0.25mm/s，对制件的 X、Y 尺寸也进行相应补偿，并根据工艺实验结果对中空制件与实体制件的截面分别采用5%与7%的误差补偿。设计如图7-30所示制件，用于测量补偿后制件的尺寸偏差结果，测量数据如图7-31所示。

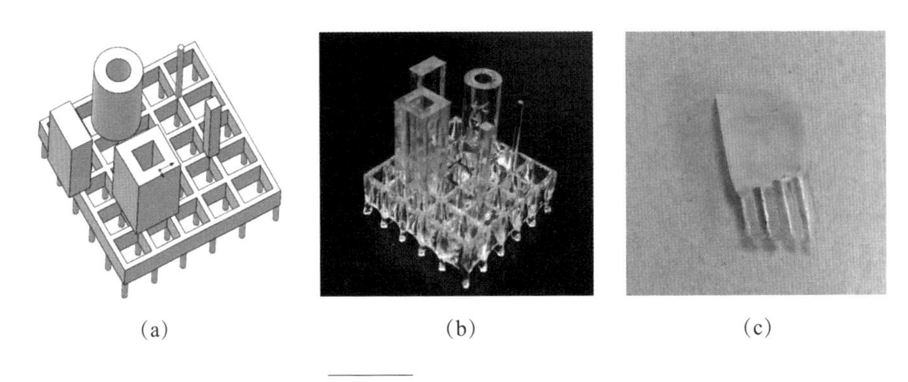

图 7-30　补偿测试制件

(a)尺寸测试制件模型；(b)实际打印尺寸测试制件；(c)表面质量测试件。

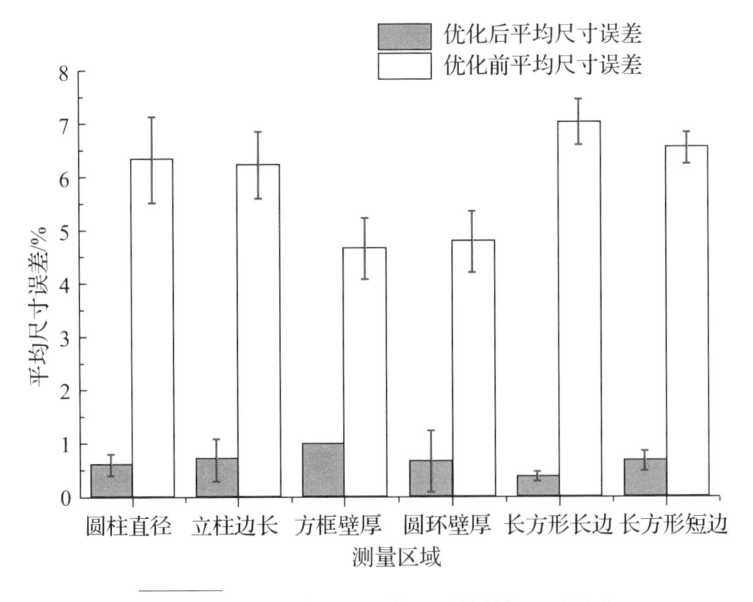

图 7-31　补偿前后不同截面形状制件尺寸误差

基于制件 Z 向精度，根据式(7－10)、式(7－11)计算分层厚度为25.4 μm时，使用打印速度为 0.25mm/s、曝光强度为 18mW/cm^2 打印制件，并按照成形工艺实验的测量结果，对该打印参数下实体制件与中空制件的 XY 平面精度分别进行 7%与 5%的尺寸补偿，从图 7－33 中可以看出，经过对制件各截面的尺寸补偿，各制件最终的打印尺寸与理论尺寸间的误差均被降低至 1%以下，实体制件的误差则在 0.7%左右。

用于表面测试的制件如图 7－31(c)所示，沿垂直方向偏转 25°打印，依次测量修正打印参数前后该制件侧面的粗糙度，如图 7－31 所示。

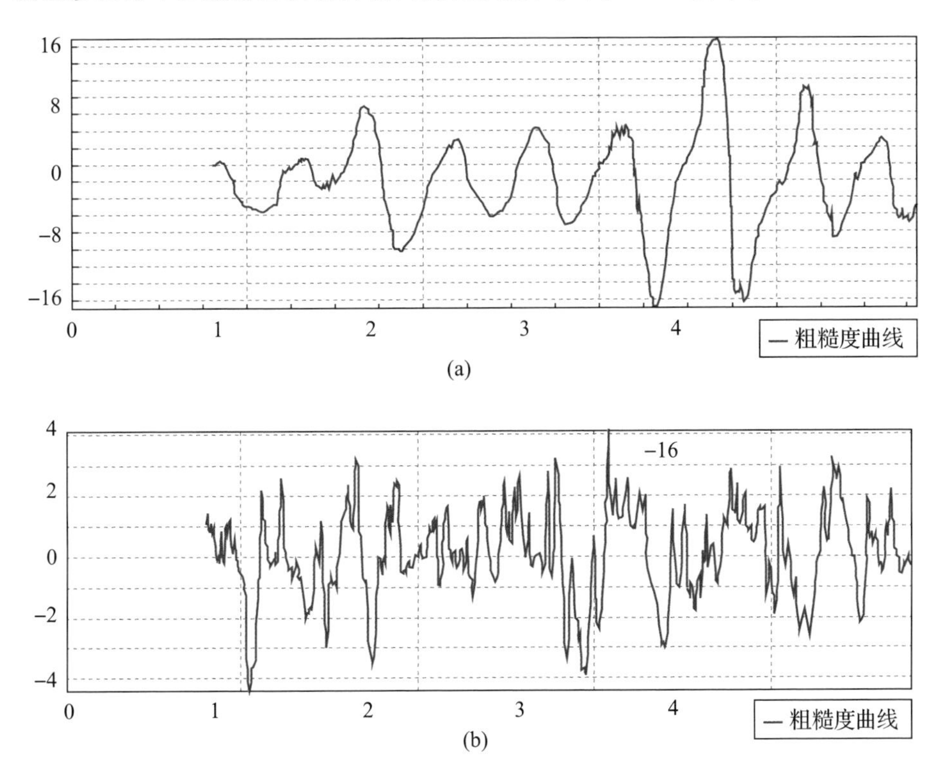

图 7－32　**补偿前后制件的表面粗糙度测试**

(a)优化前表面粗糙度；(a)优化后表面粗糙度。

如图 7－32 所示，在经过优化补偿后，制件表面的平滑性得到了提升。通过在优化打印工艺参数的基础上对制件截面内尺寸进行补偿，可以有效提高制件的成形精度，能够进行复杂精细零件的制作，目前所能达到的最小打印分辨率为 75 μm。使用优化后参数打印的复杂结构制件如图 7－33 所示。

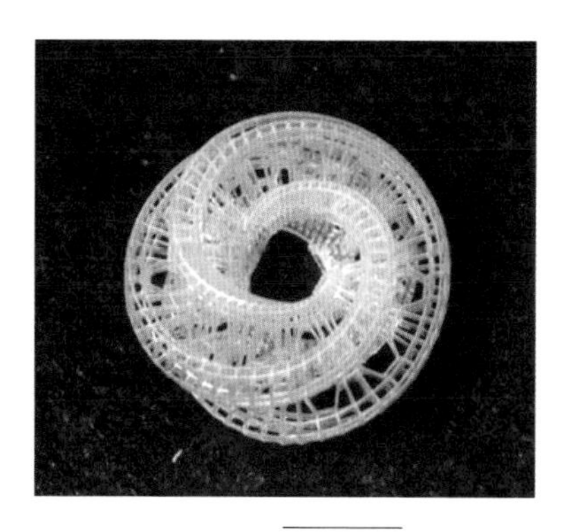
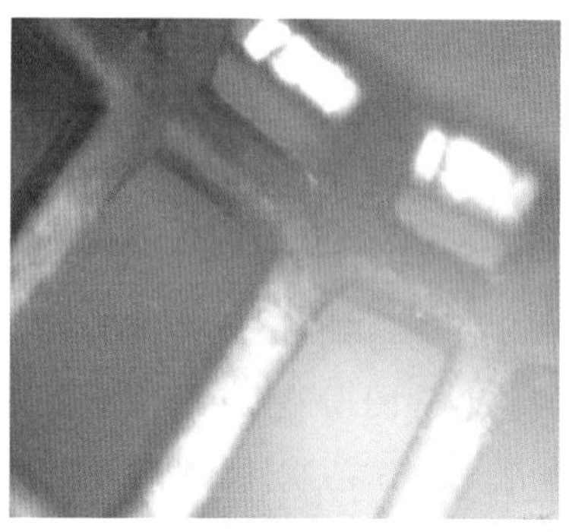

图 7-33　优化工艺参数后打印的制件

7.7　成形方向对连续成形制件力学性能的影响

连续成形过程中制件的固化程度是逐渐增加的，制件整体的固化程度与成形方向无关，因此成形方向对连续成形制件无显著影响。

本书通过对约束表面的防黏研究，实现了成形过程中制件与约束表面间的快速剥离，使制件的打印过程连续。为了探究在采用黏防黏材料实现制件过程中快速剥离后，成形方向是否会对制件的力学性能产生影响，本节沿不同方向打印拉伸测试件与弯曲测试件，通过测试制件的拉伸特性以及弯曲特性，分析在连续成形过程中成形方向与制件力学性能的关系。打印制件的成形方向以及具体尺寸如图 7-34、图 7-35 所示。

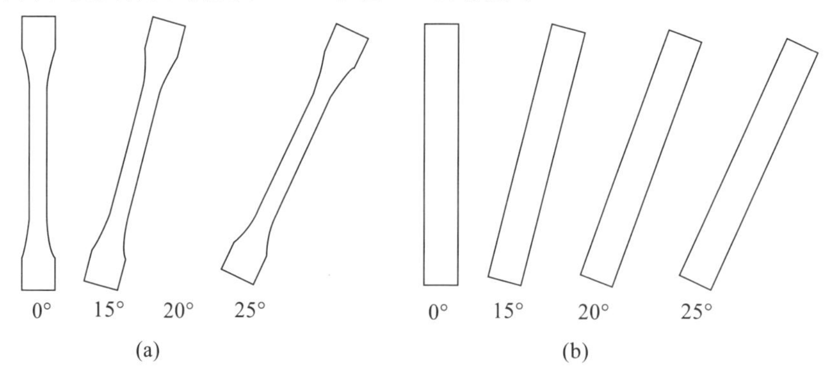

图 7-34　不同成形方向的拉伸、弯曲测试件

(a)拉伸测试件；(b)弯曲测试件。

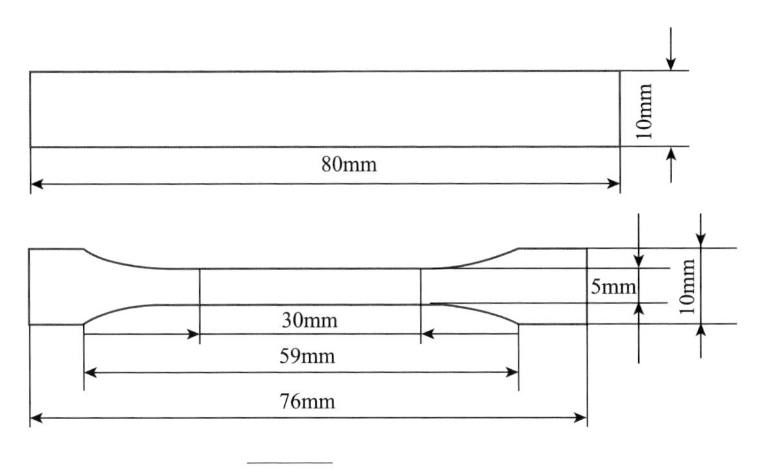

图 7－35　测试件具体尺寸

受限于光源系统的成形幅面，测试选取四组不同成形方向，如图 7－34 所示，将垂直于水平面记作 0，其余三组分别沿顺时针方向旋转 15°、20°和 25°，随着角度的变换，成形方向逐渐趋于“水平”。除成形方向外，制件打印过程中所使用的工艺参数保持一致，均在 18mW/cm^2 的曝光强度以及 0.25mm/s 的打印速度下成形。制件的拉伸性能测试以及弯曲性能测试标准分别按照 GB/T 1040.2—2006、GB/T 9341—2008 执行，测得的不同成形方向下制件的拉伸力学性能与弯曲力学性能如图 8－36、图 8－37 所示。

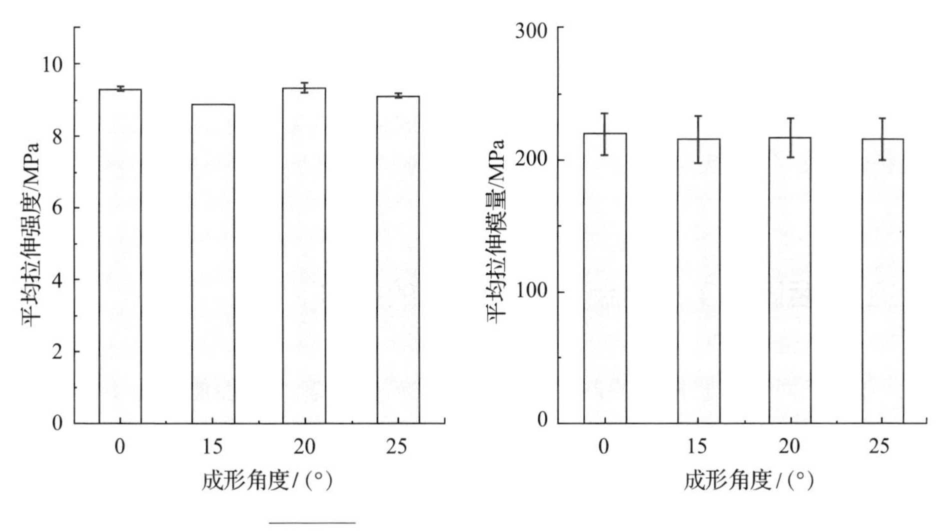

图 8－36　不同成形方向下制件拉伸性能

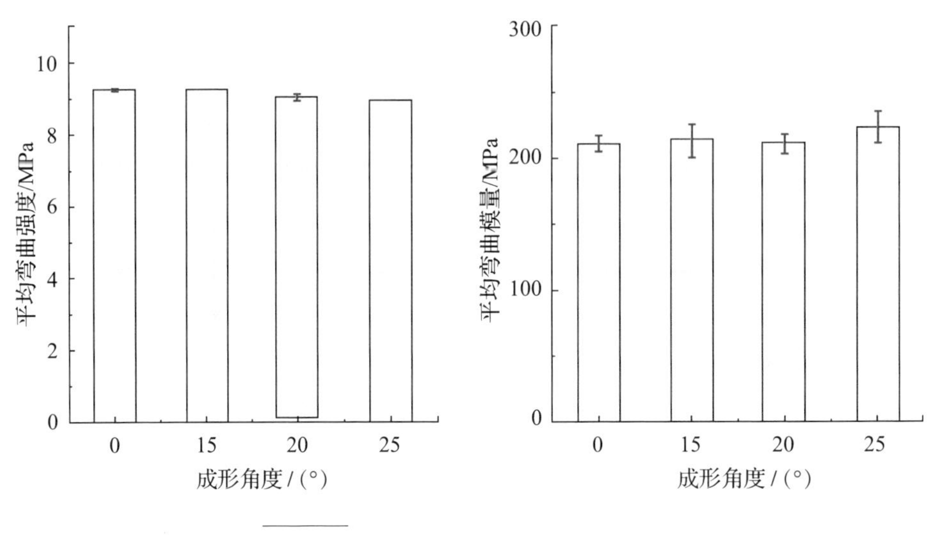

图 7-37 不同成形方向下制件弯曲性能

在相同的曝光强度以及打印速度下进行实验时，不同成形方向下的平均拉伸强度为 8.8MPa，平均拉伸模量为 220MPa；平均弯曲强度为 8.2MPa，平均弯曲模量为 260MPa。拉伸强度与弯曲强度的标准差均低于 1，拉伸模量与弯曲模量的标准差则在 15 左右，不同成形角度下各组制件的拉伸模量与弯曲模量均在 200MPa 与 250MPa 上下小幅波动。计算了制件各项力学性能在不同成形方向下的变化率，对于所有测量制件而言，成形方向对各项力学性能的影响均不高于 3%，不同成形方向对于制件的力学性能并不存在明显影响。该实验结果说明，在降低制件与约束表面间的分离力，实现两者的快速剥离后，成形方向对制件的力学性能不存在明显影响。

7.8 后固化工艺对制件力学性能的影响

通过光固化工艺打印的制件在打印完成后，湿态力学性能往往不能满足最终的使用要求，制件在打印完成后的拉伸强度与弯曲强度均不足 9MPa，因此需要进行后固化处理提高制件的力学性能。本节对制件的后固化工艺进行分析，首先测试了制件后固化前后尺寸精度的变化，然后具体探究后固化工艺与制件力学性能的关系，打印过程中使用的工艺参数为 $18mW/cm^2$ 的曝光强度以及0.25mm/s的打印速度。

为了较为全面地研究后固化时间的影响，将制件分为10组，分别制作拉伸测试件与弯曲测试件，将制件放置于固化箱内，功率为60mW/cm²，不同后固化时间的制件如图7-38所示。

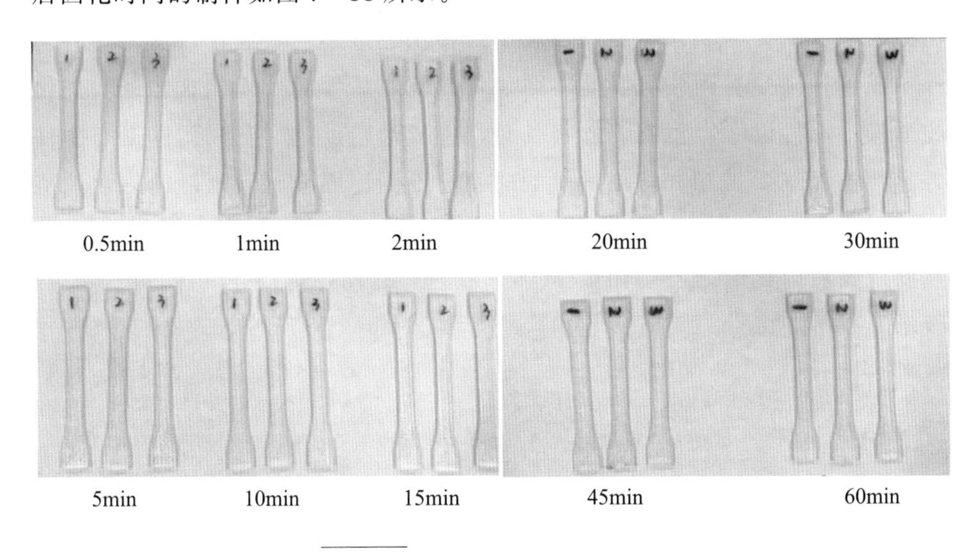

图7-38　不同后固化时间的制件

根据测量结果，计算经过不同后固化时间的制件在长度方向与宽度方向的尺寸误差，并根据计算得出的结果绘制图7-39。

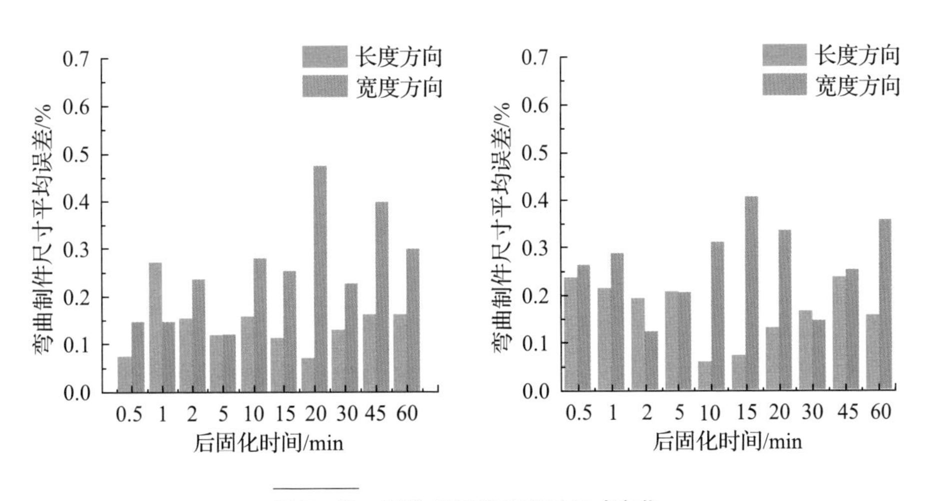

图7-39　制件后固化处理后尺寸变化

如图 7-39 所示，制件后固化处理前后在长度方向以及宽度方向的尺寸都存在微小差别，但拉伸制件与弯曲制件在经过不同时间的后固化处理工艺时，长度方向和宽度方向的成形精度都不存在明显的变化趋势，成形精度的相对变化百分比在 0.5%这个范围内波动，但都不超过 0.5%，变化幅度对于制件的整体精度而言较小。由于经过不同后固化处理时间的制件的成形精度受后固化的影响不明显，因此在后续对后固化工艺进行优化的过程中，可以一定程度上忽略其对制件成形精度的影响，而以提高制件力学性能为主要目标。将测量得到的经过不同后固化时间制件的力学性能按照后固化时间-拉伸强度、后固化时间-拉伸模量、后固化时间-弯曲强度以及后固化时间-弯曲模量分别绘制柱状图，如图 7-40、图 7-41 所示。

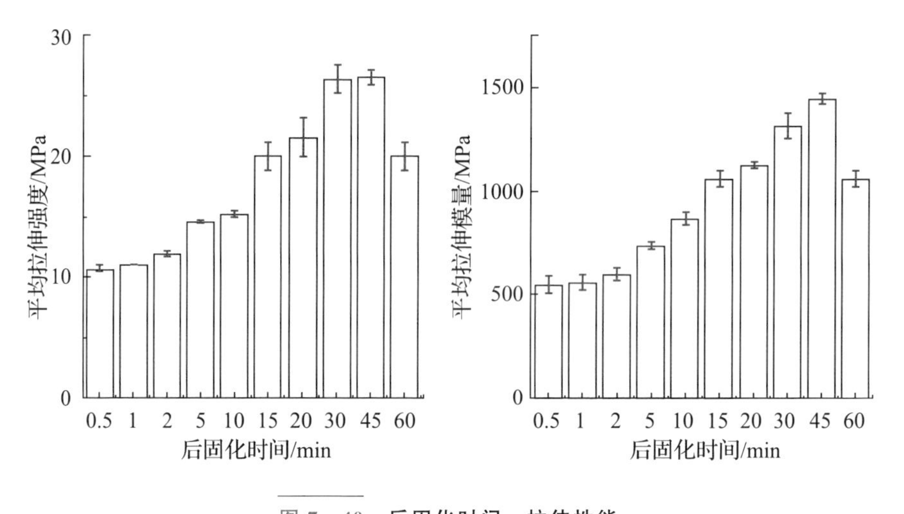

图 7-40　后固化时间-拉伸性能

从图 7-40、图 7-41 中可观察到，后固化处理的初期，制件的各项力学性能都随着后固化时间的增长而增长，当后固化时间增长到 45min 时，制件的拉伸强度由 10.6MPa 提升至 26.5MPa，拉伸模量由 546.2MPa 增至 1441.8MPa，弯曲强度从 11.2MPa 增长到 27.9MPa，弯曲模量则从 470.4MPa 最终增至 1086.5MPa，各项力学性能的提升效果明显，均超过了原强度的 100%，抗弯曲和拉伸强度均达到 25MPa 以上，拉伸与弯曲模量超过 1000MPa[48]，满足了基本使用要求。

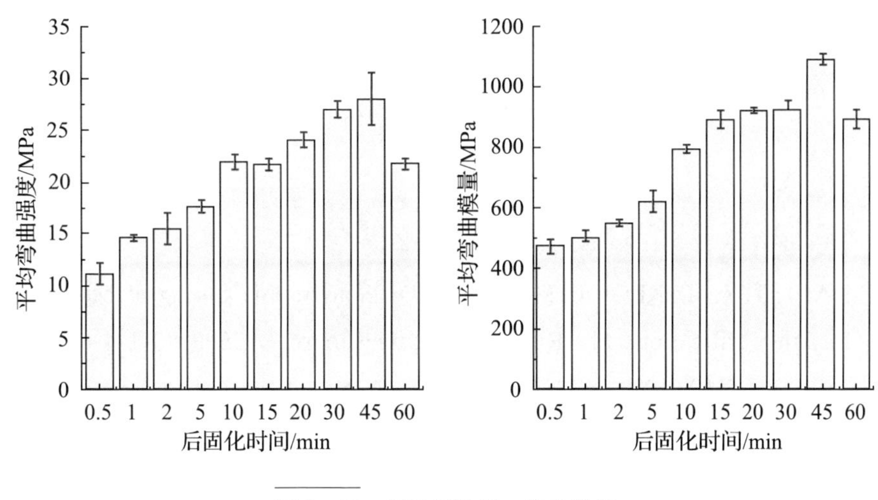

图 7-41　**后固化时间-弯曲性能**

但随着后固化时间的进一步增加，达到 60min 时，制件的力学性能大幅度下降。通过观察制件，发现制件经过长时间的后固化处理后，制件过固化，导致整体发黄变脆，力学性能降低[49]。对于本次实验中使用的树脂，在打印完成后使用 $60mW/cm^2$ 的曝光强度进行约 45min 的后固化可以显著提高制件的力学性能，但当后固化时间超过 60min 时，制件的力学性能将随着后固化时间的增加而下降。

参考文献

[1] 吴懋亮，方明伦，胡庆夕．光固化快速成形制造时间的影响因素分析[J]．机械设计与研究，2004，20(1)：43－44．

[2] KAI L T N，TAKEO N．Multiple LED Photographic Curing of Models f or Design Verification[J]．Rapid Prototyping Journal，1999，5(1)：6－11．

[3] WU M，ZHAO W，TANG Y，et al．A Novel Stereolithography Technology with Conventional UV Light[J]．Rapid Prototyping Journal，2001，5(7)：268－274．

[4] 范准峰．光固化快速成形涂层技术研究[D]．武汉：华中科技大学，2006．

[5] 黄海量．基于光固化工艺的快速成形远程报价系统研究[J]．西安交通大学学报，2000，11(34)：57－61．

[6] 张定军，颜永年，张人佶，等．光固化成形中的智能涂层工艺[J]．上海交通大学学报，2006，40(2)：211－215．

[7] BRAJLIH T，VALENTAN B，BALIC J，et al．Speed and accuracy evaluation of additive manufacturing machines[J]．Rapid Prototyping Journal，2011，17(1)：64－75．

[8] CHEN C C，SULLIVAN P A．Predicting total build-time and the resultant cure depth of the 3D stereolithography process[J]．Rapid Prototyping Journal，1996，2(4)：27－40．

[9] GIANNATSIS J，DEDOUSSIS V，LAIOS L．A study of the build-time estimation problem for Stereolithography systems[J]．Robotics and Computer-Integrated Manufacturing，2001，17(4)：295－304．

[10] VOSNIAKOS G C，MAROULIS T，PANTELIS D．A method for optimizing process parameters in layer-based rapid prototyping[J]．Proceedings of the Institution of Mechanical Engineers Part B-Journal of Engineering Manufacture，2007，221(8)：1329－1340．

[11] CAMPBELL I，COMBRINCK J，BEER D D，et al．Stereolithography

build time estimation based on volumetric calculations[J]. Rapid Prototyping Journal, 2008, 14(5): 271 - 279.

[12] NEZHAD A S, et al. Determining the optimal build directions in layered manufacturing[J]. WSEAS Transactions on Applied and Theoretical Mechanics, 2009, 4 (4): 185 - 94.

[13] NEZHAD A S, VATANI M, BARAZANDEH F, et al. Build time estimator for determining optimal part orientation[J]. Proceedings of the Institution of Mechanical Engineers Part B-Journal of Engineering Manufacture, 2010, 224 (B12): 1905 - 1913.

[14] CHENG W, FUH J Y H, NEE AYC, et al. Multi-objective optimization of part-building orientation in stereolithography[J]. Rapid Prototyping Journal, 1995, 1 (4): 12 - 23.

[15] LEE E D, SIM JH, KWEON H J, et al. Determination of process parameters in stereo lithography using neural network[J]. Ksme International Journal, 2004, 18 (3): 443 - 452.

[16] KIM H C, LEE S H. Reduction of post-processing for stereolithography systems by fabrication-direction optimization[J]. Computer-Aided Design, 2005, 37 (7): 711 - 725.

[17] CANELLIDIS V, GIANNATSIS J, DEDOUSSIS V. Genetic-algorithm-based multi-objective optimization of the build orientation in stereolithography[J]. International Journal of Advanced Manufacturing Technology, 2009, 45 (7 - 8): 714 - 730.

[18] NING Y. An intelligent parameter selection system for the direct metal laser sintering process[J]. International Journal of Production Research, 2004, 42 (1): 183 - 199.

[19] HUANG Y M, LAN H Y. Path planning effect for the accuracy of rapid prototyping system[J]. International Journal of Advanced Manufacturing Technology, 2006, 30 (3 - 4): 233 - 246.

[20] CHOI S H, CHEUNG H H. A versatile virtual prototyping system for rapid product development[J]. Computers in Industry, 2008, 59 (5): 477 - 488.

[21] CHOI S H, CHAN A M M. A virtual prototyping system for rapid

product development[J]. Computer-Aided Design，2004，36 (5)：401 - 412.

[22] 赵吉宾，李爱民，紫外光固化快速成形中提高加工效率的方法[J]. 机床与液压，2006，(05)：1 - 3.

[23] 吴懋亮，方明伦，胡庆夕. 光固化快速成形制造时间的影响因素分析[J]. 机械设计与研究，2004，(01)：43 - 44.

[24] 洪军. 快速成形制造中零件制作方向优化 ASP 工具研究与开发[J]. 机械科学与技术，2004，(09)：1060 - 1063.

[25] 胥光申. 光固化快速成形精度影响因子的优化[J]. 中国机械工程，2006，(06)：559 - 562.

[26] 张宇红，曾俊华，洪军. 快速成形制作的时间分析及多零件制作的组合布局优化研究[J]. 机械科学与技术，2007，(12)：1652 - 1656.

[27] 王青岗，颜永年. 光固化向量扫描过程中的能量控制[J]. 清华大学学报(自然科学版)，2005，(11)：16 - 19.

[28] 史玉升，黄树槐，潘传友. 选择性激光烧结工艺参数智能优化方法研究[J]. 机械科学与技术，2003，(02)：259 - 264.

[29] MILLER D，DECKARD C，WILLIAMS J. Variable beam size SLS workstation and enhanced SLS model[J]. Rapid Prototyping Journal，1997，3 (1)：4 - 11.

[30] FRANCO A，LANZETTA M，ROMOLI L. Experimental analysis of selective laser sintering of polyamide powders：an energy perspective [J]. Journal of Cleaner Production，2010，18 (16 - 17)：1722 - 1730.

[31] PAUL R，ANAND S. Process energy analysis and optimization in selective laser sintering[J]. Journal of Manufacturing Systems，2012，31 (4)：429 - 437.

[32] JIANG C P. Development of a novel two-laser beam stereolithography system[J]. Rapid Prototyping Journal，2011，17 (2)：148 - 155.

[33] JIANG C P. Accelerating fabrication speed in two-laser beam stereolithography system using adaptive crosshatch technique[J]. International Journal of Advanced Manufacturing Technology，2010，50 (9 - 12)：1003 - 1011.

[34] BAE S W, KIM D S, CHOI K H. Development of new laser algorithm in the SFF system using a SLS process[J]. International Conference on Control, Automation and Systems, 2007: 2583-2586.

[35] SIM J H, LEE E D, KWEON H J. Effect of the laser beam size on the cure properties of a photopolymer in stereolithography[J]. International Journal of Precision Engineering and Manufacturing, 2007, 8 (4): 50-55.

[36] CHOI K H. Study on path generation and control based on dual laser in solid freefrom fabrication system[C]. [S. L]: 2006 SICE-ICASE International Joint Conference, 2006.

[37] KIM D S. A study of the solid freeform fabrication (SFF) system with dual laser system[J]. Jsme International Journal Series C-Mechanical Systems Machine Elements and Manufacturing, 2006. 49 (4): 1215-1222.

[38] LEE W H. Development of industrial SFF system using a new selective dual-laser sintering process[J]. Experimental Mechanics in Nano and Biotechnology, 2006, 326: 123-126.

[39] KIM D S, BAE S W, CHOI K H. Development of industrial SFF system using dual laser and optimal process[J]. Robotics and Computer-Integrated Manufacturing, 2007, 23 (6): 659-666.

[40] KIM D S. Development and performance evaluation of solid freeform fabrication system by using dual laser sintering process[J]. Journal of Laser Applications, 2007, 19 (4): 232-239.

[41] KIM H C. Fabrication of parts and their evaluation using a dual laser in the solid freeform fabrication system[J]. Journal of Materials Processing Technology, 2009, 209 (10): 4857-4866.

[42] CAMPBELL I, BOURELL D, GIBSON I. Additive manufacturing: rapid prototyping comes of age[J]. Rapid Prototyping Journal, 2012, 18 (4): 255-258.

[43] 3D Systems. Production [EB/OL]. [2019-07-08]. http: //www. 3dsystems. com/3d-printers/production/overview.

[44] 瑞丰恒激光. Expert355 脉冲紫外固体激光器[EB/OL]. [2019-07-08]. http://www.rfhlasertech.com/products_detail/&productId=59cff205-811e-4522-88e3-7fb17ec2cba9&comp_stats=comp-FrontProducts_list01-1370741359672.html.

[45] 徐寿泉. 聚焦高斯光束焦移特性分析[J]. 株洲师范高等专科学校学报，2003(05)：5-8.

[46] GIVENS M P. Focal Shifts in Diffracted Converging Spherical Waves [J]. Optics Communications，1982，41(3)：145-148.

[47] SUCHA G D，CARTER W H. Focal Shift for a Gaussian-Beam-an Experimental-Study[J]. Applied Optics，1984，23(23)：4345-4347.

[48] CAO Y，LICHEN D，WU J. Using variable beam spot scanning to improve the efficiency of stereolithography process [J]. Rapid Prototyping Journal，2011：100-110.

[49] LI Y，WOLF E. Focal shifts in diffracted converging spherical waves [J]. Optics Communications，1981，39(4)：211-215.

[50] CARTER W H. Focal shift and concept of effective Fresnel number for a Gaussian laser beam[J]. Applied Optics，1982，21(11)：1989-1994.

[51] SUCHA G D，CARTER W H. Focal shift for a Gaussian beam：an experimental study[J]. Applied Optics，1984，23(23)：4345-4347.

[52] PHAM D T，JI C. Proceedings of the Institute of Mechanical Engineers [J]. Mechanical Engineering Science，2000，214(5)：635-640.

[53] KOCHAN A. Rapid Prototyping Gains speed，Volume and Precision [J]. Assembly Automation，2000，20(4)：295-299.

[54] KNITTER R，BAUER W，RISTHAUS P，et al. RP Process Chains for Ceramic Microcomponents [J]. Rapid Prototyping Journal，2002，8(2)：76-82.

[55] JACOBS F. Prototyping & Manufacturing-Fundamentals of Stereolithography [C]. Dearborn，Mich：Society of Manufacturing Engineers SME-CASA，1992：1-23.

[56] JACOBS F. Stereolithography and other RP& M Technology[M]. Dear

born：SME，1996.
[57] 吴懋亮，诸文俊，李涤尘，等. 光固化成形中的变形分析[J]. 西安交通大学学报，1999，33(9)：90－93.
[58] 吕百达. 激光光学－光束描述、传输变换与光腔技术原理[M]. 北京：高等教育出版社，2003.
[59] JACOBS F. Rapid Prototyping & Manufacturing：Fundamentals of Stereolithography[J]. SME，1991：79－110.
[60] PANDEY P M，REDDY N V，DHANDE S G. Slicing procedures in layered manufacturing：a review[J]. Rapid Prototyping Journal，2003，9(5)：274－288.
[61] SIM J H，LEE E D，KWEON H J. Effect of the Laser Beam Size on the Cure Properties of a Photopolymer in Stereolithography [J]. International Journal of Precision Engineering and Manufacturing，2007，8(4)：50－55.
[62] 陈丽萍. SLA优选方向的光栅扫描方式研究与实现[D]. 武汉：华中科技大学，2007：12－15.
[63] 王会刚，姜开宇. 光固化工艺过程中影响成形件精度的因素分析[J]. 模具制造技术，2005(11)：62－65.
[64] 王秀峰，罗宏杰. 快速原型制造技术[M]. 北京：中国轻工业出版社，2001：37－40.
[65] 张李超，韩明，黄树槐. 快速成形激光光斑半径补偿算法的研究[J]. 华中科技大学学报，2002，30(6)：16－18.
[66] JOO B D，JANG J H，LEE J H，et al. Effect of Laser Parameters on Sintered Powder Morphology [J]. Journal of Materials Science & Technology，2010，26(4)：375－378.
[67] Web site of 3D Corporation，2020，“Printers”. 3D System Corporation. [EB/OL] [2019－12－12]. http：//production3dprinters. com/sites/production3dprinters. com/files/downloads/iPro-Family-Usen. pdf.
[68] CHO D W，LEE I H. Micro-stereolithography photopolymer solidfication patterns for various laser beam exposure conditions[J]. International Journal of Advanced Manufacturing Technology，2003，22(5－6)：410－416.

[69] NAGAMORI S, YOSHIZAWA T. Research on solidification of resin in stereolithography[J]. Optical Engineering, 2003, 42(7): 2096-2103.

[70] XU G. Influences of Building Parameters on Over-cured Depth in Stereolithography System[C]. [s. l.]: 2010 International Conference on Measuring Technology and Mechatronics Automation (ICMTMA 2010), 2010: 472-475.

[71] 罗声. 光固化快速成形工艺中过固化深度的研究[J]. 机械科学与技术, 2009, (09): 1213-1215.

[72] BOURELL D. Powder densification maps in selective laser sintering [J]. Advanced Engineering Materials, 2002, 4(9): 663-669.

[73] 闫春泽. 高分子材料在选择性激光烧结中的应用—(Ⅱ)材料特性对成形的影响[J]. 高分子材料科学与工程, 2010(08): 145-149.

[74] 闫春泽. 高分子材料在选择性激光烧结中的应用—(Ⅰ)材料研究的进展[J]. 高分子材料科学与工程, 2010(07): 170-174.

[75] 北京仁创. 北京仁创科技集团[EB/OL]. [2019-12-27]. http://www.rechsand.com/article/06/2010201.html.

[76] 张伟民, 任国平, 秦升益. 热塑性酚醛树脂覆膜砂的研究进展[J]. 高分子通报, 2004(03): 99-105.

[77] 杨力. 覆膜砂选择性激光烧结材料及成形工艺的研究[D]. 武汉: 华中科技大学, 2006.

[78] GOODRIDGE R D, TUCK C J, HAGUE R J M. Laser sintering of polyamides and other polymers[J]. Progress in Materials Science, 2012, 57(2): 229-267.

[79] JHABVALA J, BOILLAT E, GLARDON R. Study of the inter-particle necks in selective laser sintering[J]. Rapid Prototyping Journal, 2013, 19(2): 111-117.